Cuaderno Práctico de Linux. Sistemas Operativos Monopuestos. Ciclo Formativo de Grado Medio.

2ª edición

Baldomero Sánchez Pérez

© 2015 Autor Baldomero Sánchez Pérez. All rights reserved.
Segunda Edición
Fecha: 14-09-2015

Baldomero Sánchez Pérez
Profesor Técnico de Formación Profesional.
Sistemas y Aplicaciones Informáticas

Ingeniero en Informática.
Grado en Informática.
Ingeniero Técnico en Informática de Gestión.
Diplomado en Informática de Sistemas.
(Universidad Pontificia de Salamanca)

Este libro está dedicado a los alumnos, que con su tesón y ganas de aprender han conseguido titular en el ciclo formativo de grado medio como Técnico en Sistemas Microinformáticos y Redes.

A todos los compañeros docentes que con su esfuerzo personal y ahínco consiguen modelar el futuro profesional de la juventud para su integración como profesionales en la sociedad actual.

Y sobre todo a mi familia, que con su apoyo e ilusión permiten que desarrolle mejor mi trabajo.

*"Hay dos grandes productos que salieron de Berkeley:
LSD y UNIX. No creemos que esto sea una coincidencia"*
Jeremy S. Anderson

ÍNDICE

PREFACIO. 11

1. **Introducción.** 12
   1.2. EL DESARROLLO CURRICULAR. 12

2. Objetivos. 12
   2.1. OBJETIVOS GENERALES. 12
   2.2. COMPETENCIA GENERAL. 12
   2.3. CUALIFICACIONES Y UNIDADES DE COMPETENCIA. 12

2. **Contenidos.** 13

3. **Procedimientos.** 14

5. Temporización. 14

UNIDAD DE TRABAJO I: Instalación de Sistemas Operativos Linux 15

   PRÁCTICA 1: INTRODUCCIÓN A LAS DISTRIBUCIONES LINUX. CONFIGURACIÓN BÁSICA E INSTALACIÓN LUBUNTU LTS 14.04 . 17
   PRÁCTICA 2: INSTALAR UBUNTU 14.04 21
   PRÁCTICA 3: CONFIGURAR LA INSTALACIÓN LUBUNTU 25
   PRÁCTICA 4: INSTALAR SLACKWARE 14.0 27
   PRÁCTICA 5: INSTALAR ANDROID 4.4 40
   PRÁCTICA 6: INSTALACIÓN DE FEDORA 20 46
   PRÁCTICA 7: INSTALACIÓN DE DEBIAN 7.0 52
   PRÁCTICA 8: INSTALAR LINUX MINT 10 58
   PRÁCTICA 9: INSTALAR CENTOS 7. 66

UNIDAD DE TRABAJO II: Sistemas operativos monopuesto. Introducción a Linux 75

   PRÁCTICA 10: CONOCER EL SISTEMA OPERATIVO DE LINUX SLACKWARE 77
   PRÁCTICA 11: ¿QUÉ ES UNA MINI-DISTRIBUCIÓN LINUX? 79
   PRÁCTICA 12: ¿QUÉ SON Y PARA QUÉ SIRVEN LOS REPOSITORIOS? 81
   PRÁCTICA 13: IDENTIFICAR LOS PAQUETES DE LOS DIFERENTES SO 84
   PRÁCTICA 14: CONOCER LA EXISTENCIA DE PAQUETES Y PACKAGE MANAGERS NO OFICIALES PARA SLACKWARE. 86

UNIDAD DE TRABAJO III: Introducción al almacenamiento de los sistemas operativos monopuesto. 91

   PRÁCTICA 14: ACCEDER A UN SISTEMA DE FICHEROS NTFS DE WINDOWS DESDE LINUX. 93
   PRÁCTICA 15: PARTICIONES SISTEMAS DE FICHEROS CON MBR Y GPT. 96

UNIDAD DE TRABAJO IV: Directorios en Linux 105

   PRÁCTICA 16: FICHEROS DE CLAVES DE USUARIOS Y GRUPOS. 107
   PRÁCTICA 17: MANEJAR LOS DIFERENTES SHELL. 110
   PRÁCTICA 18: MANEJAR LOS DIRECTORIOS EN LINUX. 113
   PRÁCTICA 19: MANEJAR LAS OPCIONES MÁS COMUNES DE APT-GET. 117

UNIDAD DE TRABAJO V: Archivos en Linux 121

   PRÁCTICA 20: MANEJAR LOS EDITORES DE TEXTO. 123
   PRÁCTICA 21: TIPOS DE FICHEROS. 126
   PRÁCTICA 22: CAMBIAR O ESTABLECER PERMISOS Y PROPIEDADES. 129
   PRÁCTICA 23: MANEJAR FICHEROS DE TEXTO EN LINUX. 132
   PRÁCTICA 24: BÚSQUEDA DE FICHEROS. 136

- PRÁCTICA 25: Crear y manejar dispositivos. 140
- PRÁCTICA 26: Mostrar ficheros que existen en una estructura de Linux. 146
- PRÁCTICA 27: Tratamiento de ficheros en Linux 150
- PRÁCTICA 28: Crear accesos o enlaces blandos y duros en Linux. 154
- PRÁCTICA 29: Acceder a la definición de Entorno en Linux 158

UNIDAD DE TRABAJO VI: Operaciones generales sobre sistemas operativos Linux. 163

- PRÁCTICA 30: Arranque y parada de Linux. 165
- PRÁCTICA 31: Niveles de Arranque, runlevel en Linux 169
- PRÁCTICA 32: Configurar la red en Linux. 171
- PRÁCTICA 33: Agregar aplicaciones o repositorios en Linux en Debian o Ubuntu. 172
- PRÁCTICA 34: Configurar los datos básicos de un servidor UBUNTU. 175

UNIDAD DE TRABAJO VII: Administración del sistema I. Configuración de red. Administración de usuarios y grupos 179

- PRÁCTICA 35: Administrar grupos en Linux 181
- PRÁCTICA 36: Administrar usuarios en Linux con órdenes. 183
- PRÁCTICA 37: Administrar usuarios y grupos en Linux con scripts Perl. 188

UNIDAD DE TRABAJO VIII: Administración del sistema II. Ajustes del sistema 193

- PRÁCTICA 38: Información de dispositivos en Linux. 195
- PRÁCTICA 39: Procesos y operativa. 198
- PRÁCTICA 40: Requisitos para instalar SAMBA en Linux 206
- PRÁCTICA 41: Configurar SAMBA 208
- PRÁCTICA 42: Revisar configuración SAMBA y Servicios en Linux. 209

UNIDAD DE TRABAJO IX: Administración de otros sistemas operativos, Android. 211

- PRÁCTICA 42: Manejar el sistema operativo Android 4.4 213
- PRÁCTICA 43: Backup y restore de la carpeta EFS - IMEI corrupt (ROM 4.0.4) 219

UNIDAD DE TRABAJO X: Crear ficheros Shell-Script. 223

- PRÁCTICA 45: Introducción a los ficheros Shell Script o ficheros de guion. 225
- PRÁCTICA 46: Crear mis primeros Shell-Script. 229

ANEXOS 239

- Resumen de comandos y archivos de administración de usuarios en Linux. 241
- El Proceso de Arranque en Linux. 242
- Prueba final de adquisición de conocimientos. 247
- Refencias Web 248
- Recopilación de algunos de los comandos LINUX más usados. 249
- Acrónimos. 254

PREFACIO.

Este libro, se le denomina cuaderno práctico, porque en él se recogen los conceptos de programación didáctica, de las unidades de trabajo que forman los bloques modulares que abarca (Máquinas Virtuales, Teoría de sistemas operativos Linux y el Sistema Operativo Linux y Android). Se han recogido las unidades de trabajo organizadas en una secuencia de prácticas.

Cada práctica se encuentra organizada, con un objetivo a conseguir, la descripción de los conocimientos para el desarrollo de la práctica, los requisitos necesarios para la instalación, manejo y los pasos que se deben seguir para su desarrollo, (escuetos o amplias). Las prácticas recogen ilustraciones o resultados obtenidos, en base a una versión concreta realizada en una máquina Virtual Box.

Las prácticas contienen complementos aclaratorios, de su realización o conocimientos previos, relacionados con su desarrollo a nivel práctico o teórico. Se encuentran acompañados por viñetas o aclaración de su desarrollo, reflejadas en diferentes colores: Azul nota aclaratoria, Verde claro requisitos previos, Naranja notas importantes o precauciones.

La metodología que se emplea en el desarrollo de las prácticas es una metodología Constructivista, que parte de "De lo concreto a lo Abstracto", "De lo conocido a lo desconocido", "De lo general a lo particular". Se pretende el aprendizaje inicial "conductivista" de estructuras básicas, para posteriormente el alumno ha de ser capaz de aprender y deducir a partir de sus propias experiencias guiadas por el docente (profesor) en lo imprescindible. Aunque puede utilizarse en formación a distancia, como en la enseñanza a personas autodidactas

Los aspectos metodológicos que se pretenden aplicar en la programación se basan en la idea, que el alumno se considere parte activa de la actividad docente, fomentando el autoaprendizaje y mejorando el conocimiento en sí mismo.

Se pretende involucrar al alumno en el proceso de asimilación de nuevos conceptos y adquisición de capacidades, para preparar al alumno como miembro activo de la sociedad actual.

Todo software utilizado es GPL ó Copyright © de marcas registrada en las que no se ha realizado ningún cambio, ejemplo VirtualBox de Oracle © y otras versiones LINUX son GNU General Public License (GPL).

1. Introducción.

Este cuaderno práctico está enfocado al ciclo de grado medio, de Técnico en Sistemas Microinformáticos y Redes, y abarca una parte considerable del módulo de Sistemas Operativos Monopuesto de 231 horas se encuadra en el primer curso del ciclo formativo de grado medio correspondiente al título de Técnico en Sistemas Microinformáticos y Redes.

1.2. El desarrollo curricular.

El desarrollo curricular de este módulo tiene como referencias de partida:
- **Real Decreto 1538/2006, de 15 de diciembre, por el que se establece la ordenación general de la formación profesional del sistema educativo.**
- Real Decreto 1691/2007, 14 de diciembre, que establece el título de Técnico en Sistemas Microinformáticos y Redes, las correspondientes enseñanzas mínimas.
- Orden EDU/2187/2009, de 3 de julio, por la que se establece el currículo del ciclo formativo de Grado Medio correspondiente al título de Técnico en Sistemas Microinformáticos y Redes.
- Decreto 59/2009, 3 de septiembre, que completa el desarrollo normativo del currículo del ciclo formativo de Técnico en Sistemas Microinformáticos y Redes.

El módulo de Sistemas Operativos Monopuesto es fundamental en los estudios de Informática de Gestión, ya que si el Ciclo en sí pretende formar técnicos informáticos en el más amplio sentido de la palabra, éstos, en forma más particular y en este módulo, deben ser capaces de manejar y optimizar los recursos de que se dispongan tanto a nivel de hardware como de software. Para efectuar esta tarea de manejo se precisan unos pasos previos.

La aplicación práctica de los conocimientos que se abarcan sobre sistemas operativos serán parte fundamental del módulo para ello se realizarán prácticas sobre un Sistema Operativo Monousuario sobre un entorno gráfico (instalación) y de entorno de texto (manejo y administración), sobre diferentes distribuciones de Sistema Multiusuario en LINUX.

Este desarrollo y estructura práctica, se intenta enseñar gran parte del abanico de posibilidades que tiene el alumno cuando se enfrente a la vida real, en el manejo de sistemas LINUX.

El desarrollo de las prácticas está apoyado en un sistema anfitrión que soporta el manejo de Sistemas Operativos en Máquina Virtual, se elige la Máquina Virtual; Virtual Box.

1.3. Otros desarrollos curriculares.

Se puede abarcar parte de los contenidos que desarrolla:
- El Real Decreto 1629/2009, de 30 de octubre, establece el título de Técnico Superior en Administración de Sistemas Informáticos en Red.
- Orden EDU/392/2010, de 20 de enero, por la que se establece el currículo del ciclo formativo de Grado Superior correspondiente al título de Técnico Superior en Administración de Sistemas Informáticos en Red.

2. Objetivos.

2.1. Objetivos generales.
Los objetivos generales son:
- Reconocer las características de los sistemas de archivo, describiendo sus tipos y aplicaciones.
- Instalar sistemas operativos, relacionando sus características con el hardware del equipo y el software de aplicación.
- Realizar tareas básicas de configuración de sistemas operativos, interpretando requerimientos y describiendo los procedimientos seguidos.
- Realizar operaciones básicas de administración de sistemas operativos, interpretando requerimientos y optimizando el sistema para su uso.
- Crea máquinas virtuales identificando su campo de aplicación e instalando software específico.

2.2. Competencia general.
Instalar, configurar y mantener sistemas microinformáticos, aislados o en red, así como redes locales en pequeños entornos, asegurando su funcionalidad y aplicando los protocolos de calidad, seguridad y respeto al medio ambiente establecidos.

2.3. Cualificaciones y unidades de competencia.
Las cualificaciones y unidades de competencia que cumple a nivel de familia profesional, son:
- UC0219_2: Instalar y configurar el software base en sistemas microinformáticos.
- UC0958_2: Ejecutar procedimientos de administración y mantenimiento en el software base y de aplicación de clientes.

2. Contenidos.

Los contenidos que se desarrollan en las prácticas son:
- Instalación de Máquinas Virtuales.
- Configuración de la máquina Virtual.
- Administración de periféricos.
- Administración de varios sistemas integrados
- Hardware de un sistema Linux.
- Introducción al sistema monopuesto Linux.
- El sistema Linux.
- El sistema Android.
- Procedimientos de conexión y desconexión.
- Características del intérprete de comandos.
- Procedimientos iniciales.
- Directorios y ficheros.
- Seguridad en Linux.
- Shell.
- Procesos y utilidades para la detección de la configuración actual del sistema.
- Instalación de diferentes sistemas operativo Linux.
- Reconfiguración e instalación del Kernel.
- Problemas básicos de seguridad.
- Gestión de usuarios y contraseñas.
- Gestión de grupos locales y contraseñas.
- Usuarios especiales.
- Permisos especiales a usuarios.
- Contabilidad de recursos.
- Gestión de discos y sistemas de ficheros.
- Gestión de copias de seguridad.
- Gestión de los procesos del sistema y de usuario.
- Rendimiento del sistema. Seguimiento de la actividad del sistema.
- Activación y desactivación de servicios.
- Procesos del sistema operativo. Estados de los procesos. Prioridad.
- Procedimientos de chequeo y reparación del sistema de ficheros.
- Criterios para la creación y organización del sistema de ficheros.
- Unificación de los diferentes conceptos y procedimientos de uso e instalación de los diferentes sistemas operativos.
- Síntesis y organización de información adquirida en documentos, en la web u otros medios.
- Capacidad de discernir en por similitud de la igualdad y diferencia entre los sistemas operativos.
- Adquirir una visión amplia de la existencia de los sistemas operativos y el manejo en diferentes características de software y hardware.
- Compresión/Descompresión.
- Actualización del sistema operativo.
- Agregar / eliminar / actualizar software del sistema operativo.
- Arranque y parada del sistema. Sesiones.
- Aplicaciones típicas de las máquinas virtuales.

3. Procedimientos.

Los procedimientos que se emplean para conseguir cumplir los contenidos anteriores son:
- Manejo de los sistemas en máquinas virtuales y máquinas reales.
- Manejo de la documentación de usuario de Linux.
- Operación básica:
  - Conexión/Desconexión.
  - Operaciones sobre directorios y ficheros.
- Operaciones sobre:
- Interfaz de usuario.
- Ficheros y directorios.
- Procedimientos de arranque/parada del sistema.
- Manejo de la documentación de administrador del sistema LINUX.
- Detección de la configuración actual del sistema multiusuario.
- Configuración de terminales.
- Configuración e instalación del hardware en general.
- Otras configuraciones según distintos requerimientos.
- Instalación del sistema operativo.
- Manejo de la documentación de administración de LINUX.
- Detectar la configuración del sistema en cuanto: cuentas de usuario, niveles de seguridad y contabilidad.
- Altas, bajas y modificaciones de nuevos usuarios.
- Activación y desactivación de la contabilidad del usuario.
- Planificación de esquemas de seguridad.
- Manejo de la documentación de usuario y administrador de LINUX.
- Detección de los sistemas de ficheros instalados.
- Creación, instalación y desinstalación del sistema de ficheros.
- Copia y restauración de datos.
- Planificación de las copias de seguridad.
- Manejo de la documentación del administrador de diferentes Sistemas Operativos.
- Extraer la información y documentar un sistema operativo en base a los conocimientos adquiridos.

5. Temporización.

La impartición sería propia de un ciclo formativo de grado medio (Sistemas Microinformáticos y Redes), en el módulo "Sistemas Operativos Monopuesto". Las prácticas desarrolladas tiene un tiempo de desarrollo y asimilación que puede variar entre 115 horas y 145 horas, repartidas a 7 horas semanales entre 17 y 21 semanas, se pueden adaptar al nivel de conocimientos iniciales y completar con las actividades complementarias adjuntas.

Las prácticas más complejas de Linux con Slackware, se pueden omitir por su dificultad, serían propias de un ciclo formativo de grado superior (Administración de Sistemas Operativos en Red), impartido en el módulo de sistemas operativo "Administración de sistemas operativos". El número total de horas a impartir serían: en torno a 80 horas.

UNIDAD DE TRABAJO I: Instalación de Sistemas Operativos Linux.

PRÁCTICA 1: Introducción a las distribuciones Linux. Configuración básica e Instalación Lubuntu LTS 14.04.
PRÁCTICA 2: Instalar Ubuntu 14.04.
PRÁCTICA 3: Instalar y configurar Lubuntu.
PRÁCTICA 4: Instalar Slackware 14.0.
PRÁCTICA 5: Instalar Android 4.4.
PRÁCTICA 6: Instalación de Fedora 20.
PRÁCTICA 7: Instalación de Debian 7.0.
PRÁCTICA 8: Instalar Linux Mint 10.

Contenidos
- **Introducción a las distribuciones Linux.**
- **Instalación de Máquinas Virtuales.**
- **Configuración de la máquina Virtual.**
- **Administración de periféricos.**
- **Administración de varios sistemas integrados.**
- **Secuencia de arranque.**
- **Particiones y sistemas de ficheros.**
- **Selección de opciones de instalación.**
- **Comprobar la instalación y el correcto funcionamiento.**

Órdenes

fdisk, cfdisk, gdisk, cgdisk,

PRÁCTICA 1: Introducción a las distribuciones Linux. Configuración básica e instalación Lubuntu LTS 14.04

DESCRIPCIÓN:

Si realizamos una búsqueda de distribuciones Linux, y utilizamos google, consultamos distribuciones Linux según Wikipedia, nos da un enlace:

http://es.wikipedia.org/wiki/Distribuci%C3%B3n_Linux

Y nos aparece la evolución de Linux a partir de tres distribuciones principales y se tiene una visión muy amplia de la clasificación y evolución de las diferentes distribuciones de Linux y su raíz.

Clasificación de Linux

Distribuciones raíz del resto de los Linux, partimos de las tres importantes que son:

- Debian
- RedHat
- Slackware.

REQUISITOS DE SOFTWARE:

Datos mínimos que debe tener el disco duro:

Disco 10 Gbytes, aconsejables 20 Gbytes.

Se realizarán 2 particiones, una partición Linux dónde se establecerá el Punto de montaje / (directorio raíz) boot, con un sistema de ficheros ext3 que se establecer en el proceso de instalación a asociada al punto de montaje / de la partición LINUX (código 83).

La segunda partición es la partición de área de intercambio o Swap, cuya partición se identifica como partición SWAP (código 82). La Swap no tiene punto de montaje, la activa el sistema en el proceso de instalación y es Sistema quién maneja esa partición.

REQUISITOS: Para crear una máquina virtual.

La máquina VirtualBox, debe tener la siguiente configuración:

General
- Crear una máquina Virtual en VirtualBox.
  - Nombre: Lubuntu AMD 64.
  - Tipo: Linux.
  - Versión: Ubuntu x6.
  - Tamaño RAM: 1024 MB.
  - Crear disco Virtual: VDI, con Reserva Dinámica.
  - Tamaño del disco: 20 Gigabytes. (Disco Dinámico).

Avanzado:
- Carpeta instantáneas: C:\Users\baldo\VirtualBox VMs\Linux\Lubuntu AMD 64\Snapshots.
- Compartir portapapeles: bidireccional.
- Arrastrar y soltar: bidireccional.
- Medios extraíbles:
  - ✓ Recodar cambios en ejecución.
- Mini Barra de herramientas:
  - ✓ Mostrar a pantalla completa/fluido.

Sistema
- Configuración de la placa Base.
  - Memoria base: 1024 MB.
  - Orden de Arranque: Disquete, CD/DVD, Disco Duro.
  - ChipSet: PIIX3.
  - Dispositivo Apuntador: Tableta USB.
  - Características extendidas:
    - ✓ Habilitar I/O APIC.
    - ✓ Reloj hardware en tiempo UTC.
- Procesador:
  - Procesador(es): 1
  - Límite de ejecución: 100%
  - Características extendidas.
    - ✓ Habilitar PAE/NX.
- Aceleración del sistema.
  - Hardware de virtualización:
    - ✓ Habilitar VT-x/AMD-V.
    - ✓ Habilitar paginación anidada.

Pantalla
- Vídeo
  - Memoria de Vídeo: 128 MB (máximo).
  - Número de monitores: 1.
  - Funcionalidades extendidas:
    - ✓ Habilitar aceleración 3D.

✓ Inicio de instalación.
✓ El acceso a pantalla remota se realiza por RDP, por el puerto 3389 (ej. mstsc, escritorio remoto de Microsoft).

Pantalla remota
✓ Habilitar Servidor.
Puerto servidor: 3380.
Método de autenticación: nulo.
Tiempo de espera de autenticación 5000.
Funcionalidades extendidas.
✓ Permitir múltiples conexiones.

Almacenamiento.
Árbol de almacenamiento.
Lubuntu AMD 64.vdi.
Atributos: IDE primario maestro.
Botón derecho sobre el icono CD/DVD.
Selección un archivo de disco virtual.
Controladora SATA.
Elegir en el icono CD/DVD ubicado en la parte superior izquierda de la unidad.
Seleccionar un archivo en la unidad CD/DVD.
Elegir una de estas do ISOs.

Red
Adaptador 1
✓ Habilitar adaptador de red.
Conectado a: Adaptador puente.
Nombre: (e.g.: Realteck PCIe PE Ready Controller).
Opciones avanzadas, las que estén por defecto.

PASO 1: Instalar Lubuntu en una Máquina Virtual.

En la secuencia de arranque seleccionamos la ISOs a instalar de 32/64 bits.

lubuntu-14.04-desktop-amd64	08/07/2014 19:07	Archivos de imagen	710.656 KB
lubuntu-14.04-desktop-i386	21/05/2014 19:53	Archivos de imagen	699.392 KB

Da comienzo a la carga del sistema operativo en memoria y nos aparece la primera pantalla de configuración:
Seleccionamos el lenguaje: español.

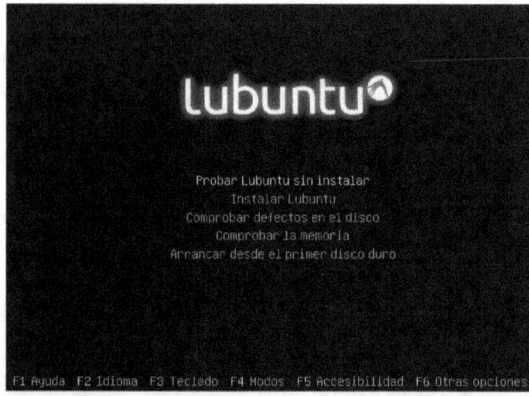

Se puede probar el S.O. sin instalar, pero seleccionamos la opción: Instalar Lubuntu.

Español
> Continuar
>> No seleccionar "*Descargar actualizaciones mientras se instala*" ni "*Instalar este software de terceros*".
>> Continuar

Nueva tabla de particiones
> Añadir particiones o bien **Instalar ahora**
>> Ciudad Madrid

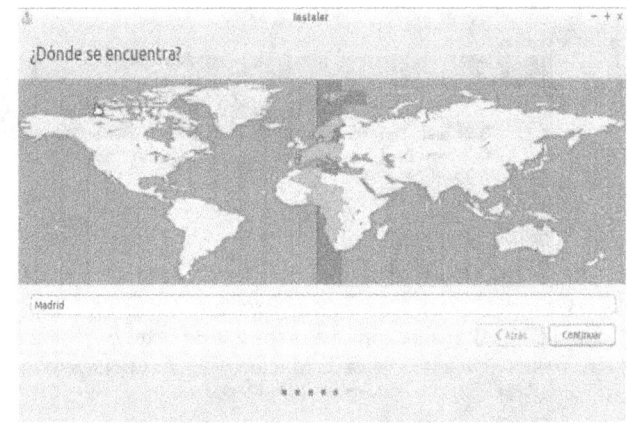

> Nombre: alumno
> Nombre equipo: alumnoUbuntu
> Usuario: alumno
> Password: Practica2015*

> Skip

Arranque automático/....
Reinicia ahora

PASO 2: Los sistemas operativos LINUX...
Montar y desmontar.

```
[    9.937867] piix4_smbus 0000:00:07.0: SMBus base address uninitialized - upgrade BIOS or use force_addr=0xaddr
[   10.661808] intel_rapl: no valid rapl domains found in package 0
```

Da comienzo la secuencia de arranque, hasta llegar a la ventana de solicitud de usuario y password.

PASO 3: Cambio de trabajo o de consola.
El cambio de la consola gráfica a la consola de texto se realiza con la siguiente combinación de teclas:
    CONTROL+ALT+Tecla de función (F1..F7) CONSOLA (Indica el número del terminal del 1..7).
    ALT+F7   Entorno gráfico.
    F1...F6: permiten acceder a las 6 consolas tty.
    F7: Consola de entorno gráfico.
    Login: **alumno**
    Passwd: **Practica2015***

Si accedemos a la consola de texto nos pueden aparecer diferentes PROMPT en función de los permisos del usuario activo.
    $ --> usuario
    #   --> root ("administrador")

En lugar de trabajar en modo consola con sudo, podemos establecer el password del root y acceder directamente como usuario root o crear un usuario con el mismo id que el root (id=0) y que pertenezca al grupo root.
    $ sudo passwd root
    Practica2015*
    Contraseña Unix (usuario root): Practica2015*
    Repetir la clave de nuevo: Practica2015*

Acceder en modo supervisor o root, se utiliza la orden **su** (*substitute user* | *superuser*), cambiar de usuario.
    $ su
    $ su root

Ambos piden la clave del root.
    Password del root: **Practica2015***

Se puede acceder en modo de root sin previamente cambiar la clave.
    $ su -i
    #

Cambiar el prompt en función del Shell que se encuentra activo.
    root@smr-profesor: /home/alumno
    exit
    hostname
    ifconfig
    halt -p

PRÁCTICA 2: Instalar Ubuntu 14.04
DESCRIPCIÓN:
¿Qué es la distribución de Linux Ubuntu?

Ubuntu es una filosofía sudafricana vinculada a la lealtad y la solidaridad. El término proviene de las lenguas zulú y puede traducirse como "humanidad hacia otros" o "soy porque nosotros somos".

La verdad, la reconciliación o la solidaridad son otros de los valores y principios que se encuentran íntimamente relacionados con esta filosofía de África. Una "doctrina" esta que se ha convertido en el pilar fundamental de la nueva república de Sudáfrica pues se considera vital para poder llevarse a cabo lo que se le ha dado en llamar renacimiento africano.

Esta noción se hizo popular en el ámbito de la tecnología ya que Ubuntu es el nombre elegido por la compañía británica Canonical Ltd. para denominar a una distribución GNU/Linux que se basa en Debian GNU/Linux.

En este sentido, Ubuntu es un sistema operativo enfocado a la facilidad de uso e instalación, pensado para el usuario promedio. Por eso su lema es "Ubuntu: Linux para seres humanos".

Ubuntu está compuesto por diversos paquetes de software que, en su mayoría, son distribuidos bajo código abierto y licencia libre. Este sistema operativo no tiene fines lucrativos (se consigue de manera gratuita) y aprovecha las capacidades de los desarrolladores de la comunidad para mejorar sus prestaciones.

Su facilidad de uso es una de las razones que han llevado a que Ubuntu cada vez se haya convertido en una presencia más constante dentro del mercado tecnológico. No obstante, tampoco hay que olvidar que otro de estos motivos es el conjunto de aplicaciones que lleva incorporadas para satisfacción de sus usuarios.

Concretamente tendríamos que resaltar que dispone de un reproductor de música, un navegador web, grabador de discos, una suite ofimática, reproductor multimedia, cliente de mensajería de tipo instantáneo, editor de texto, lector de documentos, gestor y editor de fotografías, administrador de archivos y un cliente de correo.

Elementos todos ellos que hacen de Ubuntu una alternativa muy completa. Y a ello contribuye, de igual modo, el hecho de que se presente con unos altos estándares tanto de seguridad como de accesibilidad.

El éxito conseguido con este sistema operativo a nivel informático ha sido el que ha propiciado que su compañía Canonical se haya animado a realizar versiones para otra serie de dispositivos tecnológicos. De esta manera, ahora se cuenta con Ubuntu Phone para los Smartphone, Ubuntu TV para la televisión o Ubuntu Tablet para las tabletas, entre otros.

El sistema se financia a través de la venta de soporte técnico y de otros servicios vinculados al sistema operativo. Ubuntu tiene nuevas versiones cada seis meses, que cuentan con el soporte de Canonical.

El aspecto colaborativo de Ubuntu se refleja en la posibilidad disponible para cualquier usuario de realizar sugerencias y presentar ideas para futuras versiones del sistema operativo. Para esto simplemente hay que ingresar a la página web oficial de la comunidad y publicar las propuestas o votar otras realizadas por el resto de los usuarios.

Ubuntu tiene versiones en más de 130 idiomas, incluyendo el español. Puede descargarse de Internet o instalarse a través de un CD/DVD.

REQUISITOS: Para crear la máquina Virtual de Ubuntu 14.04

Nueva Máquina Virtual, y creamos con las siguientes características:

General
- Crear una máquina Virtual en VirtualBox.
  - Nombre: Ubuntu 14.04 desktop 64-amd-i386.
  - Tipo: Linux.
  - Versión: Ubuntu (64 bits).
  - Tamaño RAM: 1284 MB.
  - Crear disco Virtual: VDI, con Reserva Dinámica.
  - Tamaño del disco: 20 Gigabytes. (Disco Dinámico).
- Avanzado:
  - Carpeta instantáneas: C:\Users\baldo\VirtualBox VMs\Linux\Lubuntu AMD 64\Snapshots.
  - Compartir portapapeles: bidireccional.
  - Arrastrar y soltar: bidireccional.
  - Medios extraíbles:
    - ✓ Recodar cambios en ejecución.
  - Mini Barra de herramientas:
    - ✓ Mostrar a pantalla completa/fluido.

Sistema
- Configuración de la placa Base
  - Memoria base: 1284 MB
  - Orden de Arranque: Disquete, CD/DVD, Disco Duro.
  - ChipSet: PIIX3
  - Dispositivo Apuntador: Tableta USB
  - Características extendidas:
    - ✓ Habilitar I/O APIC.
    - ✓ Reloj hardware en tiempo UTC.
- Procesador:
  - Procesador(es): 1
  - Límite de ejecución: 100%

Características extendidas.
- ✓ Habilitar PAE/NX.

Aceleración del sistema.
Hardware de virtualización:
- ✓ Habilitar VT-x/AMD-V
- ✓ Habilitar paginación anidada

Pantalla
 Vídeo
  Memoria de Vídeo: 128 MB (máximo)
  Número de monitores: 1
  Funcionalidades extendidas:
  - ✓ Habilitar aceleración 3D.
  - ✓ Inicio de instalación.
  - ✓ El acceso a pantalla remota se realiza por RDP, por el puerto 3389 (ej. mstsc, escritorio remoto de Microsoft).
 Pantalla remota
  - ✓ Habilitar Servidor.
   Puerto servidor: 3380
   Método de autenticación: nulo.
   Tiempo de espera de autenticación 5000.
   Funcionalidades extendidas
   - ✓ Permitir múltiples conexiones.

Almacenamiento
 Árbol de almacenamiento.
  Ubuntu 14.04 desktop 64-amd-i386.vdi.
  Atributos: IDE primario maestro.
   Botón derecho sobre el icono CD/DVD
    Selección un archivo de disco virtual.
  Controladora SATA.
 Elegir en el icono CD/DVD ubicado en la parte superior izquierda de la unidad.
  Seleccionar un archivo en la unidad CD/DVD.
   Elegir una de estas do ISOs.

Red
 Adaptador 1
  Habilitar adaptador de red
   Conectado a: Adaptador puente.
   Nombre: (e.g.: Realteck PCIe PE Ready Controller).
   Opciones avanzadas, las que estén por defecto.

PASO 1: Instalar la ISO en la MV.

En la secuencia de arranque seleccionamos la ISOs a instalar de 32/64 bits.

ubuntu-14.04-desktop-amd64	06/05/2014 0:35	Archivos de imagen	987.136 KB
ubuntu-14.04-desktop-i386	20/05/2014 19:44	Archivos de imagen	993.280 KB

Iniciar la máquina Virtual en proceso de instalación.

Instalar Ubuntu.

Continuar

Continuar

Continuar

Skip

Instalar ahora

Continuar

Iniciar luego

Skip

Skip

Skip

Una vez realizada la instalación, se Reinicia la máquina virtual (Skip) ahora.

PASO 2: Arrancar la máquina.

[ENTER]

Proceso de arranque

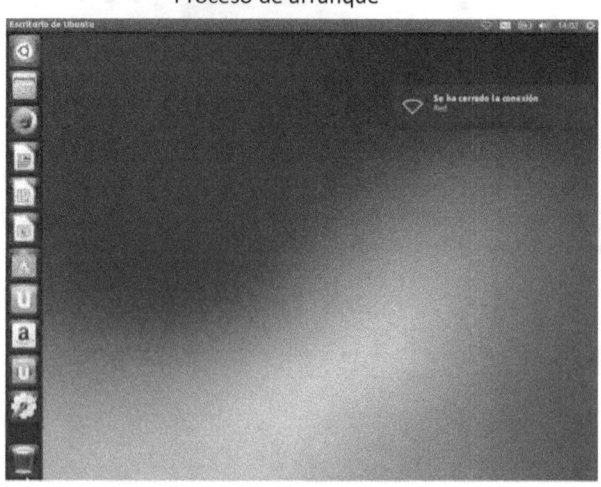

Seleccionamos el usuario y tecleamos la clave.

Una vez se abrió el escritorio, si no hay conexión a la red, por cable o wifi, se comunica que no existe conexión de red.

PRÁCTICA 3: Configurar la instalación Lubuntu.

DESCRIPCIÓN:
Descripción de dos versiones, que parten del proyecto de Ubuntu entre otras muchas: Lubuntu, Xubuntu.

¿Qué es Lubuntu 14.04?
Lubuntu es una distribución oficial del proyecto Ubuntu que tiene por lema "menos recursos y más eficiencia energética", usando el gestor de escritorio LXDE.1 2 3 El nombre Lubuntu es una combinación entre LXDE y Ubuntu.

El gestor LXDE usa el administrador de ventanas Openbox e intenta ser un sistema operativo que demande pocos recursos de RAM, CPU y otros componentes, especialmente ideados para equipos portátiles de recursos limitados como netbooks, dispositivos móviles y computadores antiguos.

Los requerimientos de hardware de Lubuntu/LXDE:
- Un viejo CPU Pentium II o III entre 400-500 MHz es suficiente.
- Con memoria RAM mínimo entre 192-256 MB o más.

¿Qué es Xubuntu 14.04?
Xubuntu es una distribución Linux basada en Ubuntu. Está mantenida por la comunidad y es un derivado de Ubuntu oficialmente reconocido por Canonical, usando el entorno de escritorio Xfce.

Xubuntu está diseñado para usuarios con computadores que poseen recursos limitados de sistema, o para usuarios que buscan un entorno de escritorio altamente eficiente.

Requisitos mínimos:
- 800 MHz procesador.
- 384 MB de memoria (RAM).
- Al menos 4 GB de disco.

Requisitos Recomendados:
- 1.5 GHz procesador.
- 512 MB o más de memoria (RAM).
- 6 GB de disco.

REQUISITOS DE CONFIGURACIÓN:
Accedemos a la configuración del VirtualBox.
    Archivos
        Preferencias
            Pantalla
                - Tamaño máximo de pantalla de invitado: Sugerencia.
                - Altura: 1024
                - Anchura: 768

Tamaño para configurar el entorno gráfico por defecto (1024x768).

PASO 1: Crear una máquina Virtual.
Acceso a la máquina desde una ventana de consola:
    CTRL+ALT+F1

Se debe realizar primero la opción a) y posteriormente accedemos en modo root, como se indica a continuación.
    Login: root
    Password: Practica2015*

a) Cambiar/Establecer clave al root.
    ...$ sudo passwd root
    Pide password/clave del usuario actual: Practica2015*
    Pide clave del root (repetición): Practica2015*
    (repetir): Practica2015*

```
alumno@profesor:~$ sudo passwd root
[sudo] password for alumno:
Introduzca la nueva contraseña de UNIX:
Vuelva a escribir la nueva contraseña de UNIX:
passwd: contraseña actualizada correctamente
```

b) Acceder como root.
    su nombre_usuario
    su (sin nombre asume que es root)
    clave: **Practica2015***

```
alumno@profesor:~$ su
Contraseña:
root@profesor:/home/alumno#
```

PASO 2: Configurar la tarjeta de red.
a) Acceder al entorno gráfico.
    CTRL+ALT+F7
    Icono inferior derecho (inicio).

Herramientas de Sistema.
Red

Desbloquear
Pide la clave del usuario

Aceptar
Aparecen los datos e iconos sin difuminar.

Una vez configurado Cerrar y Reiniciar.
Ej..: init 6

PRÁCTICA 4: Instalar Slackware 14.0

DESCRIPCIÓN:

El Slackware es un sistema operativo, cuya interfaz de instalación es de texto, siguiendo los sistemas antiguos de instalación por defecto se debe crear una partición un gestor de arranque antiguo es el LILO, aunque puede manejar el GRUB.

¿Qué es Slackware?

Slackware Linux es la distribución Linux más antigua que tiene vigencia. En su versión 14.00, Slackware incluye la versión del núcleo Linux 3.2.29 y Glibc 2.15 Contiene un programa de instalación sencillo de utilizar aunque puede ser complejo para los nuevos en sistemas Linux, extensa documentación aunque poca en español, y un sistema de gestión de paquetes basado en menús.

Patrick Volkerding, el creador de esta distribución, lo describe como un avanzado sistema operativo GNU/Linux, diseñado con dos objetivos: facilidad para usar y estabilidad como meta prioritaria.

Incluye el software popular más reciente mientras guarda un sentido de tradición proporcionando simplicidad y facilidad de uso junto a la potencia y la flexibilidad.

GNU/Linux ahora se beneficia de la contribución de millones de usuarios y desarrolladores de todo el mundo. Slackware Linux proporciona tanto a los usuarios nuevos como a los experimentados un sistema con todas las ventajas, equipado para servidores, puestos de trabajo y máquinas de escritorio, con compatibilidad de procesadores desde Intel 386 en adelante. Web, ftp, mail están listos para usarse nada más instalar, así como una selección de los entornos de escritorio más populares. Una larga lista de herramientas para programación, editores, así como de bibliotecas actuales que están incluidas para aquellos usuarios que quieren desarrollar o compilar software adicional.

PASO 1: Crear máquina Virtual.

Existen diferentes formas de crear una máquina Virtual nueva en VirtualBox, en principio son tres:
a)   Icono.
        Nueva
b)   Menú opción   Máquina.
        CTRL+N

Se establece el nombre de la máquina: Slackware 14.
        Se establece el tipo de SO que se desea instalar:
                Sistema Operativo: Linux
                Versión: Otro Linux (diferentes a las versiones tipo prestablecidas)
Tamaño de la memoria RAM: 512 MB
Crear un Disco Duro Virtual opción: Crear disco virtual nuevo
Se accede al asiste de creación de disco virtual y el tipo de archivo, con el que se va almacenar la máquina virtual es .VDI (esto indica que le agregará la extensión .VDI).
Una vez creado la unidad de almacenamiento, el asistente nos indicará la localización y tamaño del archivo de disco virtual.
        C:\.....\
En la ruta que aparece por defecto nos va a crear una carpeta, con el mismo nombre de la máquina virtual. Podemos comprobar la unidad y ruta seleccionando el icono a la derecha del campo de localización, una vez comprobado le damos crear y volvemos a la pantalla de localización y establecemos el tamaño como 12 MB, al darle a siguiente él nos mostrará un resumen de los datos correspondientes a la máquina a crear y seleccionaremos crear.

PASO 2: Vincular al fichero de ISO.

Se puede realizar de dos formas:
    a)   Sobre la propia ventana de la máquina virtual, accedemos a la opción del menú Dispositivos.
    b)   Sobre la máquina virtual Activa, doble clic seleccionamos Almacenamiento.
        Controlador: IDE.
            IDE secundario maestro: [CD/DVD] Vacío.
        Controlador: SATA.
            Puerto SATA 0:   Slackware 14.vdi
Nos aparece una ventana diálogo, con la parte izquierda activa almacenamiento.
Seleccionamos En el árbol de almacenamiento el CD/DVD.
        En la parte derecha en el bloque Atributos, accedemos con un clic sobre el icono CD/DVD.
Nos aparece un desplegable y seleccionamos la primera opción: Seleccionar un archivo de disco virtual de CD/DVD, a continuación nos aparece la ventana de diálogo estándar abrir ficheros de Windows.

| slackware64-14.0-install-dvd | 18/02/2013 1:20 | Archivos de imagen | 2.354.032 KB |

Una vez seleccionado el fichero ISO a realizar la instalación comenzamos el arranque desde la ISO.

Enter --> comienza a carga el sistema en memoria RAM.

Pulsar 1 para seleccionar el teclado.

Seleccionar querty/es.map, utilizando las teclas de desplazamiento (flecha arriba, flecha abajo, Av Pag., Rep Pag.), pulsando la inicial del teclado q (qwerty), se puede llegar a la opción:
  a.) Desplazacimiento teclas de edición.
  b.) Pulsar 3 veces la tecla q.

Pulsar 1 [Enter].

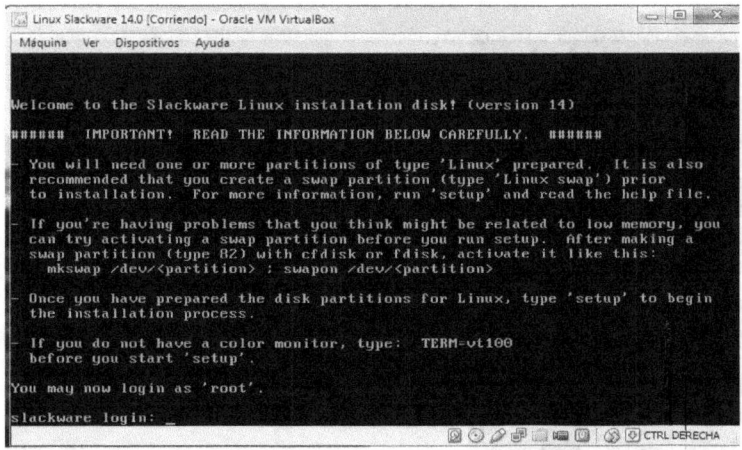

Login: [Enter]   entramos en 'root', dentro del sistema ubicado en memoria Virtual.
   Aparece el PROMPT #

PASO 3: Realizar las particiones.
Visualizar las particiones.
   fdisk   -l

- Para particionar disco utilizamos: cfdisk, fdisk.
- Utilizando los sistemas de particionamiento GPT instalado en MBR, utilizamos: cgdisk, gdisk.
- Para comenzar la instalación después de realizar la partición utilizamos en el prompt.
   # setup

a) Particionar un sistema de ficheros   /dev/sda.
   /dev/hda   --> discos IDE
   /dev/sda   --> discos SATA.
HD   --> DISCO IDE   letra (a, b, c, d,...) corresponde al número de disco(a=primer disco, b=segundo disco, c=tercer disco,...).
   /dev/hda1   --> 1 partición (primera partición) de un disco IDE.
   /dev/hda2   --> 2 partición (segunda partición) de un disco IDE.
   /dev/hda3   --> 3 partición (tercera partición) de un disco IDE.
   /dev/sda1   --> 1 partición de un disco SATA.
fdisk   /dev/sda   (solo el disco,...) aplicación para particionar en Linux.

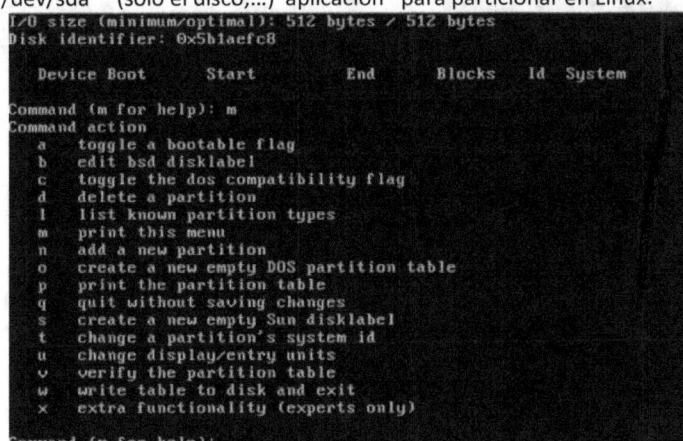

m --> Ayuda.
p --> Visualizar particiones.

n --> Nueva partición.

```
Command (m for help): n
Partition type:
   p   primary (0 primary, 0 extended, 4 free)
   e   extended
Select (default p): p
Partition number (1-4, default 1):
Using default value 1
First sector (2048-16777215, default 2048):
Using default value 2048
Last sector, +sectors or +size{K,M,G} (2048-16777215, default 16777215): +7G
Partition 1 of type Linux and of size 7 GiB is set
```

Visualizar la partición creada de 7 GiB.

```
Command (m for help): p

Disk /dev/sda: 8589 MB, 8589934592 bytes
255 heads, 63 sectors/track, 1044 cylinders, total 16777216 sectors
Units = sectors of 1 * 512 = 512 bytes
Sector size (logical/physical): 512 bytes / 512 bytes
I/O size (minimum/optimal): 512 bytes / 512 bytes
Disk identifier: 0x5b1aefc8

   Device Boot      Start         End      Blocks   Id  System
/dev/sda1            2048    14682111     7340032   83  Linux
```

> Por defecto toda partición nueva realizada en Linux, establece como sistema de ficheros por defecto Linux: id 83, con System Linux.

Se crea una nueva partición de 1GiB, para el sistema de ficheros swap.

n --> nueva partición

```
Command (m for help): n
Partition type:
   p   primary (1 primary, 0 extended, 3 free)
   e   extended
Select (default p): p
Partition number (1-4, default 2):
Using default value 2
First sector (14682112-16777215, default 14682112):
Using default value 14682112
Last sector, +sectors or +size{K,M,G} (14682112-16777215, default 16777215):
Using default value 16777215
Partition 2 of type Linux and of size 1023 MiB is set

Command (m for help):
```

t --> Cambiar el tipo de sistema de ficheros.

l --> Visualizar los tipos que puedo asignar.

```
Disk /dev/sda: 8589 MB, 8589934592 bytes
255 heads, 63 sectors/track, 1044 cylinders, total 16777216 sectors
Units = sectors of 1 * 512 = 512 bytes
Sector size (logical/physical): 512 bytes / 512 bytes
I/O size (minimum/optimal): 512 bytes / 512 bytes
Disk identifier: 0x5b1aefc8

   Device Boot      Start         End      Blocks   Id  System
/dev/sda1            2048    14682111     7340032   83  Linux
/dev/sda2        14682112    16777215     1047552   82  Linux swap
```

Escribe en hexadecimal el código del sistema de ficheros. Los tipos de los códigos aparecen en pantalla si pulsas L.

```
(tabla de tipos de particiones fdisk)
```

> Se observan 4 columnas, el primer valor es el código identificativo del tipo de partición.
> El código viene expresado en 8 bits, con lo que podemos representar un máximo de 256 tipos diferentes de particiones:
> - 83 Partición LINUX.
> - 82 Partición SWAP (el sistema de ficheros, es también es swap, se suele activa directamente con la instalación, no es necesario formatear esta partición.

Tipo de partición: 82

```
Command (m for help): w
The partition table has been altered!

Calling ioctl() to re-read partition table.
Syncing disks.
root@slackware:/#
```

Guardar w--> write

q--> salir

Ver las particiones.

    fdisk /dev/sda

        q (quit) salir sin particionar

    fdisk -l

Activar una partición.
> **fdisk /dev/sda**
> > a --> Activar la partición de arranque **/dev/sda1**

Los dispositivos:
> IDE **/dev/hda** hasta **/dev/hdd**.
> SATA y SCSI se representan por *sd* SATA ej.: **/dev/sda2**.

Uso de *fdisk* o *cfdisk*. fdisk.
> fdisk /dev/hda
> fdisk /dev/sda

```
Command (m for help): m
Command action
   a   toggle a bootable flag
   b   edit bsd disklabel
   c   toggle the dos compatibility flag
   d   delete a partition
   l   list known partition types
   m   print this menu
   n   add a new partition
   o   create a new empty DOS partition table
   p   print the partition table
   q   quit without saving changes
   s   create a new empty Sun disklabel
   t   change a partition's system id
   u   change display/entry units
   v   verify the partition table
   w   write table to disk and exit
   x   extra functionality (experts only)
```

> **DEVICE:** el tipo de dispositivo que identifica la partición.
> **BOOT:** bootable aparecerá en esta columna un asterisco (solo puede existir un asterisco, que debe ser independiente del número de particiones que existan), corresponde con la partición activa o de arranque del disco.
> **START:** Es el cilindro inicial de la partición.
> **END:** Es el cilindro final de la partición.
> **BLOCKS:** corresponde con el número total de bloque que existe en la partición.
> **ID:** código identificativo del tipo de partición se encuentra ligado con la descripción reflejada en System.
> **SYSTEM:** es la descripción del tipo de Sistema de ficheros identificado en ID.

Visualizar las particiones que tiene el disco seleccionado: p+[ENTER]

```
Command (m for help): p
```

Visualizar la identificación del disco /dev/sda, el tamaño del disco 20 GB, el número total de bytes que forman el tamaño del disco.
La segunda línea muestra la identificación del disco (CHS),16 cabezas, 63 sectores por track, el número total de cilindros 59649.
Unidad de asignación es igual al número de cilindros 1008 * 512 bytes = 516096 bytes.
A continuación se refleja en columnas lo siguiente:

```
Disk /dev/hda: 20.4 GB, 20462960640 bytes
16 heads, 63 sectors/track, 39649 cylinders
Units = cylinders of 1008 * 512 = 516096 bytes

   Device Boot      Start         End      Blocks   Id  System
Command (m for help):
```

> Las partición que se indican en el MBR, se indica con los números 1 al 4, que corresponden a las cuatro primeras entradas en el MBR, la particiones lógicas se crean a partir de la partición número 5 en adelante, corresponden a las entradas en EMBR.

Crear una nueva partición n+[ENTER]

```
Command (m for help): n
```

Pregunta por el tipo de partición: primaria o extendida.

```
Command action
   e   extended
   p   primary partition (1-4)
p
```

Seleccionamos p+[Enter]
Nos pide el número identificativo de la partición por defecto la primera es la 1 y pulsamos [ENTER].

```
Partition number (1-4): 1
```

Después nos pide el primer cilindro de inicio de la partición. Por defecto deberemos de pulsar [ENTER], para no crear huecos de cilindros vacíos entre particiones y particiones.

```
First cylinder (1-26630, default 1): 1
```

El tamaño debe comenzar por el símbolo +, seguido del tamaño a establecer, y se agrega una letra indicativa del tipo de tamaño que se establecerá G, M, K (G=Gigabyte, M= Megabyte, K=Kilobyte).
> Tamaño: *+512M [Enter]*
> *Tamaño:* +11000M [Enter]

```
Last cylinder or +size or +sizeM or +sizeK (1-39649, default 39649): +512M
```

Cambiar el tipo de identificación de la partición.

```
Command (m for help): t
```

Preguntará por el número de la partición a cambiar.
Pulsamos L para ver la lista de los códigos de identificación de la partición.

```
Hex code (type L to list codes): l
```

Ejemplo de 3 tipos de identificaciones de sistemas de ficheros 81, 82, 83 y sus descripciones correlativas.

```
81  Minix / old
82  Linux swap
83  Linux
```

Escribimos el código de partición tipo SWAP

```
Hex code (type L to list codes): 82
```

fdisk notifica el cambio realizado en el tipo de partición 1 se ha cambiado por un código de identificación de LINUX SWAP.

```
Changed system type of partition 1 to 82 (Linux swap)
```

Crearemos una segunda partición: n+[ENTER]   (n: partición nueva)

```
Command (m for help): n
```

Partición primaria.

```
Command action
   e   extended
   p   primary partition (1-4)
p
```

El número de la partición es la 2.

```
Partition number (1-4): 2
```

Se específica el cilindro de inicio y el cilindro de finalización, o bien, solo se especifica en la finalización el tamaño en (M, K, G).

```
First cylinder (994-39649, default 994):
Using default value 994
Last cylinder or +size or +sizeM or +sizeK (994-39649, default 39649):
Using default value 39649
```

Primer cilindro: 994

Pulsamos [ENTER] e indicamos que el último cilindro de la partición del disco corresponde al último cilindro de finalización del disco, a partir de aquí se calcula el número de bloques totales.

```
Command (m for help): p

Disk /dev/hda: 20.4 GB, 20462960640 bytes
16 heads, 63 sectors/track, 39649 cylinders
Units = cylinders of 1008 * 512 = 516096 bytes

   Device Boot      Start         End      Blocks   Id  System
/dev/hda1               1         993      500440+  82  Linux swap
/dev/hda2             994       39649    19482624   83  Linux
```

Seleccionamos la partición activa: a+[ENTER]
La siguiente línea indicamos el número de la partición que deseamos que se la que está activo (solo puede existir una por disco).

```
Command (m for help): a
Partition number (1-4): 2
```

Visualizamos el estado del disco con sus particiones: p+[ENTER]

```
Command (m for help): p

Disk /dev/hda: 20.4 GB, 20462960640 bytes
16 heads, 63 sectors/track, 39649 cylinders
Units = cylinders of 1008 * 512 = 516096 bytes

   Device Boot      Start         End      Blocks   Id  System
/dev/hda1               1         993      500440+  82  Linux swap
/dev/hda2   *         994       39649    19482624   83  Linux
```

Grabamos la tabla MBR: w+[ENTER]

```
Command (m for help): w
The partition table has been altered!

Calling ioctl() to re-read partition table.
Syncing disks.
```

Guarda las entradas en el MBR y sincroniza los discos, a continuación sale de la aplicación fdisk, indicando el nombre del usuario@máquina: y la ubicación / (directorio raíz) # (indicativo del tipo de usuario que es root).

PASO 4: Instalar Slackware utilizando otro tipo de particiones.
a) Establecer una partición de sistema y una swap, para instalar el sistema operativo.
Para particionar puedes usar las siguientes órdenes.
a.1) Particiones normales MBR, EMBR, PCDOS, etc...
Se deben utilizar:
cfdisk --> Menú en la parte inferior.
fdisk --> Aplicación de particiones.
a.2) Particiones para 64 bits.
cgdisk --> Menú en la parte inferior.
gdisk --> Aplicación de particiones estándar.
Se pueden crear particiones: MBR, APM, BSD, GPT,...
b.1) Listar los dispositivos Linux (unidades de almacenamiento).
fdisk -l

fdisk	
Sintaxis:	**fdisk [opciones]**
-l	Enlista las tablas de partición para los devies especificados y sale.
-u	Cuando enlista tablas de partición, muestra tamaños en sectores en vez de cilindros.
-s	El tamaño de la partición se muestra en la salida estándar.
-b	Especifica el tamaño de sector del disco.
-C	Especifica el número de cilindros del disco.
-H	Especifica el número de cabezas del disco.
-S	Especifica el número de sectores por pista del disco.

```
root@slackware:/# fdisk -l

Disk /dev/sda: 26.8 GB, 26843545600 bytes
255 heads, 63 sectors/track, 3263 cylinders, total 52428800 sectors
Units = sectors of 1 * 512 = 512 bytes
Sector size (logical/physical): 512 bytes / 512 bytes
I/O size (minimum/optimal): 512 bytes / 512 bytes
root@slackware:/#
```

El disco es un sistema de ficheros /dev/sda.

d) Acceder al dispositivo, para particionar.
   gdisk /dev/sda
Visualizar la ayuda.
   ? -->help

```
Command (? for help): ?
b       back up GPT data to a file
c       change a partition's name
d       delete a partition
i       show detailed information on a partition
l       list known partition types
n       add a new partition
o       create a new empty GUID partition table (GPT)
p       print the partition table
q       quit without saving changes
r       recovery and transformation options (experts only)
s       sort partitions
t       change a partition's type code
v       verify disk
w       write table to disk and exit
x       extra functionality (experts only)
?       print this menu
Command (? for help):
```

Cualquier letra que esté en el menú de ayuda, implica visualizar la ayuda.
   h
f) Crear una partición.
   n --> Nueva partición.

```
Command (? for help): n
Partition number (1-128, default 1):
First sector (34-52428766, default = 2048) or {+-}size{KMGTP}:
Last sector (2048-52428766, default = 52428766) or {+-}size{KMGTP}: +24G
Current type is 'Linux filesystem'
Hex code or GUID (L to show codes, Enter = 8300):
```

Se aumenta el número de particiones de 4 a 128.
Se aumenta el tamaño de los discos para Perabyte.
Cambiar la codificación de los sistemas de ficheros de 8 bits a 16 bits.
   83 --> Partición de Linux   8300 (hexadecimal).

```
Hex code or GUID (L to show codes, Enter = 8300): l
0700 Microsoft basic data    0c01 Microsoft reserved    2700 Windows RE
4200 Windows LDM data        4201 Windows LDM metadata  7501 IBM GPFS
7f00 ChromeOS kernel         7f01 ChromeOS root         7f02 ChromeOS reserved
8200 Linux swap              8300 Linux filesystem      8301 Linux reserved
8400 Intel Rapid Start       8e00 Linux LVM             a500 FreeBSD disklabel
a501 FreeBSD boot            a502 FreeBSD swap          a503 FreeBSD UFS
a504 FreeBSD ZFS             a505 FreeBSD Vinum/RAID    a580 Midnight BSD data
a581 Midnight BSD boot       a582 Midnight BSD swap     a583 Midnight BSD UFS
a584 Midnight BSD ZFS        a585 Midnight BSD Vinum    a800 Apple UFS
a901 NetBSD swap             a902 NetBSD FFS            a903 NetBSD LFS
a904 NetBSD concatenated     a905 NetBSD encrypted      a906 NetBSD RAID
ab00 Apple boot              af00 Apple HFS/HFS+        af01 Apple RAID
af02 Apple RAID offline      af03 Apple label           af04 AppleTV recovery
af05 Apple Core Storage      be00 Solaris boot          bf00 Solaris root
bf01 Solaris /usr & Mac Z    bf02 Solaris swap          bf03 Solaris backup
bf04 Solaris /var            bf05 Solaris /home         bf06 Solaris alternate se
bf07 Solaris Reserved 1      bf08 Solaris Reserved 2    bf09 Solaris Reserved 3
bf0a Solaris Reserved 4      bf0b Solaris Reserved 5    c001 HP-UX data
c002 HP-UX service           ea00 Freedesktop $BOOT     eb00 Haiku BFS
ed00 Sony system partitio    ef00 EFI System            ef01 MBR partition scheme
ef02 BIOS boot partition     fb00 VMWare VMFS           fb01 VMWare reserved
fc00 VMWare kcore crash p    fd00 Linux RAID
Hex code or GUID (L to show codes, Enter = 8300):
```

g) Visualizar las particiones creadas.
   p

```
Command (? for help): p
Disk /dev/sda: 52428800 sectors, 25.0 GiB
Logical sector size: 512 bytes
Disk identifier (GUID): 075D1205-D5FD-41FA-ADBF-58FA59C1A1C6
Partition table holds up to 128 entries
First usable sector is 34, last usable sector is 52428766
Partitions will be aligned on 2048-sector boundaries
Total free space is 2097085 sectors (1024.0 MiB)

Number  Start (sector)    End (sector)   Size        Code  Name
   1              2048        50333695    24.0 GiB   8300  Linux filesystem
```

h) Cambiar el nombre de la partición.
   c

```
Number  Start (sector)    End (sector)   Size        Code  Name
   1              2048        50333695    24.0 GiB   8300  Sistema slackware
```

i) Crear una partición SWAP.
   n --> Nueva partición
   2   Número de la partición por defecto [ENTER]

```
Command (? for help): n
Partition number (2-128, default 2):
First sector (34-52428766, default = 50333696) or (+-)size(KMGTP):
Last sector (50333696-52428766, default = 52428766) or (+-)size(KMGTP): +1024M
Last sector (50333696-52428766, default = 52428766) or (+-)size(KMGTP):
Current type is 'Linux filesystem'
Hex code or GUID (L to show codes, Enter = 8300): 8200
Changed type of partition to 'Linux swap'
```

p --> Visualizo

```
  2       50333696         52428795      1023.0 MiB    8200   Linux swap
```

Ninguna partición como partición activa de arranque.

j) Guardar la configuración.

    ?   Para obtener la ayuda
    w   Escribir las modificaciones y salir

```
Command (? for help): w

Final checks complete. About to write GPT data. THIS WILL OVERWRITE EXISTING
PARTITIONS!!

Do you want to proceed? (Y/N): Y
OK; writing new GUID partition table (GPT) to /dev/sda.
The operation has completed successfully.
```

PASO 5: Instalar Slackware en las particiones creadas.

Tecleamos la aplicación de instalación: setup+[ENTER]

```
root@slackware:/# setup
```

A partir de este momento nos aparecen las ventanas gráficas de texto.

Primero seleccionamos el tipo de teclado e idioma que seleccionamos a continuación seleccionamos las particiones partición SWAP.

```
           ─── Slackware Linux Setup (version 12.0) ───
           Welcome to Slackware Linux Setup.
           Select an option below using the UP/DOWN keys and SPACE or ENTER.
           Alternate keys may also be used: '+', '-', and TAB.

              HELP       Read the Slackware Setup HELP file
              KEYMAP     Remap your keyboard if you're not using a US one
              ADDSWAP    Set up your swap partition(s)
              TARGET     Set up your target partitions
              SOURCE     Select source media
              SELECT     Select categories of software to install
              INSTALL    Install selected software
              CONFIGURE  Reconfigure your Linux system
              EXIT       Exit Slackware Linux Setup

                    < OK >              <Cancel>
```

Las opciones se seleccionan [*] con la barra SPACEBAR+[ENTER], que corresponde a la opción < OK > de la parte inferior izquierda.

```
     ─── SWAP SPACE DETECTED ───
  Slackware Setup has detected one or more swap partitions
  on your system. These partitions have been preselected
  to be set up as swap space. If there are any swap
  partitions that you do not wish to use with this
  installation, please unselect them with the up and down
  arrows and spacebar. If you wish to use all of them
  (this is recommended), simply hit the ENTER key.

     [*] /dev/hda1   Linux swap partition, 500440KB

              < OK >         <Cancel>
```

Nos muestra el mensaje identificativo de la SWAP, nos pide si deseamos chequear los bloques que forman la swap, la ejecución del comando mkswap. Si pulsamos [ENTER], corresponde a la opción No chequear < OK >.

Aparece la configuración de la partición SWAP, se configura en el fichero /etc/fstab.

En la siguiente ventana nos aparece la partición o particiones que contiene el disco o discos identificados como particiones LINUX (82).

```
     ─── Select Linux installation partition ───
  Please select a partition from the following list to use for your
  root (/) Linux partition.

     /dev/hda2   Linux 19402624K
        ──       (done adding partitions, continue with setup)
        ──       (done adding partitions, continue with setup)
        ──       (done adding partitions, continue with setup)
        ──       (done adding partitions, continue with setup)

              < Select >        <Continue>
```

Seleccionamos la partición en la parte superior, con tabulador seleccionamos la opción < Select >.

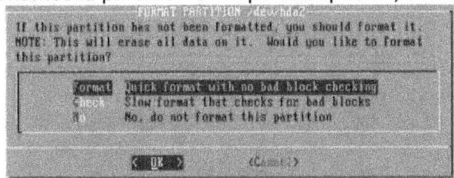

Por defecto aparece Formatear los bloques de la partición seleccionada anteriormente y a continuación nos aparece una ventana, para seleccionar le tipo de sistema de ficheros que deseamos establecer en la partición ext3 o ext4.

Una vez formateado, nos parece la entrada correspondiente a esta partición formateada y la línea identificativa en /etc/fstab.

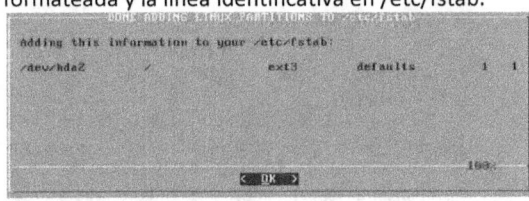

Si existen más de una partición con diferentes sistemas de ficheros tipo NTFS o FAT, la identificaremos, en el fichero /etc/fstab, previamente lo seleccionamos para su identificación.

Seleccionamos la partición NTFS.

[ENTER] para realizar la instalación desde un CD o DVD:

Seleccionamos, la opción **auto** para que el sistema detecte automáticamente el tipo de dispositivo, estándar, para realizar la instalación.

Seleccionamos la serie de paquetes a instalar.

Y seleccionamos el tipo de instalación que deseamos que instalar.

Full: Completa.
Menú: Seleccionamos los componentes de cada uno de los paquetes.

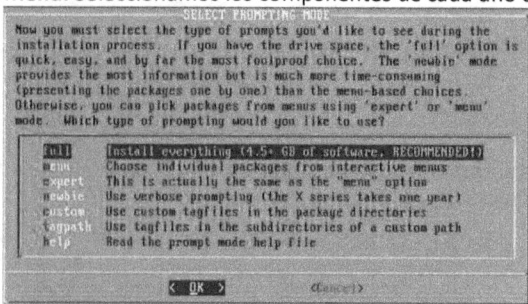

Da comienzo de la instalación de paquetes.

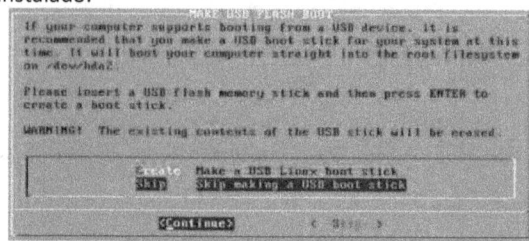

En la ventana aparece en la parte superior en amarillos el paquete que está instalando y la aplicación.

Una vez terminada la instalación, pregunta el tipo de dispositivo dónde se realizará la fijación de la partición de arranque o BOOT, del sistema de ficheros instalado.

Por defecto SKIP, y continuar.

Nos sale un menú, preguntando sobre la identificación del tipo de modem, el puerto y dispositivo asociado.

kde: KDE (K Desktop Environment) es un entorno de escritorio gráfico e infraestructura de desarrollo para sistemas Unix y en particular Linux. La 'K' originariamente representaba la palabra "Kool", pero su significado fue abandonado más tarde. Actualmente significa simplemente 'K', la letra inmediatamente anterior a la 'L' (inicial de Linux) en el alfabeto. Actualmente KDE es distribuido junto a muchas distribuciones Linux.

KDE imitó a CDE (Common Desktop Environment) en sus inicios. CDE es un entorno de escritorio utilizado por varios Unix.

De acuerdo con el sitio de KDE: "KDE es un entorno gráfico contemporáneo para estaciones de trabajo Unix. KDE llena la necesidad de un escritorio amigable para estaciones de trabajo Unix, similar a los escritorios de MacOS o Window".

XFce: es un entorno de escritorio ligero para sistemas tipo Unix como GNU/Linux, BSD, Solaris y derivados.

Su creador, Olivier Fourdan.

Xfce originalmente provenía de XForms Common Enviroment, pero debido a los grandes cambios en el código, ya no usa el kit de herramientas de XForms, ya no se indica como XFce sino Xfc.

X Free: Choresterol Environment (entorno X libre de colesterol) en referencia al poco consumo de memoria que realiza y a la velocidad con que se ejecuta

xinitrc.fluxbox: En el mundo Unix, Fluxbox es un administrador de ventanas rápido y ligero para el sistema X Windows System basado en Blackbox 0.61.1. y compatible con él. Tiene soporte para las aplicaciones KDE y Gnome. Característica es el soporte de Fluxbox de las aplicaciones empotrables (docking).

blackbox: es un gestor de ventanas minimalista para sistemas de tipo UNIX, escrito completamente de cero por Brad Hughes bajo el lenguaje de programación C++.

Con bajo recursos de Hardware y poco requisito de memoria.

wmaker: WMaker (Window Maker) es un gestor de ventanas caracterizado por su facilidad de configuración y uso, además de su destacado bajo consumo de recursos.

WMaker es un entorno de escritorio bastante amigable y elegante, con grandes antecesores y que en cierta emula el look and feel de NeXTSTEP, derivado de AfterStep el cual es uno de los numerosos entornos derivados originalmente de Fvwm (F Virtual Window Manager), evolución evolución de Vtwm (Virtual Twm) y versión mejorada de Twm (Tab Window Manager).

fvwm2: gestor de ventanas estándar Twm, FVWM ha evolucionado a un entorno potente y altamente configurable para sistemas UNIX y similares.

Muchos de los más populares gestores de ventana utilizados hoy en día están relacionados con FVWM: AfterStep, Xfce, Enlightenment, Metisse.

twm: twm (Tab Window Manager) es un gestor de ventanas para el sistema X Window. El software ha sido renombrado Tab Window Manager por el Consorcio X cuando lo adoptaron en 1989. twm es un gestor de ventanas re-parenting que proporciona barras de título, ventanas con formas y gestión de iconos. Es altamente configurable y extensible, fue un logro innovador en su tiempo 1987.

Elegimos el tipo de instalación del gestor LILO que seamos realizar, si seleccionamos SIMPLE, se buscarán las diferentes particiones con diferentes sistemas operativos y se realizará una entrada automática en el menú de la secuencia de arranque, si seleccionamos en modo experto, nos preguntara para indicar el nombre de entrada en el menú y los parámetros del dispositivo identificativo a cada una de ellas.

[ENTER] para instalar *LILO* y establecer la entrada correspondente en el **Master Boot Record**.

Posteriormente seleccionamos el destino de almacenamiento del lilo, lo normal es fijarlo en la partición en la tabla de MBR, indicando cual es la partición identificativa del lilo.

Gestores de arranque de Linux, en 4 categorías:

- **GRUB (GNU GRand Unified Bootloader)** es un gestor de arranque múltiple, desarrollado por el proyecto GNU que se usa comúnmente para iniciar uno, dos o más sistemas operativos instalados en un mismo equipo.

Se usa principalmente en sistemas operativos GNU/Linux. Técnicamente, un gestor de arranque múltiple es aquel que puede cargar cualquier archivo ejecutable y que contiene un archivo de cabecera en los primeros 8 KB del archivo. Tal cabecera consiste en 32 bits de un número "mágico", 32 de indicadores (flags), otros 32 de un número "mágico", seguidos de información sobre la imagen ejecutable.

Los gestores de arranque convencionales tienen una tabla de bloques en el disco duro, GRUB es capaz de examinar el sistema de ficheros.

- **Lilo ("Linux Loader")** es un gestor de arranque que permite elegir, entre sistemas operativos Linux y otras plataformas, con cual se ha de trabajar al momento de iniciar un equipo con más de un sistema operativo disponible. Fue desarrollado inicialmente por Werner Almesberger, actualmente está a cargo de John Coffman.

La siguiente ventana, nos aparece la configuración por defecto del dispositivo correspondiente al ratón YES.

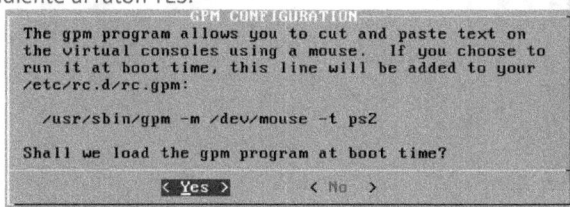

LILO funciona en una variedad de sistemas de archivos y puede arrancar un sistema operativo desde el disco duro o desde un disco flexible externo. LILO permite seleccionar entre 16 imágenes en el arranque. LILO puede instalarse también en el master boot record (MBR).

Al iniciar el sistema LILO solamente puede acceder a los drivers de la BIOS para acceder al disco duro. Por esta razón en BIOS antiguas el área de acceso está limitada a los cilindros numerados de 0 a 1023 de los dos primeros discos duros. En BIOS posteriores LILO puede utilizar sistemas de acceso de 32 bits permitiéndole acceder a toda el área del disco duro.

Nos pregunta si deseamos configurar por defecto la RED.

Seleccionamos **YES**.

Lo primero que pide es el nombre del Equipo, (HOSTNAME): **slackware14**

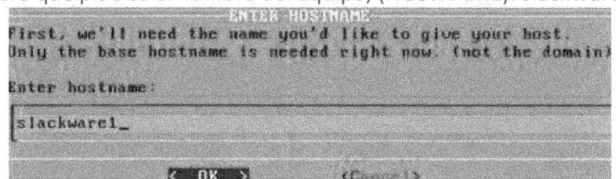

- **Nonfb:** es una abreviatura que significa "sin framebuffer" (del inglés non framebuffer). Aparece en gestores de arranque para Linux como Lilo. Cuando se emplea esta opción de inicio del sistema no aparecen gráficos durante el arranque; aparece sólo texto en esta fase. Al finalizar el arranque se tiene un uso completo de los gráficos (de igual forma que si se hubiera arrancado desde la opción predeterminada -de manera normal.

- **SILO (boot loader):** SILO (SPARC Improved bootLOader) es el cargador de arranque utilizado por el Sistema Operativo GNU/Linux para cargar el kernel Linux en sistemas basados en SPARC (32-bit) y UltraSPARC (64-bit). También puede ser utilizado por el Sistema Operativo Solaris en lugar de su cargador de arranque estándar.

Nos pide el nombre del dominio al que pertenece el equipo, sino forma parte de ningún dominio, pulsamos [ENTER], dejando el campo en blanco.

El siguiente PASO es establecer qué tipo de IP, vamos a establecer, FIJA o Dinámica (DHCP).

Si es una IP ESTATICA nos pide la IP en una ventana y en la siguiente ventana la máscara.
Si es una IP DINÁMICA nos pide la IP del servidor de DCHP.

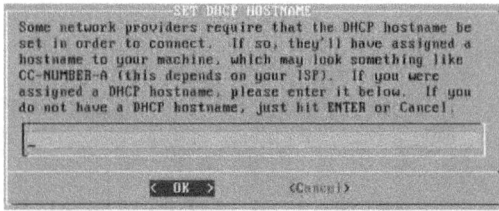

Una vez finalizado, nos muestra la configuración de la RED.

A continuación nos aparecen los servicios que podemos fijar o establecer en la secuencia de arranque, seleccionamos con la barra espaciadora, ([*] seleccionado/ [ ] no seleccionado), en la parte inferior nos aparece la leyenda identificativa del tipo de servicio que se ejecutará.

Configuración de las fuentes.

La sincronización de la hora con el hardware a nivel local o con equipos UTC: si no es un servidor importante, no tenemos sincronización.

La siguiente ventana nos pide la configuración de la ZONA HORARIA.

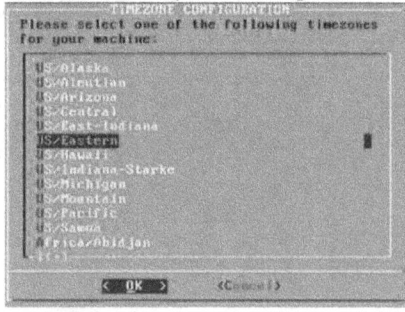

xwmconfig

Nos aparece una lista de los diferentes administradores de ventanas gráficas tipo X Windows.

Seleccionar **KDE** y pulsar [ENTER].

Introduce el password: **Practica2015***
Press **Enter** *to set a* root *password*: **Practica014***

Pulsamos ENTER y retorna a la aplicación de instalación, o bien pulsamos CTRL+ALT+SUP.

Sino salimos de la aplicación LINUX.

Salimos a la línea de comandos.

Una vez reiniciado el equipo nos aparece la ventana del menú de lilo, y el arranque.

Una vez arrancado el sistema Linux Slackware, nos pide el usuario y su password.

PRÁCTICA 5: Instalar Android 4.4
DESCRIPCIÓN:
¿Qué es Android?
Hace unos años, Google decidió que debía expandir su negocio hacia los móviles y que mejor estrategia que crear un sistema operativo móvil propio, gratis y con varios de los más grandes fabricantes de teléfonos móviles, omo respaldo. Así nace Android, un *sistema operativo móvil open source*, basado en Linux, que revolucionó el mercado de los Smartphone e inició una carrera tecnológica, que continúa hoy día.

Android es un sistema operativo que puede ser adoptado por cualquier fabricante de teléfonos móviles – aunque existe un consorcio de los fabricantes más importantes – y permite realizar tareas que se asemejan a una PC, como navegar la web, leer emails, descargar aplicaciones, etc.

Además, Android cuenta con aplicaciones Google, que permiten acceso a Google Maps, YouTube, Gmail, Google Talk y muchas más aplicaciones oficiales con solo ingresar una cuenta Google. También, cuenta con Android Market, una tienda con más de 300.000 aplicaciones entre pagas y gratis para descargar, con categorías que van desde juegos a productividad, pasado por estilo de vida, utilidades y mucho más.

Rockstar es propiedad de Apple, Microsoft, Blackberry, Ericsson y Sony, al tiempo que los móviles de Samsung, Huawei y HTC funcionan con el sistema operativo Android (Google), que compite ferozmente con Apple y los productos móviles de Microsoft.

¿Cómo puedo tener Android en mi teléfono o Tablet?
La manera más rápida y fácil es comprando un Smartphone o Tablet Android. Varios fabricantes de teléfonos móviles han lanzado equipos Android, desde muy caros hasta relativamente baratos y varias operadoras ofrecen equipos Android, y hoy, Android es una de las plataformas más populares en el mundo.

Existe una comunidad muy grande de programadores y hackers detrás de Android que, gracias a su código abierto, han podido adaptar el sistema operativo en otros celulares que originalmente corrían otro OS.

Descargar Android para PCs (x86)
Descargamos de la Web: *http://www.android-x86.org/download*

- Android-x86-4.4
  - ✓ android-x86-4.4-RC1.iso — Android-x86 4.4-RC1 live & installation iso
  - ✓ android-x86-4.4-RC2.iso — Android-x86 4.4-RC2 live & installation iso

Una vez descargadas tenemos las ISOS.

android-x86-4.4-RC1	08/08/2014 4:20	Archivos de imagen	301.056 KB
android-x86-4.4-RC2	08/08/2014 4:21	Archivos de imagen	339.968 KB

Primero se instala el CD RC1 y después se selecciona la otra ISO y se repite el proceso.

PASO 1: Configuración de la máquina Virtual x86.
General
- Crear una máquina Virtual en VirtualBox.
  - Nombre: Android 4.0
  - Tipo: Linux
  - Versión: Other Linux.
  - Tamaño del disco: 8 Gigabytes. (Disco Dinámico).

Sistema
- Configuración de la placa Base.
  - Memoria base: 1024 MB
  - Orden de Arranque: Disquete, CD/DVD, Disco Duro.
  - ChipSet: PIIX3
  - Dispositivo Apuntador: Tableta USB.
  - Características extendidas:
    - ✓ Habilitar I/O APIC.
    - ✓ Reloj hardware en tiempo UTC.
- Procesador:
  - Procesador(es): 1
  - Límite de ejecución: 100%
  - Características extendidas
    - ✓ Habilitar PAE/NX.
- Aceleración del sistema
  - Hardware de virtualización:
    - ✓ Habilitar VT-x/AMD-V.
    - ✓ Habilitar paginación anidada.

Pantalla
- Vídeo
  - Memoria de Vídeo: 128 MB (máximo)

Número de monitores: 1
Funcionalidades extendidas:
- ✓ Habilitar aceleración 3D.

Almacenamiento
Árbol de almacenamiento.
Android 4.0.vdi.
Atributos: IDE primario maestro.
Botón derecho sobre el icono CD/DVD.
Selección un archivo de disco virtual.
Controladora SATA
Elegir en el icono CD/DVD ubicado en la parte superior izquierda de la unidad.
Seleccionar un archivo en la unidad CD/DVD.
Elegir una de estas do ISOs.

android-x86-4.4-RC1	08/08/2014 4:20	Archivos de imagen	301.056 KB
android-x86-4.4-RC2	08/08/2014 4:21	Archivos de imagen	339.968 KB

Red
Adaptador 1
- ✓ Habilitar adaptador de red.
  Conectado a: Adaptador puente.
  Nombre: (e.g.: Realteck PCIe PE Ready Controller).
  Opciones avanzadas, las que estén por defecto.

PASO 2: Arrancar la máquina Virtual.

Crear las particiones con **cfdisk**.
New

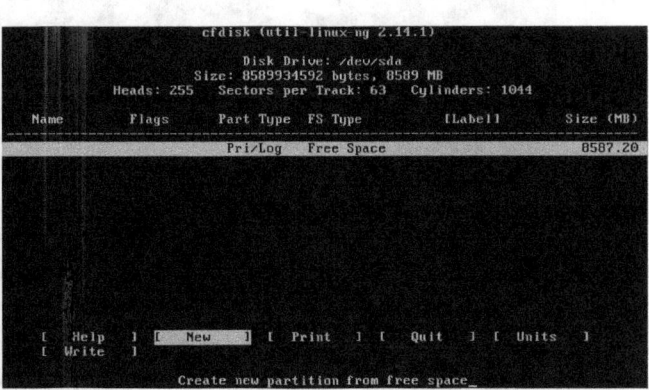

Utilizar las flechas de movimiento arriba, abajo, derecha, izquierda y ENTER aceptar la opción.

Creamos una partición primaria, aparece el tamaño disponible.

Escribimos 7500 MB (Al escribir desaparece la cantidad anterior).

Inicializamos.

Como el tipo de partición 83 Linux y la marcamos como bootable.
Type

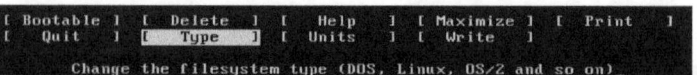

Lista completa de las posibles particiones que se puede asignar, en Android.

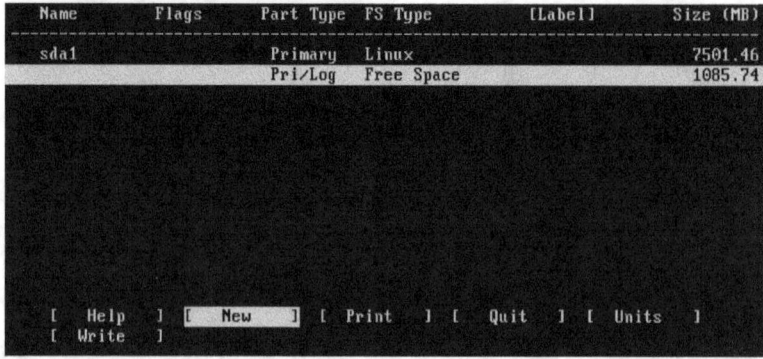

Elegir el tipo de particiones:

`Enter filesystem type: 82`

Creamos una unidad de intercambio una SWAP.

Elegimos con la flechas de desplazamiento vertical, y en desplazamiento horizontal nos situamos en la opción [New] y pulsamos [ENTER].

Seleccionamos: la partición Primaria y el tamaño restante.

`Size (in MB): 1085.74`

Nos ubicamos con las flechas de movimiento vertical en la primera partición sda1 y pulsamos [ENTER], sobre la opción Bootable y parece en la segunda columna FLAGS como bootable.

Elegimos la opción *[Write]* para escribir la tabla de particiones.

Nos aparece el siguiente mensaje, de precaución y contestamos que *yes+[ENTER]*.

y salimos de la aplicación cfdisk con la opción [Quit].

PASO 3: Proceder a la instalación.

Seleccionamos Reboot, y desactivamos la ISO como unidad de arranque principal.

Elegimos el idioma

[ENTER]

Seleccionar la activación del dispositivo del ratón, para poder manejar la máquina virtual Android.

A partir de este momento deja de funcionar el USB en el anfitrión.

PRÁCTICA 6: Instalación de Fedora 20.
DESCRIPCIÓN:

¿Qué es Fedora?

Fedora es un sistema operativo **basado en Linux**, una colección de software que hace funcionar a su computadora. Puede utilizar Fedora junto a, o como reemplazo de, otros sistemas operativos, como Microsoft Windows o Mac OS X. El sistema operativo Fedora es libre y gratuito para disfrutar y compartir.

Proyecto Fedora es el nombre de una comunidad de personas en todo el planeta que aman, utilizan y construyen software libre. Trabajando como comunidad, nuestra intención es liderar la creación y la distribución tanto de código como de contenidos libres. Fedora es patrocinado por **Red Hat**, el proveedor de tecnología de código abierto más confiable en todo el mundo. Red Hat invierte en Fedora para estimular la colaboración y la innovación en tecnologías de software libre.

¿Qué hace a Fedora diferente?

Creemos en el valor del software libre, y luchamos para proteger y promover soluciones que cualquiera pueda utilizar y redistribuir. No solo el sistema operativo Fedora ha sido realizado gracias al software libre, sino que utilizamos exclusivamente software libre para hacerlo llegar a usted. Este sitio web, de hecho, se construye y mejora con software libre, y atiende a millones de personas cada mes.

Además, creemos en el poder de la colaboración. Nuestros desarrolladores trabajan con equipos de proyectos de software libre alrededor del mundo a quienes denominamos la "rama desarrollo". Estos equipos crean la gran mayoría del software que constituye Fedora. Colaboramos de manera estrecha con ellos de modo que todos podamos beneficiarnos con su trabajo, y podamos acceder lo más rápido posible a cualquiera de sus avances. Al trabajar con tales equipos en una misma dirección, podemos asegurar que el software libre funciona mejor en conjunto, y al mismo tiempo podemos ofrecer la mejor experiencia a los usuarios. Además, de esta manera podemos velozmente ofrecer las mejorías pertinentes, algo que beneficia no sólo a los usuarios, sino también a las comunidades de desarrollo de software.

También creemos que lo mejor es motivar y permitir que otros persigan su visión de un sistema operativo libre. Cualquiera puede reformular a Fedora y convertirlo en un nuevo producto con su propio nombre. Incluso ofrecemos las herramientas (en inglés) para poder hacerlo. De hecho, Fedora ya es la base de distribuciones derivadas como Linux para empresas de Red Hat, el proyecto One Laptop Per Child XO (una laptop por niño), y los DVDs de Contenido Vivo de Creative Commons (en inglés).

REQUISITOS DE INSTALACION:

La creación de una máquina virtual con la siguiente configuración:

General
- Crear una máquina Virtual en VirtualBox
  - Nombre: Fedora 20
  - Tipo: Linux
  - Versión: Other Linux
  - Tamaño del disco: 28 Gigabytes. (Disco Dinámico)

Sistema
- Configuración de la placa Base
  - Memoria base: 1536 MB
  - Orden de Arranque: Disquete, CD/DVD, Disco Duro.
  - ChipSet: PIIX3
  - Dispositivo Apuntador: Tableta USB
  - Características extendidas:
    - ✓ Habilitar I/O APIC
    - ✓ Reloj hardware en tiempo UTC
- Procesador:
  - Procesador(es): 2
  - Límite de ejecución: 100%
  - Características extendidas.
    - ✓ Habilitar PAE/NX
- Aceleración del sistema
  - Hardware de virtualización:
    - ✓ Habilitar VT-x/AMD-V
    - ✓ Habilitar paginación anidada.

Pantalla
- Vídeo
  - Memoria de Vídeo: 128 MB (máximo)
  - Número de monitores: 1
  - Funcionalidades extendidas:
    - ✓ Habilitar aceleración 3D

Almacenamiento
- Árbol de almacenamiento.
  - Fedora 20.vdi

Atributos: IDE primario maestro.
Botón derecho sobre el icono CD/DVD.
Selección un archivo de disco virtual.
Controladora SATA.
Elegir en el icono CD/DVD ubicado en la parte superior izquierda de la unidad.
Seleccionar un archivo en la unidad CD/DVD
Elegir una de estas do ISOs

Fedora-Live-KDE-x86_64-20-1	27/04/2014 15:22	Archivos de imagen	950.272 KB
Fedora-Live-Xfce-x86_64-20-1	27/04/2014 14:50	Archivos de imagen	663.552 KB

Red
    Adaptador 1
        ✓ Habilitar adaptador de red.
            Conectado a: Adaptador puente.
            Nombre: (e.g.: Realteck PCIe PE Ready Controller).
        Opciones avanzadas, las que estén por defecto.

PASO 1: Instalación.

Install to Hard Drive.

Continuar.

 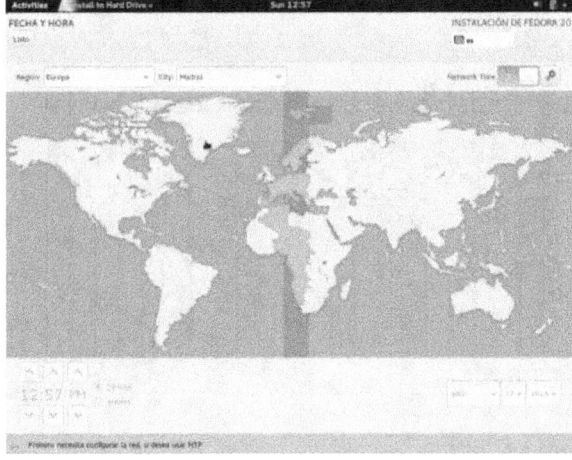

Listo y retornamos al resumen de instalación.

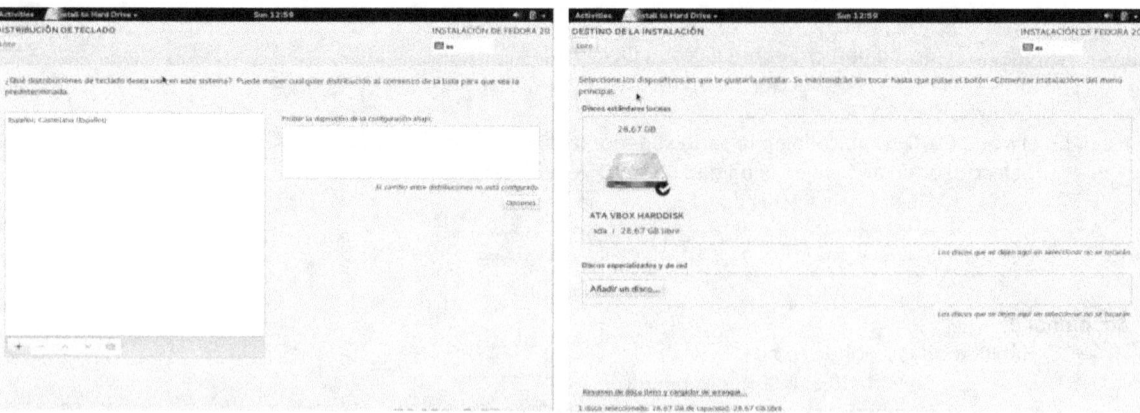

Hacemos un doble clic sobre el disco y queda seleccionado, se hace un clic sobre listo.

Establecemos la configuración de red.

Listo.

Comenzar instalación.

Listo.

Opción Avanzado....
Cambiamos el código de identificación: no permitido cambiar número id.
Agregamos: una coma y root.

Seleccionamos Salir.

Botón apagar.

Restart.

Aparece la secuencia de arranque su evolución.

Se inició correctamente y nos aparecen las siguientes dos ventanas de diálogo secuencialmente.

La primera vez nos aparece la ventana de diálogo:

Siguiente.

Empezar a utilizar Fedora.

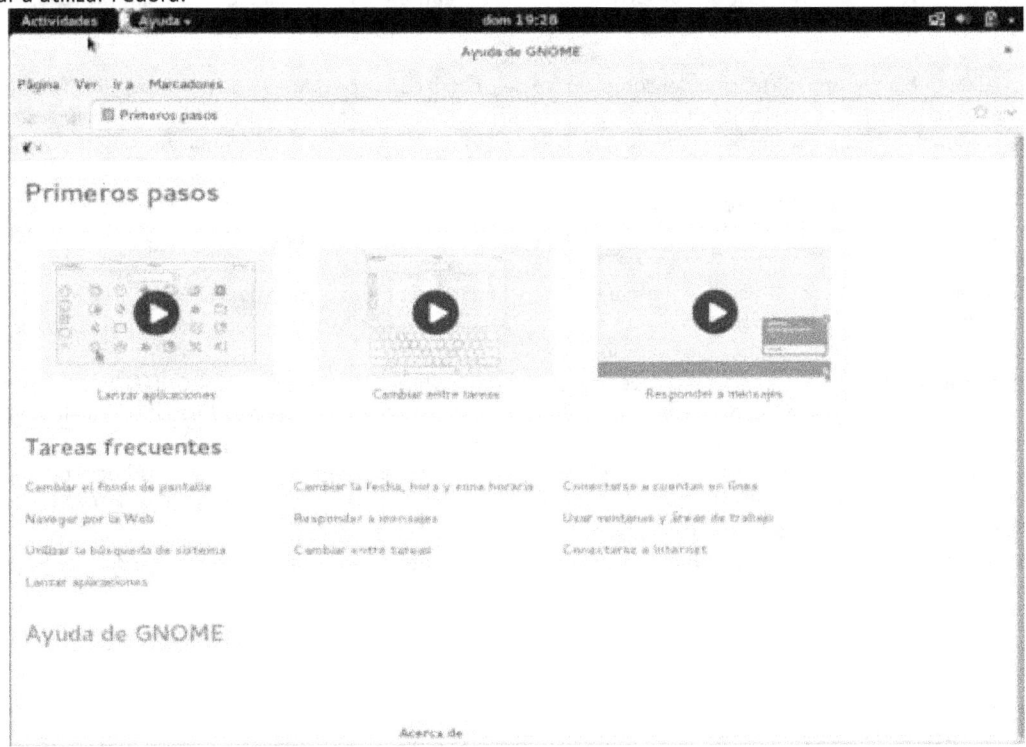

PRÁCTICA 7: Instalación de Debian 7.0.
DESCRIPCIÓN:

¿Qué es el sistema operativo Debian?

Debian es una organización formada totalmente por voluntarios dedicada a desarrollar software libre y promocionar los ideales de la comunidad del software libre. El Proyecto Debian comenzó en 1993, cuando Ian Murdock hizo una invitación a todos los desarrolladores de software a contribuir a una distribución completamente coherente basada en él, entonces relativamente nuevo, núcleo Linux. Ese grupo relativamente pequeño de entusiastas, al principio patrocinados por la Free Software Foundation e influenciados por la filosofía GNU, ha crecido a lo largo de los años hasta convertirse en una organización de alrededor de 1000 desarrolladores Debian.

Los desarrolladores Debian están involucrados en una gran variedad de tareas, incluyendo la administración del Web y FTP, diseño gráfico, análisis legal de licencias de software, escribir documentación y, por supuesto, mantener paquetes de software.

Con el interés de comunicar nuestra filosofía y atraer desarrolladores que crean en los principios que Debian protege, el Proyecto Debian ha publicado un número de documentos que contienen nuestros valores y sirven como guías de lo que significa ser un desarrollador Debian:

- El Contrato Social de Debian es una afirmación del compromiso de Debian con la comunidad de Software Libre. Cualquiera que esté de acuerdo en acogerse al Contrato Social puede convertirse en desarrollador. Cualquier desarrollador puede introducir software nuevo en Debian - siempre que éste cumpla nuestro criterio de software libre, y cumpla con nuestros estándares de calidad.
- El documento **Directrices de Software Libre de Debian (DFSG)** es un informe claro y conciso de los criterios de Debian sobre el software libre. La DFSG es de gran influencia en el movimiento del software libre, y proporciona las bases de la Definición de Open Source.
- Las Normas de Debian son una especificación extensiva de los estándares de calidad del Proyecto Debian.

Los desarrolladores de Debian también están involucrados en otros proyectos; algunos específicos de Debian, otros en los que está involucrado parte o toda la comunidad Linux. Algunos ejemplos incluyen:

- El **Linux Standard Base (LSB)**. El LSB es un proyecto que pretende estandarizar el sistema básico de GNU/Linux, lo que permitiría a terceros desarrolladores de software y hardware desarrollar fácilmente programas y controladores de dispositivos para Linux en general, más que para una distribución de GNU/Linux en particular.
- El **Estándar para la jerarquía del sistema de ficheros (FHS)** es un esfuerzo para estandarizar la distribución del sistema de ficheros de Linux. El FHS permitirá a desarrolladores de software concentrar sus esfuerzos en diseñar programas, sin tener que preocuparse sobre cómo se instalará su paquete en diferentes distribuciones de GNU/Linux.
- **Debian Jr.** es nuestro proyecto interno, orientado a asegurarnos de que Debian tiene algo que ofrecer a nuestros usuarios más jóvenes.

REQUISITOS DE LA MAQUINA VIRTUAL.

General
    Crear una máquina Virtual en VirtualBox.
        Nombre: Debian 7.4 AMD 64.
        Tipo: Linux.
        Versión: Debian (64 bits).
        Tamaño del disco: 8 Gigabytes. (Disco Dinámico).

Sistema
    Configuración de la placa Base.
        Memoria base: 1024 MB.
        Orden de Arranque: Disquete, CD/DVD, Disco Duro.
        ChipSet: PIIX3
        Dispositivo Apuntador: Tableta USB.
        Características extendidas:
            ✓ Habilitar I/O APIC.
            ✓ Reloj hardware en tiempo UTC.
    Procesador:
        Procesador(es): 1.
        Límite de ejecución: 100%.
        Características extendidas.
            ✓ Habilitar PAE/NX.
    Aceleración del sistema.
        Hardware de virtualización:
            ✓ Habilitar VT-x/AMD-V.
            ✓ Habilitar paginación anidada.

Pantalla
    Vídeo
        Memoria de Vídeo: 128 MB (máximo).
        Número de monitores: 1.
        Funcionalidades extendidas:

Almacenamiento
    Árbol de almacenamiento.
        Debian 7.4 AMD 64.vdi
        Atributos: IDE primario maestro.
            Botón derecho sobre el icono CD/DVD.
                Selección un archivo de disco virtual.
        Controladora SATA.
    Elegir en el icono CD/DVD ubicado en la parte superior izquierda de la unidad.
        Seleccionar un archivo en la unidad CD/DVD.
            Elegir una de estas do ISOs.
                Debian 7.4 AMD 64.
Red
    Adaptador 1
        ✓ Habilitar adaptador de red
            Conectado a: Adaptador puente
            Nombre: (e.g.: Realteck PCIe PE Ready Controller)
            Opciones avanzadas, las que estén por defecto.

PASO 1: Elegir la imagen de instalación Debian 7.4 AMD 64.
Acceso a la máquina virtual a la parte derecha: ALMACENAMIENTO (doble clic). Accedemos a:
    Atributo
        Unidad CD/DVD
Elegimos el fichero con la ISO de instalación.

Clic, sobre el icono CD y Seleccionar un archivo de disco virtual de CD/DVD.

Seleccionar la ISO.

Nombre	Fecha de modifica...	Tipo	Tamaño
debian-6.0.6-amd64-DVD-1	13/02/2013 23:52	Archivos de imagen	4.549.608 KB
debian-7.4.0-amd64-DVD-1	05/04/2014 20:59	Archivos de imagen	3.859.072 KB
debian-7.4.0-amd64-DVD-2	04/04/2014 21:39	Archivos de imagen	4.587.720 KB
debian-7.4.0-amd64-DVD-3	04/04/2014 21:55	Archivos de imagen	4.585.482 KB

Una vez seleccionada la unidad de almacenamiento y el controlador: IDE y el medio CD/DVD, nos aparece en la parte derecha central la información, del tipo, tamaño, ubicación y dispositivo conectado, se indica en los recuadros rojos.

En la descripción aparece la siguiente información.

Tipo:	Imagen
Tamaño:	3,68 GB
Ubicación:	C:\ISOs\LINUX\Debian\debian-...
Conectado a:	--

PASO 2: Instalar Debian.
Seleccionamos:
    <Instalar > y el idioma
        <Spain   - Español>

La ubicación <España>
y el teclado <Español>

Esperamos a que cargue los componentes y comience a copiar.

Configuración de los parámetros de red, intenta autoconfiguración y después configuramos la red.

Nombre de la máquina: **svr-bsp-debian**
Establecemos el dominio: **casa-bsp.local**

Establecemos una clave fuerte, para el root, como ejemplo: **Practica2015***

Creamos otro usuario: **baldo**

Se establece la password del usuario anterior: **Practica2015***

Seleccionamos la configuración del reloj y su ubicación la Península.

Realizamos la partición del disco, para ello utilizamos todo el disco, la primera opción. Nos aparece el disco a particionar, lo identifica como una disco ATA, con identificación ATA, usando la características SCSI3 (0, 0, 0), se identifica como el primer disco y la primera partición, se reconoce que es un disco manejado por VirtualBox.

Formateando la partición.

Cambiamos el DVD: **debian-7.4.0-amd64-DVD-2.ISO.**

Se vuelve a insertar la selección del primer DVD.

Solicita intercambio de discos al primero.
Desea participar en la encuesta de los paquetes.

Seleccionar el servicio a instalar: SSH y Servidor de Ficheros.

Se procede a la instalación de los paquetes.

Si instalamos el cargador de arranque GRUB

Menú de arranque

Acceso al sistema ya instalado, seleccionamos el usuario y tecleamos la clave y seleccionamos la visualización del gestor gráfico X Windows ej.: GNOME.

Iniciar sesión.
    Parte superior izquierda.

PRÁCTICA 8: Instalar Linux Mint 10.
DESCRIPCIÓN:
1. Linux Mint.

Software libre y de código abierto y software propietario, la última versión estable del 30 de noviembre de 2013, núcleo de Linux tipo monolítico, utiliza el sistema de gestión de paquetes **dpkg** y método de actualización APT, la licencia es GPL, es estable y en español.

Linux Mint es una distribución del sistema operativo GNU/Linux, basado en la distribución Ubuntu (que a su vez está basada en Debian). A partir del 7 de septiembre de 2010 también está disponible una edición basada en Debian.

Linux Mint mantiene un inventario actualizado, un sistema operativo estable para el usuario medio, con un fuerte énfasis en la usabilidad y facilidad de instalación. Es reconocido por ser fácil de usar, especialmente para los usuarios sin experiencia previa en Linux.

Linux Mint se compone de muchos paquetes de software, los cuales se distribuyen la mayor parte bajo una licencia de software libre. La principal licencia utilizada es la GNU General Public License (GNU GPL) que, junto con la GNU Lesser General Public License (GNU LGPL), declara explícitamente que los usuarios tienen libertad para ejecutar, copiar, distribuir, estudiar, cambiar, desarrollar y mejorar el software. Linux Mint es financiada por su comunidad de usuarios. Los usuarios individuales y empresas que utilizan el sistema operativo pueden actuar como donantes, patrocinadores y socios de la distribución. El apoyo financiero de la comunidad y la publicidad en el sitio web ayuda a mantener Linux Mint libre y abierta.

1.1. Ramas de desarrollo.

La rama inestable de Linux Mint es llamada Romeo. No está activada por defecto en los lanzamientos de la distribución. Los usuarios que deseen conseguir las características "más avanzadas" y deseen ayudar a la distribución probando los nuevos paquetes, pueden agregar la rama "Romeo" a sus fuentes de APT. Romeo no es una rama en sí misma y no sustituye a los otros repositorios.

Los nuevos paquetes son lanzados primero en Romeo, donde son probados por los desarrolladores y por quienes usan Romeo. Después que un paquete es definido como suficientemente estable, es portado al último lanzamiento estable.

La idea de Romeo y su proceso de actualización es tomada desde la distribución Debian, donde los paquetes son primero lanzados a la rama "Inestable" y luego a la rama "de Prueba". Romeo es equivalente de la rama "Inestable" en Linux Mint (aunque requiere un lanzamiento estable para ser soportada y no puede funcionar por si sola), su último lanzamiento estable es el equivalente a la rama "de Prueba", porque aunque es estable consigue su actualización desde Romeo. Dependiendo de sus dependencias a un determinado paquete, puede también ser probado en Romeo para ser incluido en el próximo lanzamiento estable.

2. Aplicaciones:
2.1. MintSoftware.

Linux Mint viene con su propio juego de aplicaciones (Mint tools) con el objetivo de hacer más sencilla la experiencia del usuario.
- Mintupdate.
- Mintinstall.
- MintMenu.
- MintUpload.
- MintBackjup.

Diseñado especialmente para Linux Mint, y desarrollado para los usuarios que instalan actualizaciones prescindibles o que requieren un nivel de conocimiento para configurarlas apropiadamente. MintUpdate asigna a cada actualización un nivel de seguridad (que va de 1 a 5), basado en la estabilidad y necesidad de la actualización, según el criterio de los desarrolladores líderes. Esta herramienta se incluye por primera vez en la edición 4.0 Daryna.

2.3. MintInstall.

Sirve para descargar programas desde los catálogos de archivos .mint que están alojados en el Portal de Software de Linux Mint. Un archivo .mint no contiene el programa, pero si contiene toda su información y recursos desde los cuales será descargado.

2.4. MintDesktop.

Usado para la configuración del escritorio. MintDesktop ha recibido una mejora significativa en la versión 4.0.

2.5. MintConfig.

Un centro de control personalizable, que facilita la configuración del sistema.

2.6. MintAssistant.

Un asistente personalizable que aparece durante el primer acceso (login) del usuario, guiándole por varias preguntas para personalizar la base de Mint de acuerdo con el nivel de conocimiento del usuario y su comodidad con varios componentes de Linux.

2.7. MintUpload.

Un cliente FTP, integrado al menú contextual de Nautilus, con el fin de facilitar la compartición de archivos de forma sencilla y rápida. Básicamente, el archivo es alojado en un servidor FTP, con capacidad limitada a 1 Gigabyte por usuario (ampliable al comprar el servicio Mint-space). Para compartir el archivo basta con posicionarse sobre él, hacer clic derecho y elegir la opción "upload", luego aparecerá una ventana desde la cual se elige el perfil "Default" y se hace clic en el botón "upload". Finalmente se espera a que el archivo sea subido. Cuando se haya completado el alojamiento, en la parte inferior de la ventana de mintupload aparecerá el hiperenlace de descarga del archivo.

2.8. MintMenu.

Es un menú escrito en python que permite plena personalización de textos, iconos y colores. Mantiene un aspecto similar al menú de openSUSE 10.3.

2.9. MintBackup

Programa que facilita el respaldo y posterior restauración tanto de archivos de usuario como de software del sistema.

2.10. MintNanny
Es un programa que permite restringir el acceso a ciertas páginas de internet definidas por el usuario.

3. Lanzamientos.

NOTA: Escritorio que utiliza el entorno gráfico.

Linux Mint 8 "Helena", versión **LXDE** mostrando 3 **terminales** e información básica del sistema.

Este sistema operativo no sigue un ciclo predecible de lanzamientos sino que los plantea uno tras del otro. En cada caso, el proyecto define primero los objetivos del próximo lanzamiento. Cuando se alcanzan todos los objetivos, usualmente, se procede al lanzamiento de una *beta*, luego pasa por el lanzamiento de una *Release Candidate (RC)* y luego si todo va bien, se anuncia la fecha para el lanzamiento de la versión estable.

Luego de un tiempo que es lanzada la versión principal, son lanzadas las **versiones alternativas**.

4. Ediciones.

Todas las ediciones de Linux Mint están disponibles para 32 bits y 64 bits.

A partir de Linux Mint 9 "Isadora", la distribución lanzada en versiones Live CD, Live DVD, y OEM. El 7 de septiembre de 2010, el Linux Mint Debian Edition (LMDE) fue anunciado. El objetivo de esta edición es estar tan cerca de la principal edición (GNOME) como sea posible, pero basada en Debian (a diferencia de Ubuntu). Otra diferencia notable es el ciclo de *rolling release* versión rodante, de desarrollo de la distribución. El 6 de abril de 2011, la versión de Xfce Mint Debian fue liberada.

Antiguamente las ediciones KDE, XFCE, LXDE y FluxBox eran llamadas ediciones comunitarias, pero esto cambió en 2010 luego del lanzamiento de la primera edición Oficial de Linux Mint KDE. Ahora todas las versiones son consideradas "oficiales".

EDICIÓN	CARACTERÍSTICAS
Edición principal (Main)	La Edición principal de Linux Mint proporciona un entorno de escritorio con GNOME y codecs multimedia, todo estos contenidos en un sólo CD. Está diseñada para satisfacer a todos, usuarios individuales (principiantes) y profesionales.
Edición principal extendida	Similar a la edición principal, pero a diferencia de esta, incluye software como JAVA, VLC Media Player, entre otros, todos en un sólo DVD. Está dirigida a usuarios que requieran de una experiencia más completa que la ofrecida por la edición principal.
Edición ligera (Light)	Algunos de los codecs en la edición principal no pueden ser libremente redistribuidos en algunas partes del mundo. Por esta razón, tienen acceso a la edición ligera (Light). La edición Light es una copia de la edición principal sin los componentes restrictivos.
Edición OEM	Edición que incluye lo mismo que la edición principal, pero enfocada en distribuidores OEM, lo que permite poder instalar el sistema en una computadora pero sin configurar un usuario para la misma, lo que permite a vendedores de computadoras incluir Linux Mint en esta.
Edición KDE	En esta edición, el entorno de escritorio GNOME es reemplazado con KDE. La selección por defecto de las aplicaciones es diferente y esta edición usualmente viene con más software. La edición KDE es distribuida en forma de Live DVD. Linux Mint 4.0 KDE E.C. por primera vez incluye las herramientas creadas por el equipo de desarrolladores, Así como las versiones "mentoladas" de Firefox y Sunbird.
Edición XFCE	Linux Mint tiene disponible una edición con el entorno de escritorio XFCE. El entorno de escritorio GNOME es reemplazado con XFCE. La selección por defecto de las aplicaciones es diferente y esta edición usualmente viene con software elegido por su mantenedor. La edición XFCE viene en un CD descargable y está diseñada para computadoras con pocos recursos.
Edición LXDE	También tiene disponible una edición con el entorno de escritorio LXDE. El entorno de escritorio GNOME es reemplazado con LXDE. La selección por defecto de las aplicaciones es diferente y esta edición usualmente viene con software elegido por su mantenedor. La Edición LXDE viene en un Live CD descargable y está diseñada para computadoras con pocos recursos.
Edición Fluxbox	El entorno de escritorio GNOME es reemplazado con Fluxbox. La selección por defecto de las aplicaciones es diferente y esta edición usualmente viene con software elegido por su mantenedor. La edición Fluxbox viene en un CD Live descargable y está diseñada para computadoras con escasos recursos, por lo que es considerada una edición estable, ligera y simple.

3.1. LMDE.

LMDE, Linux Mint Debian Edition:
- No es compatible con la versión basada en Ubuntu.

- Es 100% compatible con Debian.
- Recibe constantemente actualizaciones. Sus imágenes ISO se actualizan de vez en cuando, pero los usuarios no necesitan volver a instalarlo en sus sistemas.
- Ha tenido versiones con entorno gráfico con GNOME 2, MATE, Cinnamon y XFCE.

4. DESCARGAS.

Descarga imagen de: *http://www.linuxmint.com/download.php*.

EDITION				MULTIMEDIA SUPPORT
Cinnamon	32-bit	64-bit	Una edición con el escritorio Cinnamon.	Yes
Cinnamon No codecs	32-bit	64-bit	Una versión sin soporte multimedia. Para revistas, empresas y distribuidores en los EE.UU., Japón y países donde la legislación permite a las patentes se aplican a software y distribución de tecnologías restringidas puede requerir la adquisición de licencias de 3ª parte.	No
Cinnamon OEM	64-bit		Una imagen de instalación de los fabricantes para pre-instalar Linux Mint.	No
MATE	32-bit	64-bit	Una imagen de Instalación de los Fabricantes párrafo pre-Instalar Linux Mint.	Yes
MATE No codecs	32-bit	64-bit	Una versión sin soporte multimedia. Para revistas, empresas y distribuidores en los EE.UU., Japón y países donde la legislación permite a las patentes se aplican a software y distribución de tecnologías restringidas puede requerir la adquisición de licencias de 3ª parte.	No
MATE OEM	64-bit		Una imagen de instalación de los fabricantes para pre-instalar Linux Mint.	No
KDE	32-bit	64-bit	Una edición con el escritorio KDE.	Yes
Xfce	32-bit	64-bit	Una edición con el escritorio Xfce	Yes

REQUISITOS DE LA MAQUINA VIRTUAL.

Creamos una máquina Virtual, con la siguientes configuración.

General
- Crear una máquina Virtual en VirtualBox.
- Nombre: Linux Mint 10
- Tipo: Linux 2.6
- Versión: Otros.
- Tamaño del disco: 8 Gigabytes. (Disco Dinámico).

Sistema
- Configuración de la placa Base.
- Memoria base: 1024 MB.
- Orden de Arranque: Disquete, CD/DVD, Disco Duro.
- ChipSet: PIIX3
- Dispositivo Apuntador: Tableta USB.
- Características extendidas:
  - ✓ Habilitar I/O APIC.
  - ✓ Reloj hardware en tiempo UTC.
- Procesador:
  - Procesador(es): 1.
  - Límite de ejecución: 100%.
  - Características extendidas.
    - ✓ Habilitar PAE/NX.
- Aceleración del sistema.
  - Hardware de virtualización:
    - ✓ Habilitar VT-x/AMD-V.
    - ✓ Habilitar paginación anidada.

Pantalla
- Vídeo
  - Memoria de Vídeo: 128 MB (máximo).
  - Número de monitores: 1.
  - Funcionalidades extendidas:
    - ✓ Habilitar aceleración 3D.

Almacenamiento
- Árbol de almacenamiento.
  - Linux Mint 10.vdi
  - Atributos: IDE primario maestro.
    - Botón derecho sobre el icono CD/DVD.
      - Selección un archivo de disco virtual.
  - Controladora SATA.
- Elegir en el icono CD/DVD ubicado en la parte superior izquierda de la unidad.
  - Seleccionar un archivo en la unidad CD/DVD.
    - Elegir una de estas do ISOs.

Red
  Adaptador 1
    ✓ Habilitar adaptador de red
        Conectado a: Adaptador puente
        Nombre: (e.g.: Realteck PCIe PE Ready Controller)
      Opciones avanzadas, las que estén por defecto.

PASO 1: Instalar Linux Mint.

PULSA UNA TECLA APARECE EL SIGUIENTE MENU.

Elegimos **Boot from local drive**, color verde indica que es de 64 bits, color azul indica que el KDE es de 32 bits.

PASO 2: INTEGRITY CHECK.

INTEGRITY CHECK: La integridad de datos se refiere a mantener y garantizar la exactitud y consistencia de los datos en toda su ciclo de vida, y es un aspecto fundamental para el diseño, la implementación y el uso de cualquier sistema que almacena, procesa o recupera los datos. La integridad de los datos plazo es de amplio alcance y puede tener muy diferentes significados dependiendo del contexto específico - incluso bajo el mismo paraguas general de la computación.

  apt-get update && apt-get install aide

PASO 3: START IN COMPATIBILITY MODE.

Secuencia de arranque.

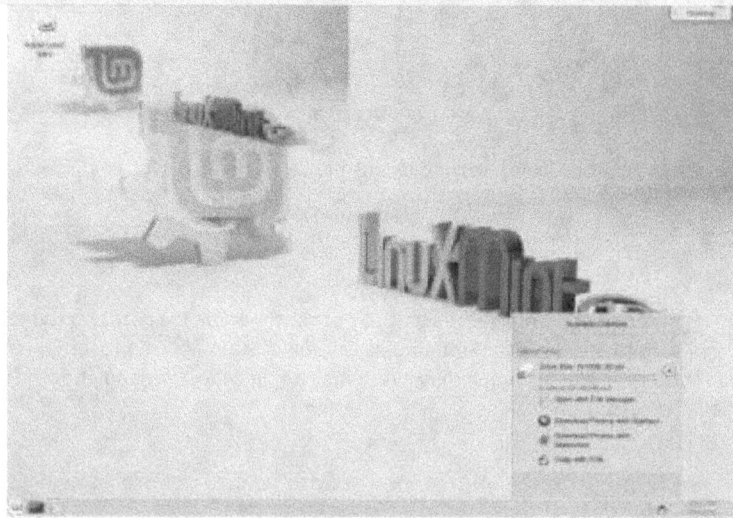

PASO 4: Inicializar Linux Mint.

Icono Install Linux Mint 10.

Continuar.

Continuar.

a) Instalación guiado - Utilizar todo el disco.

Identificación de usuario y claves.

Paso de instalación.

Arranque.

Vista del escritorio una vez realizada la instalación. Es un sistema ligero.

Navegando.

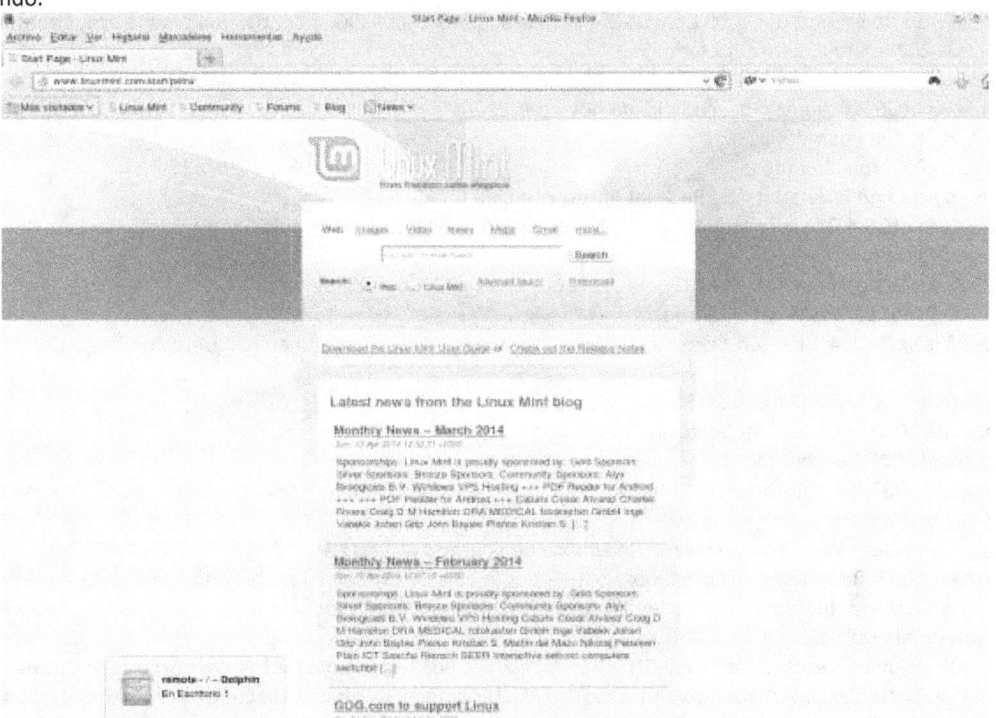

Prompt de usuario:

```
alumno-VirtualBox alumno # exit
exit
alumno@alumno-VirtualBox ~ >
```

PRÁCTICA 9: Instalar CentOS 7.

DESCRIPCIÓN:

¿Qué es CenOS?

CentOS (acrónimo de Community ENTerprise Operating System) es un clon a nivel binario de la distribución Red Hat Enterprise Linux, compilado por voluntarios a partir del código fuente liberado por Red Hat, empresa desarrolladora de RHEL.

CentOS usa yum para bajar e instalar las actualizaciones, herramienta también utilizada por Fedora Core

Requerimientos de Sistema

Hardware recomendado para operar:

- Memoria RAM: 64 MB (mínimo).
- Espacio en Disco Duro: 1024 MB (mínimo) - 2 GB (recomendado).

Arquitecturas

CentOS soporta (casi) todas las mismas arquitecturas que el original Red Hat Enterprise Linux.

- Intel x86-compatible (32 bit) (Intel Pentium I/II/III/IV/Celeron/Xeon, AMD K6/II/III, AMD Duron, Athlon/XP/MP).
- Intel Itanium (64 bit).
- Advanced Micro Devices AMD64 (Athlon 64, etc) e Intel EM64T (64 bit).
- PowerPC/32 (Apple Macintosh PowerMac corriendo sobre procesadores G3 o G4 PowerPC).
- IBM Mainframe (eServer zSeries y S/390).

Además tiene soporte para dos arquitecturas no soportadas por su original.

- Alpha procesador (DEC_Alpha).
- SPARC.

Historia

CentOS 2: El 14 de mayo de 2004 CentOS 2 fue liberado. Esta versión está basada en la versión 2.1 de Red Hat Enterprise Linux.

CentOS 3: El 19 de marzo de 2004 CentOS 3.1 (version 3, quarterly update 1) fue liberado. El 18 de septiembre de 2004 CentOS 3.3 (version 3, quarterly update 3), fue liberado para las arquitecturas i386 y AMD64.

CentOS 3.2 (version 3, quarterly update 2) nunca fue liberado.

CentOS 3.4: El 10 de enero de 2005 para i386 (version 3, quarterly update 4) fue oficialmente liberado en conjunto con una nueva versión de CentOS 3.4 i386 de un CD para servidores

El 13 de febrero de 2005 CentOS 3.4 para procesadores de la arquitectura ia64 fue liberado.

También fue liberado el 13 de febrero del 2005 CentOS 3.4 para la arquitectura s390, y CentOS 3.4 para la arquitectura s390x.

CentOS 3.5: El 10 de junio de 2005 para i386 fue liberado.

CentOS 3.6: Sobre el 13 de octubre, 2005, fue liberado. Diferente a las otras versiones de CentOS 3 releases, éste no fue anunciado en las listas de correo de CentOS. Su anuncio ocurrió el 1 de noviembre, 2005.

CentOS 3.7: El 11 de abril, 2006, fue liberado.

CentOS 3.8: El 25 de agosto, 2006, fue liberado.

CentOS 4: CentOS 4.0 está basado en la versión 4 de Red Hat Enterprise Linux.

El 1 de marzo de 2005, CentOS 4.0 para la arquitectura i386 fue liberado. El equipo de CentOS también liberó CentOS 4.0 para la arquitectura ia64 ese mismo día.

El 9 de marzo de 2005, la versión final, CentOS 4.0 para la arquitectura x86_64, fue liberada.

CentOS 4.1: El 12 de junioDe 2005, para i386 fue liberado.

El 17 de junio de 2005 la versión 4.1 de CentOS para la arquitectura x86_64 fue liberada en conjunto con la versión final para la arquitectura ia64.

CentOS 4.2: El 12 de octubre de 2005, fue liberado.

CentOS 4.3: El 21 de marzo de 2006, para las arquitecturas i386, x86_64 e ia64 fue liberado.

CentOS 4.4: El 31 de agosto de 2006 fue liberado.

CentOS 4.5: El 17 de mayo de 2007, para las arquitecturas i386 x86_64 e ia64 fue liberado. Incluye soporte para ser instalado como domU en Xen.

CentOS 5.0: está basado en la versión 5 de Red Hat Enterprise Linux. Fue liberado el 12 de abril de 2007.

CentOS 6.0: El 9 de Marzo de 2013. Red Hat Enterprise Linux, o RHEL, es la versión comercial de la conocida distribución de Red Hat. CentOS se basa en su código fuente, creando una nueva distribución con prácticamente las mismas características y funcionalidades y abierto al público.

Esta versión de CentOS incluye los escritorios KDE y GNOME, instalables por separado o juntos, e incorpora las últimas versiones de las herramientas y aplicaciones más utilizadas y presentes en RHEL, como el instalador Anaconda y el gestor de actualizaciones PUP.

CentOS 7.0: El 7 de Julio de 2014. Esta es la primera versión publicada desde su integración con Red Hat, y con la nueva política, el lanzamiento se ha producido con un mes de diferencia respecto de Red Hat 7.0. Esta entrega, formalmente denominada CentOS-7.0-1406, tendrá un periodo de soporte de 10 años (hasta el 30 de junio de 2024). CentOS 7.0 **sólo está disponible para la arquitectura x86_64**.

Principales novedades de CentOS 7.0

- Actualización del núcleo del sistema: Kernel 3.10.0.
- Soporte para Linux Containers.
- Inclusión de VMware Tools y controladores de gráficos 3D.

- OpenJDK-7 como JDK por defecto.
- Contempla actualización de CentOS 6.5 a CentOS 7.0.
- Cambio a systemd, firewalld y GRUB2
- XFS es el sistema de archivos por defecto y permite escalar la capacidad de almacenamiento del sistema hasta 500 terabytes. XFS es un sistema de archivos de 64 bits con journaling de alto rendimiento, y está especialmente indicado para discos grandes (superiores a 1 TB). No obstante y para necesidades menos exigentes se pueden emplear otros sistemas de archivos, como Ext4.
- iSCSI y FCoE (Fibre Channel over Ethernet) en el espacio del Kernel.
- Soporte para PPTv2 (Precision Time Protocol).
- Soporte para tarjetas Ethernet 40G.
- Soporte UEFI.

Descargar CentOS para x86, x64.
Descargamos de la Web:
http://isoredirect.centos.org/centos/7/isos/x86_64/CentOS-7-x86_64-DVD-1503-01.iso
Una vez descargadas tenemos las ISOS.
CentOS-7-x86_64-DVD-1503-01.iso

REQUISITOS: Configuración de la máquina Virtual x64 para CentOS 7.
General
    Crear una máquina Virtual en VirtualBox.
        Nombre: CentOS 7
        Tipo: Linux
        Versión: Other Linux.
        Tamaño del disco: 60 Gigabytes. (Disco Dinámico).

Sistema
    Configuración de la placa Base.
        Memoria base: 1024 MB
        Orden de Arranque: Disquete, CD/DVD, Disco Duro.
        ChipSet: PIIX3
        Dispositivo Apuntador: Tableta USB.
        Características extendidas:
            ✓ Habilitar I/O APIC.
            ✓ Reloj hardware en tiempo UTC.
    Procesador:
        Procesador(es): 1
        Límite de ejecución: 100%
        Características extendidas
            ✓ Habilitar PAE/NX.
    Aceleración del sistema
        Hardware de virtualización:
            ✓ Habilitar VT-x/AMD-V.
            ✓ Habilitar paginación anidada.

Pantalla
    Vídeo
        Memoria de Vídeo: 128 MB (máximo).
        Número de monitores: 1
        Funcionalidades extendidas:
            ✓ Habilitar aceleración 3D.

Almacenamiento
    Árbol de almacenamiento.
        Android 4.0.vdi
        Atributos: IDE primario maestro.
            Botón derecho sobre el icono CD/DVD.
                Selección un archivo de disco virtual.
        Controladora SATA
    Elegir en el icono CD/DVD ubicado en la parte superior izquierda de la unidad.
        Seleccionar un archivo en la unidad CD/DVD.
            Elegir una de estas do ISOs.

CentOS-6.6-x86_64-bin-DVD1.iso	18/05/2015 21:58	Archivo ISO	4.524.032 KB
CentOS-7-x86_64-DVD-1503-01.iso	04/08/2015 11:11	Archivo ISO	4.209.664 KB

Red
    Adaptador 1

✓ Habilitar adaptador de red
Conectado a: Adaptador puente
Nombre: (e.g.: Realteck PCIe PE Ready Controller)
Opciones avanzadas, las que estén por defecto.

PASO 1: Instalar CentOS 7.0.

Secuencia de arranque seleccionamos con las flechas de movimiento vertical: Install CentOS 7.

a) Instalar CentOS 7

a) Fecha   Teclado

b) Fuentes de instalación.

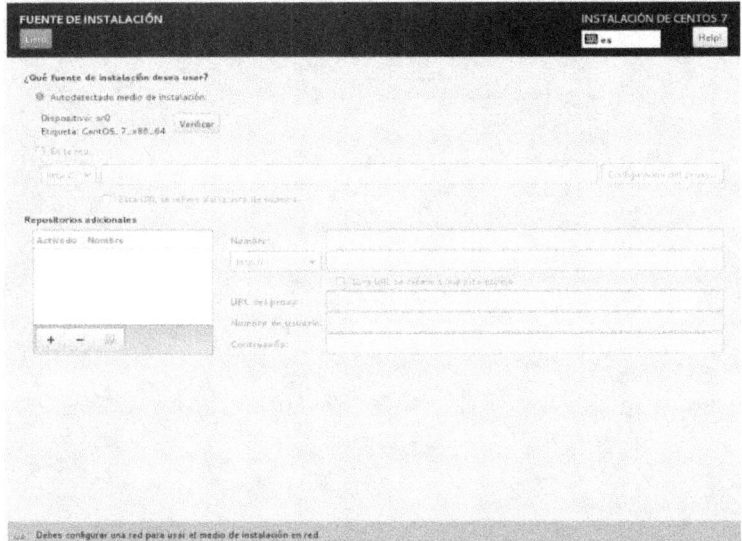

c) Selección de Software y destino de la instalación.

d) Añadir un disco.

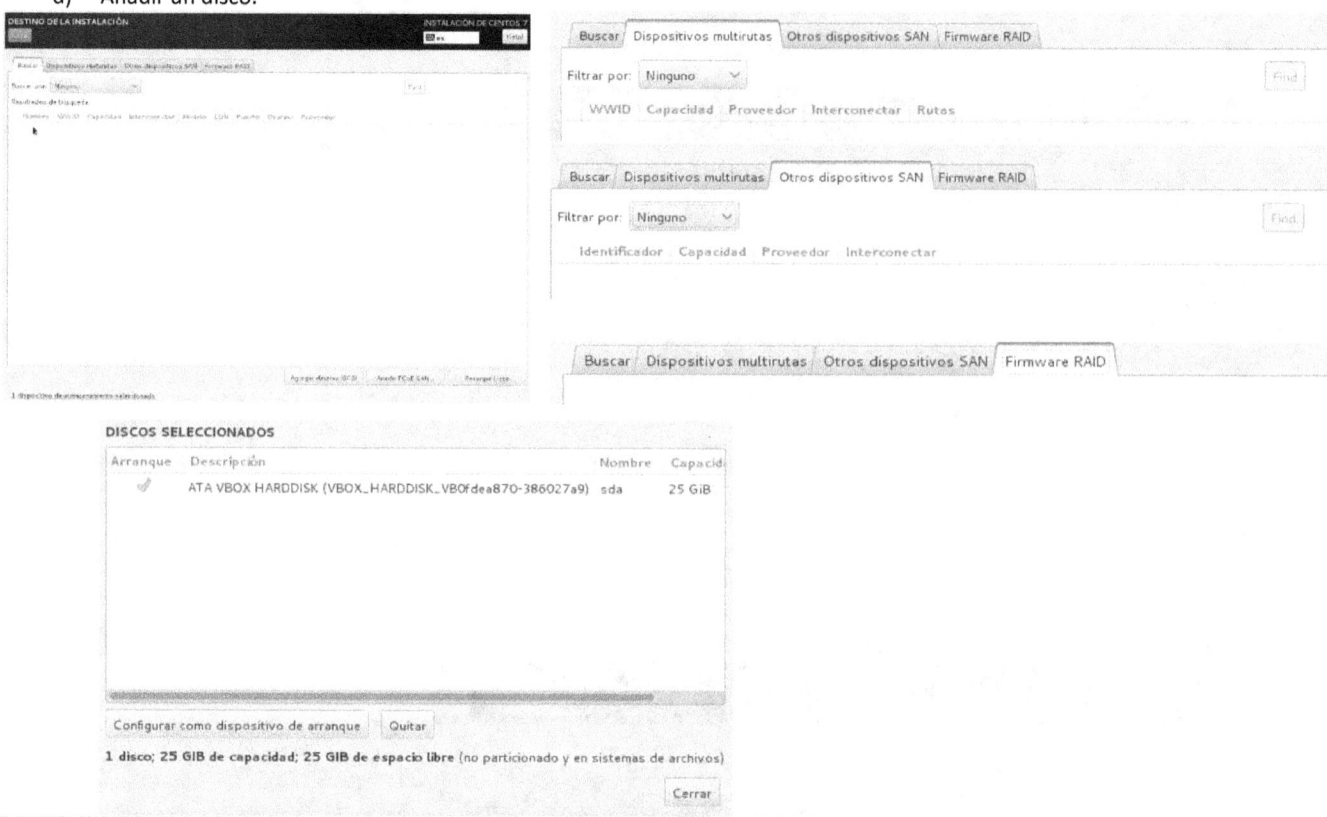

PASO 2: Configurar la tarjeta de red.

a) Botón configurar.

b) Establecer IP. Configurar le IPv4 192.168.2.81/24 puerta de enlace 192.168.2.100 y el servidor DNS 8.8.8.8.

GUARDAR.

Y conectar la tarjeta de red, desplazando el interruptor de la derecha de I a III, aparece la descripción de la tarjeta y la IP, Máscara, Gateway, DNS.

c) Establecer el nombre del dominio local.

PASO 3: Configurar KDUMP o mecanismo de volcado de fallos del kernel.

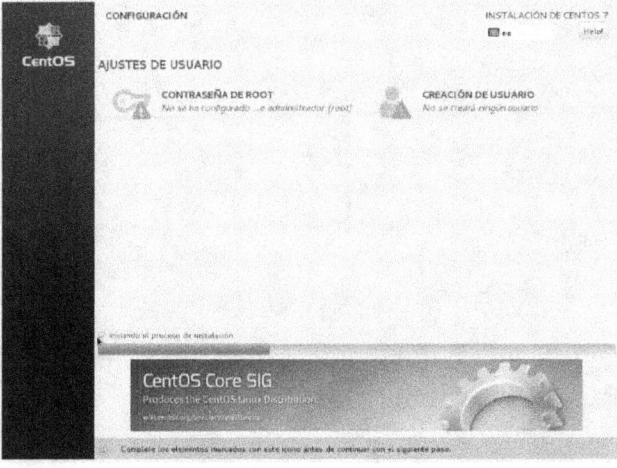

PASO 4: Establecer la password del root y crear un usuario como superusurario.

a) Establecer la contraseña del root y dar de alta un usuario.
Probamos con la siguiente Contraseña: **Practica2015***

Probamos con la siguiente Contraseña: **PracticaSMR2015***

Botón Listo.

b) Definir un usuario nuevo.

Botón Avanzados.

PASO 5: Arrancar la máquina instalada.

a) Configurar el servicio SSH.
   cd /etc/ssh
   vi ssh_config
   Quitar el símbolo # delante de Port 22
   #   IdentityFile   /.ssh/id_dsa
       Port 22
   #   Protocol 2,1
   :wq   grabar y salir.

> **NOTA:** en las versiones anterior 6.3 los usuarios y grupos su ID comenzaba en el número 500, a partir de esta versión comienzan en el número 1000, como todas las versiones de Linux. CenOS 7, establece los ID a partir de 1000.
> **NOTA:** **ifconfig** no se encuentra en la instalación mínima.

b) Para ver los detalles de las tarjetas de interfaz de red, introduzca la siguiente orden:
   ip add
c) Para ver las estadísticas de sus interfaces de red, escriba la siguiente orden:
   ip link
d) Averiguar qué paquetes proporcionará orden ifconfig.
   yum provides ifconfig
   yum whatprovides ifconfig
e) Instalar las herramientas o tools de red.
   yum install   net-tools.
f) Instalar el editor de texto pico.
   yum install pico

Ejercicios Unidad de Trabajo 1

1. Crear en Slackware, un disco o unidad Virtual de 50 GB, para instalar el sistema.
2. Crear particiones de arranque, utilizando fdisk y cfdisk, repetir las particiones con gdisk (borrando previamente las particiones anteriores).
    - Sistema GPT, si se admite, sino MBR.
    - Partición sistema   /   15 GB, ext4.
    - Partición de intercambio   /SWAP   2GB, SWAP
3. Establecer las diferencias entre los gestores de arranque MBR y GPT.
4. Buscar gráficos que establezcan las diferencias entre MBR y EMBR.
5. Buscar gráficos que establezcan las diferencias entre MBR y GPT.
6. ¿Qué es una unidad LVM? ¿Quién los utiliza? ¿Para que utilizan?
7. ¿Cuál es la diferencia entre una partición Bootable y una no Bootable?
8. ¿Cuántas particiones Boot pueden existir en un disco?
9. ¿Cuántas particiones GPT pueden existir por disco?
10. ¿Dónde se ubica el boot? ¿Dónde se ubica el MBR? ¿Cómo funciona el EMBR?
11. ¿Cuántas particiones max. Pueden existir en un MBR con EMBR?
12. ¿Qué es una partición SWAP?
13. ¿Qué tipo de partición utilizarías para un sistema operativo en tiempo real?
14. ¿Qué tipo de sistemas de ficheros y particiones utiliza un sistema operativo Embebido?
15. ¿Qué orden puedes utilizar desde la consola para crear particiones?
16. Buscar 2 sistemas operativos embebidos, y sus características de Hardware?

ACTIVIDADES DE AMPLIACIÓN

1. Buscar un sistema Operativo que utilice el sistema gestor de arranque LILO.
2. Analizar el sistema gestor de arranque de Linux, utiliza, dando 64 bits y que utilice un sistemas gestor de partición, basándose en GPT.
3. Desde el sistema operativo Linux, instalado con un gestor de Arranque GRUB, se puede instalar en una partición nueva de Windows 7. ¿Quién gestionaría el arranque? ¿Por qué? ¿Qué gestor de arranque se utilizaría?
4. Si se instala primero un Windows x7, en la primera participación y en la segunda un Linux Slackware y en la tercera un Linux Ubuntu. ¿Con que gestor de arranque se controla el arranque? ¿Por qué?
5. Instalar 5 Linux diferentes, en un solo disco duro o en varios discos (elegir que es posible), hay que realizar los siguientes pasos:
    a) Requisitos previos:
        - Previa descarga de la ISO y nombre de la URL.
        - Configuración de la Máquina Virtual.
        - Seleccionar discos en formato .VDI.
        - Pasos de instalación, capturas de las ventanas de instalación y anotaciones (errores, aclaraciones, consideraciones,...)
        - Arrancar y configurar los usuarios y establecer el password al usuario root.
        - Visualizar las particiones establecidas y enumerar las diferencias.
    b) Instalación por defecto de los cinco.
    c) Instalación Manual o personalizada.

UNIDAD DE TRABAJO II: Sistemas operativos monopuesto. Introducción a Linux

PRÁCTICA 10: Conocer el sistema operativo de Linux Slackware.

PRÁCTICA 11: ¿Qué es una mini-distribución Linux?

PRÁCTICA 12: ¿Qué son y para qué sirven los repositorios?

PRÁCTICA 13: Identificar los paquetes de los diferentes SO.

PRÁCTICA 14: Conocer la existencia de Paquetes y Package Managers no oficiales para Slackware.

Contenidos
- Introducción a los sistemas operativo Linux.
- Elementos de Linux.
- Botón de inicio de Linux.
- Arranque y parada de Linux.
- Ventanas en Linux.
- Personalización.
- Compatibilidad con otros Sistemas Operativos.

Órdenes

deb
./configure
make
sudo
wget
slapt-get
installpkg
swaret

PRÁCTICA 10: Conocer el Sistema Operativo de Linux Slackware

DESCRIPCIÓN:

Slackware Linux es una distribución de Linux. Es una de las más antiguas distribuciones y la más antigua de las activamente (desde 1993) mantenidas en la actualidad. En su última versión, la 14.01, Slackware incluye la versión del Kernel Linux 2.6.21.5 y Glibc 2.5. Contiene un programa de instalación fácil de utilizar, extensa documentación, y un sistema de gestión de paquetes basado en menús.

Una instalación completa incluye el sistema de ventanas X; entornos de escritorio como KDE (hasta la versión 10.1 estuvo incluido GNOME) o XFce; entornos de desarrollo para C/C++, Perl, Python, Java, LISP; utilidades de red, servidores de correo, de noticias (INN), HTTP (Apache) o FTP; programas de diseño gráfico como The GIMP; navegadores web como Konqueror o Firefox, entre otras muchas aplicaciones.

Generalidades

Patrick Volkerding, el creador de esta distribución, lo describe como un avanzado sistema operativo Linux, diseñado con dos objetivos:
- Facilidad para usar.
- Estabilidad como meta prioritaria.

Incluye el más popular software reciente mientras guarda un sentido de tradición proporcionando simplicidad y facilidad de uso junto al poder y la flexibilidad.

Desarrollado originalmente por Linux Torvalds.

Slackware Linux proporciona a los nuevos y a los experimentados usuarios por igual un sistema con todas las ventajas, equipado para servidores, puestos de trabajos y máquinas de escritorio, con compatibilidad de procesadores desde Intel 386 en adelante. Web, ftp, mail están listos para usarse al salir de la caja, así como una selección de los entornos de escritorio más populares. Una larga lista de herramientas para programación, editores, así como las librerías actuales son incluidas para aquellos usuarios que quieren desarrollar o compilar software adicional.

Versiones

Keep It Simple Stupid, es un concepto que explica muchas de las opciones en el diseño de Slackware. En este contexto, 'simple' se refiere a un punto de vista de diseño, en vez de ser fácil de utilizar. Esta es la razón por la cual existen muy pocas herramientas GUI para configurar el sistema. Las herramientas GUI son (según nos dice la teoría) más complejas, y por lo tanto más propensas a tener problemas que una simple línea de órdenes. El resultado general sobre este principio es que Slackware es muy rápido, estable y seguro con el costo de no ser tan amigable al usuario. Los críticos mencionan que esto hace que las cosas sean difíciles de aprender y consuman mucho tiempo. Los seguidores dicen que la flexibilidad y transparencia, así como, la experiencia ganada en el proceso son más que suficientes.

Slackware ha sido desarrollado principalmente para correr en plataformas x86 con arquitecturas PC. Aunque anteriormente ya habido algunos ports oficiales para arquitecturas DEC Alpha y SPARC. En el 2005, se liberó un port oficial para la arquitectura System/390. Existen también algunos ports no oficiales para las arquitecturas ARM, Alpha, SPARC, PowerPC y slamd64 x86-64.

Versión	Fecha
1.0	16 de julio de 1993
2.0	2 de julio de 1994
3.0	30 de noviembre de 1995
3.1	3 de junio de 1996
3.2	17 de febrero de 1997
3.3	11 de junio de 1997
3.5	9 de junio de 1998
4.0	17 de mayo de 1999
7.0	25 de octubre de 1999
7.1	22 de junio de 2000
8.0	1 de julio de 2001
8.1	18 de junio de 2002
9.0	19 de marzo de 2003
9.1	26 de septiembre de 2003
10.0	23 de junio de 2004
10.1	2 de febrero de 2005
10.2	14 de septiembre de 2005
11.0	2 de octubre de 2006
12.0	2 de julio de 2007
12.1	2 de mayo 2008
12.2	10 de diciembre de 2008
13.0	26 de agosto de 2009
13.1	24 de mayo de 2010
13.37	27 de abril de 2011
14.0	30 de septiembre de 2013
14.1	21 de abril de 2014

Filosofía de Diseño

Mantenlo Simple Estúpido (de sus siglas en inglés KISS que significan ***Keep It Simple Stupid***), es un concepto que explica muchas de las opciones en el diseño de Slackware. En este contexto, 'simple' se refiere a un punto de vista de diseño, en vez de ser fácil de utilizar. Esta es la razón por la cual existen muy pocas herramientas GUI para configurar el sistema. Las herramientas GUI son (según nos dice la teoría) más complejas, y por lo tanto más propensas a tener problemas que una simple línea de órdenes. El resultado general sobre este principio es que Slackware es muy rápido, estable y seguro con el costo de no ser tan amigable al usuario. Los críticos mencionan que esto hace que las cosas sean difíciles de aprender y consuman mucho tiempo. Los seguidores dicen que la flexibilidad y transparencia, así como, la experiencia ganada en el proceso son más que suficientes.

Scripts de inicio

Slackware utiliza scripts de inicio init de BSD, mientras que la mayoría de las distribuciones utilizan el estilo de scripts System V. Básicamente, con el estilo System V cada nivel de ejecución tiene un subdirectorio para sus scripts init, mientras que el estilo BSD ofrece un solo script init para cada nivel de ejecución. Los fieles del estilo BSD mencionan que es mejor ya que con este sistema es más fácil encontrar, leer, editar y mantener los scripts. Mientras que los seguidores de System V dicen que la estructura de System V para los scripts lo convierte en más poderoso y flexible.

Cabe mencionar que la compatibilidad para los scripts init de System V, han sido incorporados en Slackware, a partir de la versión 7.0.

Manejo de paquetes

Durante la instalación de Slackware se pueden seleccionar las series de paquetes necesitadas.

La aproximación de Slackware para el manejo de paquetes es única. Su sistema de manejo de paquetes puede instalar, actualizar y eliminar paquetes tan fácilmente como en otras distribuciones. Pero no hace el intento por rastrear o manejar las "dependencias" referidas (por ejemplo: asegurándose de que el sistema tiene todas las librerías y programas que el nuevo paquete "esperaría" estuvieran presentes en el sistema). Si los requisitos no se encuentran, no habrá indicaciones de falla hasta que el programa sea ejecutado.

Los paquetes son comprimidos en un tarball en donde los nombres de archivos terminan con .tgz en vez de .tar.gz. Son construidos de tal manera que al ser extraídos en el directorio raíz, los archivos se copien a sus lugares de instalación. Es por lo tanto posible (pero no aconsejable) instalar paquetes sin las herramientas de Slackware para paquetes, usando solamente tar's y gzip's y asegurándose de ejecutar los scripts doinst.sh en caso de ser incluidos en el paquete.

En contraste Red Hat Linux tiene paquetes RPM los cuales son archivos CPIO, y los **.deb** de Debian son archivos AR. Estos contienen información detallada de las dependencias y las utilerías que se pueden utilizar para encontrar e instalar esas dependencias. Se negarán a instalarse a menos que los requisitos sean encontrados (aunque esto puede omitirse).

Resolución automática de dependencias

A pesar de que Slackware por sí mismo no incorpora herramientas para resolver dependencias automáticamente descargando e instalándolas, existen algunas herramientas externas que proveen de esta funcionalidad de forma similar a APT.

Algunas de estas herramientas determinan las dependencias analizando los paquetes instalados, determinando qué bibliotecas se necesita, y después descubriendo qué paquetes están disponibles. Este proceso automático, muy similar al APT de Debian y produce generalmente resultados satisfactorios.

- **Swaret**: Slackware 9.1 la incluyó como un extra en su segundo CD, pero no se instala por omisión. Fue eliminado de la distribución en la versión 10.0 pero continúa siendo un paquete externo disponible.
- **slapt-get**: no provee resolución de dependencias para los paquetes incluidos en Slackware. Lo hace proporcionando un cuadro de trabajo de resolución de dependencias en los paquetes compatibles con Slackware de manera similar a como lo hace APT. Muchos paquetes fuente y distribuciones basadas en Slackware toman ventaja de esta funcionalidad.
- **Emerde**.
- **slackpkg**: está incluido en directorio **/extra** a partir de la versión Slackware 9.1 y es una herramienta muy útil tanto para instalar como desinstalar paquetes.
- **gpkg**: es un gestor de paquetes escrito en Python para Slackware, cuya última versión fue lanzada en abril de 2006.

Actualización de paquetes

Slackware es una distribución que no se centra en tener las últimas versiones de los programas, sino que su foco es tener un sistema estable. Los nuevos paquetes se ponen a prueba y no son entregados hasta que no sean estables (esto no implica que sea la última versión disponible del programa), por ejemplo no se incluyó el núcleo Linux 2.6.* sino hasta el año 2007, habiendo sido lanzada la versión 2.6.0 en el año 2003.

Cuando algún paquete tiene una actualización por bugs o mejoras de seguridad, éstas son incorporadas a los paquetes de Slackware y se anuncia a través de una lista de correo de dichas actualizaciones y en el log de cambios (changelog) que se encuentra en el sitio web. Slackware incluye dentro del directorio **/extra** del CD de instalación el programa Slackpkg que ayuda a mantener actualizado el sistema.

PRÁCTICA 11: ¿Qué es una mini-distribución Linux?

DESCRIPCIÓN:

Una minidistribución de Linux es una variante de ese sistema cuyo objetivo es incorporar un sistema operativo completo en unidades de almacenamiento portátil de baja capacidad como un disquete.

Este tipo de distribuciones logran que podamos trabajar en un entorno Linux casi completo arrancando desde un disquete o llavero USB y sin utilizar el disco duro que pueda tener el ordenador, evitando así cualquier interferencia con el sistema instalado en el ordenador. Y debido a su bajo consumo de recursos, el más crítico suele ser la memoria RAM que en muchos casos debe ser de 8 Mb de RAM por lo que casi cualquier ordenador nos vale para su uso.

Características comunes:

- Mínima ocupación: entre 1Mb y 50Mb.
- Mínima ocupación de recursos: 4-8 Mb RAM y procesador i386.
- Uso de memoria RAM como sistema de ficheros: /dev/ram-n.
- No necesitan normalmente disco duro:
  - Suelen permitir conectar el equipo a la red e incluyen clientes y a veces servidores de servicios básicos como ftp, http, telnet u otros.
  - Instalaciones desde MS-DOS, GNU/Linux, o sin necesidad de sistema operativo, como los sistemas LiveCD.
  - Instalación muy sencilla.
  - Discos auxiliares para añadir más funcionalidades.

El uso de la memoria RAM como dispositivos de almacenamiento hace que el sistema sea muy rápido de funcionamiento, ya que el almacenamiento en memoria RAM es mucho más rápido que el almacenamiento en cualquier otro dispositivo. Pero este uso es el que muchas veces obliga a que la memoria RAM del PC sea superior a 4Mb de RAM ya que si no se ve muy degradado el uso del sistema. Aparte de los dispositivos de almacenamiento *"/dev/ram-n"* también se necesita memoria para el núcleo del sistema operativo y para las aplicaciones que se utilicen. La magia pues del funcionamiento sin disco duro se basa en utilizar la memoria RAM como sustituto del disco duro y del disquete.

Listado de minidistribuciones

El siguiente es un listado de distribuciones Linux para exprimir esas máquinas menos modernas, en las que no es posible disfrutar al 100% de una distribución moderna, por causa de la limitación de hardware.

- **Antomic**: Nueva minidistribución basada en Debian para usuarios noveles y de fácil instalación.
- **Austrumi:** Otra distribución live de reducido tamaño, apenas 50MB. Poco popular, pero no por ello de baja calidad. Basada, como la mayoría, en Slackware. Da buenos resultados en equipos Pentium y posteriores. Cuidado aspecto gráfico, con Enlightenment.
- **BasicLinux:** Minidistribución especialmente pensada para recuperar 486 desfasados. Basada en Slackware se ejecuta directamente desde disquete usando la RAM.
- **Brutalware:** Minidistribución para la administración de redes con TCP/IP.
- **Coyote Linux:** Variante de Linux Router Project, se ejecuta desde un sólo diskette y convierte esa vieja PC que tiene guardada en el armario en un ruteador capaz de conectar su red local a Internet.
- **Damn Small Linux:** mini distribución en live cd que por su tamaño pequeño, puede servir como distro de rescate o para usarse en máquinas con poco poder de procesamiento.
- **DeLi Linux:** Acrónimo de Desktop Light Linux, puede operar con suavidad en terminales 486 con 16MB de RAM. Trabaja entorno gráfico XFree y es un derivado de Slackware.
- **Feather Linux:** Otra distribución pequeña en tamaño y en consumos. Es live. Para la gestión gráfica emplea XVesa y XFbdev. Está basada en Knoppix.
- **FloppyFW:** Esta minidistribución permite implementar un router estático con funcionalidades de firewall.
- **microLINUX_vem:** Minidistribución educativa de GNU/Linux en Español, en modo texto, envasada en un disquete de 1.44 Mbytes o para ejecutarse desde una ventana del sistema Windows.
- **MoviX:** Minidistribución multimedia autoarrancable desde CD que reproduce todo tipo de ficheros multimedia con MPlayer.
- **muLinux:** Minidistribución instalable en el disco duro. Es una de las más mínimas distribuciones, se acopla fácilmente a computadoras antiguas.
- **Puppy Linux:** Es una distribución live, con posibilidad de ser instalada en disco duro. Apenas requiere RAM, y suele operar con suavidad en equipos antiguos. Proporciona dualidad Fvwm95 y JWM.
- **SliTaz Linux:** diseñada para correr en un hardware con 128 Mb de memoria RAM. Ocupa 30 Mb de CD y 80 Mb en el disco duro una vez instalada. A partir de 16 Mb de RAM dispone del gestor de ventanas JWM (en la versión cooking es LXDE).
- **Tiny Linux:** Minidistribución diseñada para ser utilizada en ordenadores anticuados.

- **Tiny Core Linux:** Tiny Core Linux es una muy pequeña (10 MB) un mínimo de escritorio de Linux. Está basado en Linux 2.6 núcleo, BusyBox, X pequeña, FLTK interfaz gráfica de usuario y administrador de ventanas flwm, funcionando completamente en la memoria.
- **TinyMe:** TinyMe es una unidad basada en Linux mini-distribución. Existe para facilitar la instalación de la Unidad de Linux en ordenadores antiguos, para proporcionar una instalación mínima para los desarrolladores, y para ofrecer una rápida instalación de Linux en el que sólo lo esencial se necesitan.
- **Tombsrtbt**: Tomsbsrtbt es un sistema de rescate para emergencias en un solo disquete.
- **Trinux:** Minidistribución orientada a la administración y diagnóstico de redes.
- **Vector Linux:** Basada en Slackware, debería funcionar bien con 32MB de RAM y 1GB de disco duro. Entorno gráfico XFCE/KDE, según el caso. Existe una versión Livecd que no requiere instalación.
- **ZenWalk Linux:** Antes conocida como MiniSlack, esta distribución basada en Slackware es simple y completa. Está pensada para una computadora que cumpla con los siguientes requisitos mínimos: Pentium III y 128 Mb de RAM.

PRÁCTICA 12: ¿Qué son y para qué sirven los repositorios?

DESCRIPCIÓN:

Instalado Ubuntu, seguramente deseamos instalar programas y utilidades para hacer nuestras tareas. Aquí es donde entran en juego los repositorios.

Un repositorio es como un servidor donde se encuentran los programas y las distribuciones para poder descargas, instalarlas y actualizarlas en nuestro ordenador.

Cuando, en el caso de Ubuntu, queremos instalar un programa hay varias formas de hacerlo, pero la más fácil para los recién iniciados es utilizar el Centro de software de Ubuntu. Allí buscamos entre todas las aplicaciones y elegimos la que queremos instalar, pulsamos en el botón que pone "Instalar", entonces de forma automática se descarga desde el repositorio oficial de Ubuntu y se instala.

El inconveniente que tiene el repositorio oficial de Ubuntu es que muchas aplicaciones no se actualizan tan rápido como nos gustaría y aquí es donde entrarían los demás repositorios que hay en Internet, el más conocido y usado es Launchpad.

Si queremos instalar un programa y que este bien actualizado, la forma más fácil y rápida es mediante la terminal con tres comandos que detallo a continuación:

sudo add-apt-repository nombre-de-repositorio

Con este comando estamos añadiendo la dirección del repositorio a la lista de repositorios de nuestro PC en los cuales podremos encontrar aplicaciones y actualizaciones.

sudo apt-get update

Con este comando el PC, por decirlo de alguna manera, reconoce el repositorio.

sudo apt-get install nombre-de-programa

Y con este ultimo comando descarga e instala el programa en nuestro ordenador.

Después de agregar un repositorio a nuestro sistema, cuando Ubuntu busque actualizaciones lo hará también en los repositorios que hayamos añadido, de tal forma que cuando hayas instalado un programa desde un repositorio de Launchapd también buscara actualizaciones de ese programa yo tendrás actualizado a cada nueva versión que salga de dicho programa.

Los 15 repositorios para Ubuntu que pueden ser de utilidad.

La mayor parte de los programas se distribuyen en Ubuntu en forma de paquetes deb. Estos paquetes se almacenan en los llamados repositorios, que no es más que una estructura de directorios con una organización determinada en las que se almacenan, además de los paquetes, índices con los distintos paquetes disponibles e información de control para comprobar su autenticidad y que no estén dañados.

Los distintos repositorios en los que buscar aplicaciones a instalar se almacenan en el archivo /etc/apt/sources.list, que podemos editar de forma gráfica desde.

    Sistema
        Administración
            Orígenes de software
                Software de terceros
                    Añadir.

A continuación tenéis algunos repositorios con aplicaciones muy populares que os pueden ser de utilidad.

1. Medibuntu

Un repositorio del que ya hemos hablado anteriormente (Medibuntu: códecs para Ubuntu, y mucho más). Se trata de la forma más sencilla de poder reproducir ciertos archivos multimedia cuyos códecs no se incluyen por defecto en Ubuntu por razones de patentes. Incluye entre otros códecs propietarios para formatos de uso común, libdvdcss2 para funcionalidades avanzadas de DVDs (como la reproducción de DVDs cifrados), versiones de mplayer y mencoder con soporte para faac y amr, Acrobat Reader, Google Earth, Skype, Real Player,...

Introduce la línea.

deb http://packages.medibuntu.org/ intrepid free non-free

En Sistema.
    Administración.
        Orígenes de software.
            Software de terceros.
                Añadir

Se instala los paquetes medibuntu-keyring y app-install-data-medibuntu.

2. Wine

Ubuntu 8.10 viene con Wine 1.0 pero las versiones de desarrollo son capaces de ejecutar muchos más programas de Windows. Para obtener la última versión de Wine añadimos su repositorio:

deb http://wine.budgetdedicated.com/apt intrepid main

He instalamos el paquete **wine**.

3. OpenOffice.org 3.0

Otro antiguo conocido en la bitácora (Cómo instalar OpenOffice.org 3.0 en Ubuntu 8.10), este repositorio nos permitirá instalar la última versión de OpenOffice.org que no se incluyó en Ubuntu 8.10 debido al poco tiempo que tuvieron los desarrolladores para probarlo.
Añade la línea:

deb http://ppa.launchpad.net/openoffice-pkgs/ubuntu intrepid main

Acceder a los orígenes de software y actualiza el sistema.

4. Opera

Opera ofrece un repositorio mediante el que instalar su navegador de forma sencilla en distros (distribución) basadas en Debian. Añade la línea:

deb http://deb.opera.com/opera/ stable non-free

Se instala el paquete opera.

5. Banshee

Banshee es desde hace tiempo uno de mis reproductores preferidos para Linux. Para instalar su última versión añadiremos el repositorio.

deb http://ppa.launchpad.net/banshee-team/ubuntu intrepid main

Instalaremos el paquete banshee.

6. VideoLAN Client (VLC)

VLC es un reproductor de vídeo multiplataforma bastante popular que destaca por la gran cantidad de formatos que soporta. El repositorio a añadir para mantenernos actualizados es:

deb http://ppa.launchpad.net/c-korn/ubuntu intrepid main

Una vez actualizada la lista de fuentes sólo tenemos que instalar el paquete vlc.

7. Boxee

Un media center derivado del popular XMBC con versiones para Ubuntu y MacOS y que se encuentra actualmente en versión alfa. El repositorio del proyecto es:

deb http://apt.boxee.tv intrepid main

El paquete a instalar, boxee.

8. Elisa

Si prefieres algo más sencillo que Boxee otro media center a considerar es Elisa. Su repositorio es:

deb http://ppa.launchpad.net/elisa-developers/ppa/ubuntu intrepid main

Y el paquete a instalar, como era de esperar, elisa.

9. Netbook Remix

Ubuntu Netbook Remix es una versión remozada del escritorio de Ubuntu pensada para adaptarse mejor a los dispositivos con pantallas pequeñas, como los netbooks.
Su repositorio es:

deb http://ppa.launchpad.net/netbook-remix-team/ubuntu intrepid main

Para poder disfrutar de UNR es necesario instalar los paquetes go-home-applet, human-netbook-theme, maximus, netbook-launcher y window-picker-applet y ejecutar al inicio netbook-launcher y maximus.

10. Gnome Do

Una de las mejores docks para Linux, y la que suelo utilizar desde su versión 0.8.
En la entrada correspondiente ya explicamos cómo instalarla: Gnome Do 0.8: ¡wow!.
Su repositorio es:

deb http://ppa.launchpad.net/do-core/ppa/ubuntu intrepid main

11. Deluge

El cliente de BitTorrent por excelencia junto con Transmission. Su repositorio es:

deb http://ppa.launchpad.net/deluge-team/ubuntu intrepid main

Y el nombre del paquete a instalar, deluge.

12. Google Gadget

La plataforma de Google para crear y ejecutar gadgets para Linux; compatible con los gadgets de Google Desktop de Windows y los Universal Gadgets de iGoogle.
Su repositorio está pensado para Hardy Heron, pero no hay ningún problema en instalarlo en Ubuntu 8.10:

deb http://ppa.launchpad.net/googlegadgets/ppa/ubuntu hardy main

El paquete que nos interesa es google-gadgets.

13. Mythbuntu

El repositorio de Mythbuntu, la versión de Ubuntu pensada para facilitar el uso de MythTV, un software open source para grabación de vídeo digital.

deb http://ppa.launchpad.net/mythbuntu/ubuntu hardy main

14. Compiz

El repositorio con la última versión de Compiz Fusion, para los más intrépidos y los enamorados del *eye candy*. Añade la fuente:

deb http://ppa.launchpad.net/compiz/ubuntu intrepid main

Y actualiza el sistema.

15. Miro

Miro es una de las aplicaciones de televisión por Internet más utilizadas. Permite descargar videos automáticamente vía BitTorrent desde canales basados en RSS y reproducirlos.

El repositorio de Miro es:

deb http://ftp.osuosl.org/pub/pculture.org/miro/linux/repositories/ubuntu intrepid/

Y el paquete a instalar, miro.

16. Mundo geek

En el 15+1 y como extra no podía resistirme a publicitar un poco mi pequeño repositorio.

deb http://ppa.launchpad.net/zootropo/ppa/ubuntu intrepid main

En este repositorio se encuentran algunas de las aplicaciones que he escrito para Linux como:

- **Gnome fitness**: un pequeño programa que calcula el estado de forma en el que nos encontramos: el tanto por ciento de grasa que conforma nuestro peso total, el número de calorías que consume nuestro cuerpo diariamente, el índice de masa corporal, etc.
- **Megaupload-dl y rapidshare-dl**: para descargar archivos desde Megaupload y Rapidshare utilizando nuestra cuenta premium.
- **Rename to EXIF date**: renombra nuestras fotografías a la fecha y hora en la que fueron tomadas.
- **Weather wallpaper**: un pequeño programa que comprueba el tiempo cada hora y coloca como fondo de pantalla una imagen que refleja la información obtenida.
- **Workaholic**: aplicación que nos recuerda tomar un descanso del ordenador cada cierto tiempo (5 minutos cada hora, por defecto).

Firmas GPG

Por último, las firmas GPG de los repositorios que las requieren, para el caso de que el gestor de paquetes lo solicite:

Paquete	URL
OpenOffice	http://keyserver.ubuntu.com:11371/pks/lookup?op=get&search=0x60D11217247D1CFF
Gnome-DO	http://keyserver.ubuntu.com:11371/pks/lookup?op=get&search=0x28A8205077558DD0
Deluge	http://keyserver.ubuntu.com:11371/pks/lookup?op=get&search=0xC5E6A5ED249AD24C
Google	https://dl-ssl.google.com/linux/linux_signing_key.pub
WineHQ	http://wine.budgetdedicated.com/apt/Scott%20Ritchie.gpg

¿Qué es una Firma GPG?

GPG (GNU *Privacy Guard*), que es un derivado libre de **PGP** y su utilidad es la de cifrar y firmar digitalmente, siendo además multiplataforma) aunque viene incorporado en algunos sistemas **Linux**, como en).

https://www.gnupg.org/download/index.en.html

Anillo de Claves: GPG tiene un repositorio de claves (anillo de claves) donde guarda todas las que tenemos almacenadas en nuestro sistema, ya sean privadas o públicas.

Servidores de claves: para que nos cifren un mensaje tenemos que compartir la clave pública de nuestro par de claves para cifrar, y como es un poco engorroso difundir una clave a muchas personas existen los servidores de claves PGP (compatibles con GPG).

Ej.: pgp.rediris.es
pgp.mit.edu

Tipos de claves:
- **Simétricas**: Emisor/Receptor conocen la clave.
- **Asimétricas**: Emisor utiliza clave pública (compartida) el Receptor utiliza una clave privada (secreta).

Generar las claves

Para poder cifrar asimétricamente primero tenemos que crear la pareja de claves (pública y privada) con el comando:

gpg --gen-key

PRÁCTICA 13: Identificar los paquetes de los diferentes SO

DESCRIPCIÓN:

Un paquete es un conjunto de ficheros relacionados con una aplicación, que contiene los objetos ejecutables, los archivos de configuración, información acerca del uso e instalación de la aplicación, todo ello agrupado en un mismo contenedor. Encontramos los binarios y los que son el código fuente.

1. Paquetes binarios.

Contienen código máquina, y no código fuente, por lo que cada tipo de arquitectura (x86, X6, ALPHA, SPARC,...) necesita su propio paquete. Encontramos estos tipos de paquetes binarios:

- **RPM:** Estos paquetes son utilizados por distribuciones Red Hat, Suse, Mandrake, Conectiva, Caldera, etc.
- **DEB:** Estos paquetes son utilizados por distribuciones como Debian, y las basadas en ella, como Ubuntu. La utilidad para manejar este tipo de paquetes son apt y dpkg.
- **TGZ:** Son utilizados por la distribución Linux Slackware.

2. Paquetes de código fuente.

Contienen el código fuente del programa, estos vienen con los archivos necesarios para compilar e instalar el programa manualmente. Suelen presentarse en formato .tar.gz o tar.bz2 (o sea compactado con tar y comprimido con gzip o bzip). Lo normal es que cada aplicación tenga la información en el fichero README o INSTALL de como instalarlo.

3. Instalando un aplicación.

Generalmente la aplicación se presentará en un fichero tip **.tar.gz** o **.tar.bz2**. Lo primero que tendremos que hacer es descomprimir y descompactar el archivo.

   tar -zxf aplicacion-version.tar.gz

En el caso que sea extensión **.tar.bz2**, sería **tar -jkf aplicación-versión.tar.bz2** una vez descompactado y descomprimido, lo compilamos y lo instalamos así:

   ./configure
   make
   make install

Dentro de este tipo de paquetes, también se pueden encontrar paquetes de código fuente en formato rpm. Normalmente están identificados con el campo src. Estos paquetes no contienen la aplicación lista para instalar, sino su código fuente. Mediante la instalación de este tipo de paquetes, lo que se consigue es compilar un nuevo paquete optimizado para la máquina en donde se ejecute, con lo que se crea un nuevo paquete rpm, que será el que finalmente instalaremos en nuestro sistema.

4. Instalando un paquete .rpm

Normalmente, la sintaxis para identificarlos es la siguiente:

   Nombre-versión_aplicación-versión_paquete.arquitectura.rpm

Ej: paquete de instalación del servidor samba, versión 3 del programa, versión 15 del paquete para arquitectura.
   i386. samba-3.00-15.i386.rpm

PASO 1: Actulizar repositorios de diferentes versiones de linux.

Resumen las tres versiones matriz más significativas y diferentes de Linux:
   a) CentOS, RedHat.
      yum   install   paquete
   b) Debian, Ubuntu, Xubuntu,....
      apt-get   install   paquete
   c) Slackware.
      slapt-get   install   paquete
      swaret
      slackpkg   install   paquete

PASO 2: Ubicación de los ficheros de repositorios de diferentes versiones de Linux.

   /etc/apt/sources.list   Debian, Ubuntu,...
   /etc/yum.repos.d/sources.repo   CentOS
   /etc/slackpkg/slackpkg.conf   Slackware (slackpkg)
   /etc/slapt-get/slapt-getrc   Slackware (slapt-get)

PASO 3: Preliminares Ubuntu 14.04 LTS.

Después de instalar una versión de Ubuntu y conectarme a Internet es actualizar los paquetes disponibles:
   sudo apt-get update && sudo apt-get upgrade

Usar al viejo Synaptic y no perder la costumbre: sudo apt-get install synaptic.

PASO 4: Instalación de paquetes básicos en Ubuntu 14.04 LTS.

Un paquete muy bueno que nos permite tener una mejor experiencia a la hora de instalar paquetes es aptitude, tecleamos en la terminal lo siguiente:

sudo apt-get install aptitude

Ahora instalamos el paquete que nos instala paquetes esenciales:

sudo aptitude install build-essential

Extras restringidos de Ubuntu, es software esencial, pero que no viene instalado por defecto debido a los derechos de autor y parecidos, cuando realizamos a instalación de la distro se pregunta si queremos instalarla. Este contiene software para: el soporte de archivos mp3 y para reproducir DVD, Fuentes de Microsoft, Plugin Flash, Codecs de video y audio.

sudo aptitude install Ubuntu-restricted-extras

En la página oficial de paquete podemos encontrar más información:

https://help.ubuntu.com/community/RestrictedFormats

y también está disponible para otros sabores como Kubuntu, Xubuntu, Lubuntu.

Estos son algunos codecs que pueden faltar:

sudo apt-get install faad gstreamer0.10-ffmpeg gstreamer0.10-plugins-bad gstreamer0.10-plugins-bad-multiverse gstreamer0.10-plugins-ugly gstreamer0.10-plugins-ugly-multiverse gstreamer0.10-pitfdll

Soporte a los formatos de compresión más populares.

sudo apt-get install p7zip-rar p7zip-full unace unrar zip unzip sharutils rar uudeview mpack arj cabextract file-roller

PASO 5: Paquetes multimedia.

Reproductor VLC: **sudo apt-get install vlc**
Pitivi, editor de videos: **sudo aptitude install pitivi**
Leer e-books: **sudo apt-get install caliber**

PASO 6: Paquetes de ofimática.

El paquete LibreOffice ya viene pre-instalado, pero podemos instalar algunos un poco más ligeros y libres, como Abiword, que nos permite editar textos y activando un plugin podemos realizar colaboraciones entre varias personas, el plugin se llama Abicollab, instalando el paquete podemos utilizar nuestra cuenta:

sudo apt-get install abiword

Editor de hoja de cálculo:

sudo apt-get install gnumeric

PASO 7: Paquetes Internet.

Cliente IRC: **sudo apt-get install xchat**
Pidgin para mensajería: **sudo apt-get install pidgin**
El navegador web chromium: **sudo apt-get install chromium-browser**

Para descargar Torrents, podemos utilizar Transmission o Deluge:

sudo apt-get install transmission
sudo apt-get install deluge-torrent

PASO 8: Paquetes edición gráfica.

Gimp: **sudo apt-get install gimp**
Inkscape para vectores: **sudo apt-get install inkscape**
Para gráficos en 3D, blender: **sudo apt-get install blender**

PASO 9: Instalar slapt-get en Slackware (equivalente a get ó apt-get).

Acceder a la web http://software.jaos.org/
Para 32 bits.
  wget http://software.jaos.org/slackpacks/14.1/slapt-get/slapt-get-0.10.2r-i386-1.tgz
Para 64 bits
  wget http://software.jaos.org/slackpacks/14.1-x86_64/slapt-get/slapt-get-0.10.2r-x86_64-1.tgz

a) Acceder al control de paquetes e instalarlo.
   pktools
b) Editar el fichero /etc/slapt-get/slapt-getrc
   nano /etc/slapt-get/slapt-getrc
   Cambiar el idioma
   $ LANG=es_ES slapt-get
c) Instalar el paquete slapt en entornos gráficos.
   #slapt-get –install gslapt
  00000000

PRÁCTICA 14: Conocer la existencia de Paquetes y Package Managers no oficiales para Slackware.

DESCRIPCIÓN:
Configuración y uso del sistema operativo Slackware y el uso de paquetes que utiliza y su clasificación.

Contenido:
1) Repositorios no oficiales para Slackware.
2) slapt-get.
   - 2.1) Instalación.
   - 2.2) Añadiendo repositorios no oficiales a slapt-get.
   - 2.3) Sintaxis de uso.
3) Swaret.
   - 3.1) Instalando.
   - 3.2) Configurando Swaret.
   - 3.3) Ejemplos del uso de Swaret.

> **Slackware** se tomó la decisión de utilizar un **script** que automatizara el proceso de instalación, de tal manera que para instalar una nueva versión de cada paquete bastara con modificar la variable que informa al sistema sobre la versión de ese paquete.

1) Repositorios no oficiales para Slackware
Alien: Contiene Slackbuilds y binarios.
> *http://www.slackware.com/~alien/slackbuilds/*

Slacky: Unos 1500 tgz, además de un repositorio para dar soporte a GnomeSlacky.
> *http://slacky.eu/*

Slackware-Current.net: Unos 800 y tantos tgz.
> *http://slackware-current.net/*

Linuxpackages.net: Aquí contribuye una gran comunidad de Slackeros. Actualmente hay casi 600 paquetes para Slackware 12.
> *http://linuxpackages.net/*
> *http://www2.linuxpackages.net/packages/*

2) Slapt-get
Se trata de un Package Manager rápido (está escrito en C), que puede buscar, descargar, instalar, actualizar y remover paquetes. Cuando instala un tgz, resuelve las dependencias por defecto; cosa que puede evitarse con la opción --no-dep, la cual salta la comprobación del PACKAGES.TXT.

También es capaz de actualizar el sistema, y puede hacer dist-upgrades.

Algunas acciones slapt-get son:

--update o -u	Sincroniza la SQL desde los mirrors.
--upgrade	Actualiza todos los paquetes del sistema, excepto los que se hayan excluido en el fichero /etc/slapt-get/slapt-getrc.
--dist-upgrade	Actualiza a una nueva versión de Slackware.
--install o -i	Instala el/los paquete(s) especificado(s).
--remove	Remueve el/los paquete(s) señalados(s).
--show	Muestra información acerca de el/los paquete(s).
--search	Busca dentro de la SQL usando "expresión" como palabra clave.
--available	Lista los paquetes disponibles.
--installed	Lista los paquetes instalados.
--clean	Limpia el chache. Cada paquete instalado es descargado a un directorio en el que se conserva aún luego de haber sido instalado. Esta opción permite borrar el contenido de dicho directorio.

Opciones:

--autoclean	Solo borra del chache los paquetes viejos.
--download-only o -d	Solo descarga el pkg en una instalación o upgrade.
--simulate o -s	Muestra que sería instalado/actualizado/removido ante determinada orden.

2.1) Instalación
El programa se descarga desde aquí:
> **slapt-get http://software.jaos.org/#**

Por ejemplo, para usar **slapt-get 0.10.2r** para Slackware-12:

```
root@192:~# mkdir slapt-get && cd slapt-get
root@192:~/slapt-get# wget http://software.jaos.org/slackpacks/14.1-x86_64/slapt
-get/slapt-get-0.10.2r-x86_64-1.tgz
--2015-08-04 21:12:45--  http://software.jaos.org/slackpacks/14.1-x86_64/slapt-g
et/slapt-get-0.10.2r-x86_64-1.tgz
Resolving software.jaos.org (software.jaos.org)... 146.148.66.113
Connecting to software.jaos.org (software.jaos.org)|146.148.66.113|:80... connec
ted.
HTTP request sent, awaiting response... 200 OK
Length: 287369 (281K) [application/octet-stream]
Saving to: 'slapt-get-0.10.2r-x86_64-1.tgz'

100%[======================================>] 287,369      235KB/s    in 1.2s

2015-08-04 21:12:46 (235 KB/s) - 'slapt-get-0.10.2r-x86_64-1.tgz' saved [287369/
287369]
```
installpkg slapt-get-*
```
......
Executing install script for slapt-get-0.10.2r-x86_64-1.tgz.
Package slapt-get-0.10.2r-x86_64-1.tgz installed.
```
Actualización del repositorio
```
root@192:/etc/slapt-get# slapt-get --update
Retrieving package data [ftp://ftp.slackware.com/pub/slackware/slackware64-14.1/]...Done
Retrieving patch list [ftp://ftp.slackware.com/pub/slackware/slackware64-14.1/]...Done
Retrieving checksum list [ftp://ftp.slackware.com/pub/slackware/slackware64-14.1/]...Done
Retrieving checksum signature [ftp://ftp.slackware.com/pub/slackware/slackware64-14.1/]...  0%
```

Lista de paquetes disponibles

```
root@192:/etc/slapt-get# slapt-get --available
ConsoleKit-0.4.5-x86_64-1 [inst=yes]: ConsoleKit (user, login, and seat tracking framework)
GConf-3.2.6-x86_64-1 [inst=yes]: GConf (GNOME configuration library)
M2Crypto-0.21.1-x86_64-2 [inst=yes]: M2Crypto (cryptography toolkit for Python)
MPlayer-1.1_20130819-x86_64-2 [inst=yes]: MPlayer (MPEG-4 digital video technology)
...
```

Upgrade los paquetes

```
root@192:/etc/slapt-get# slapt-get --upgrade
Reading Package Lists...Done
The following packages have been EXCLUDED:
  glibc-i18n glibc-profile glibc-solibs glibc-zoneinfo kernel-generic
  kernel-headers kernel-huge kernel-modules kernel-source
The following packages will be upgraded:
  apr apr-util bash bind btrfs-progs cairo cups curl dhcpcd freetype glibc gnupg
  gnupg2 gnutls httpd libXfont libiodbc libjpeg libssh libtasn1 libyaml llvm
  mariadb mozilla-firefox mozilla-nss mozilla-thunderbird mutt ntp openssh
  openssl openssl-solibs openvpn patch php pidgin ppp proftpd qt ruby samba
  seamonkey seamonkey-solibs sendmail sendmail-cf shadow subversion sudo
  udisks udisks2 wget wpa_supplicant xfce4-weather-plugin xorg-server
  xorg-server-xephyr xorg-server-xnest xorg-server-xvfb xscreensaver yptools
58 upgraded, 0 reinstalled, 0 newly installed, 0 to remove, 9 not upgraded.
Need to get 287.8MB of archives.
After unpacking 111.6MB of additional disk space will be used.
Do you want to continue? [y/N] y
```

2.2) Añadiendo repositorios no oficiales a slapt-get.

Solo se necesita definir los repositorios en **/etc/slapt-get/slapt-getrc**.

Ejemplo: Slacky y gnome-slacky

root@MyBox:/home/usuario1# cat >> /etc/slapt-get/slapt-getrc
######Repo de Alien
SOURCE=http://www.slackware.com/~alien/slackbuilds/Slackware-Current.net
^D

2.3) Sintaxis de uso de slapt-get

 # slapt-get [Opción/es] [Acción]

Donde argumento es normalmente el nombre de un paquete.
Por ejemplo, para instalar flightgear sin comprobación de dependencias hago:

 # slapt-get –no-dep –install flightgear

Ejemplo:

root@MyBox:/home/usuario1# slapt-get -s –install gimp
Reading Package Lists... Done
The following packages will be upgraded:gimp
1 upgraded, 0 newly installed, 0 to remove and 0 not upgraded.
Need to get 14.6MB of archives.
After unpacking 210.0kB of additional disk space will be used.
gimp-2.4.2-i486-1 is to be upgraded to version 2.4.3-i486-1sl

3) Swaret.

¿Qué es?

Swaret (**S**lack**WARE** **T**ool) es un programa para la distribución GNU/Linux Slackware que resuelve dependencias y complemente el Sistema de gestión de paquetes de Slackware añadiendo características como resolución verdadera de dependencia de librerías, soporte de repositorios de terceras personas, soporte para http, rsync y ftp, logeo, etc.

3.1) Instalando.

Crear un directorio accede a él y ejecutar la orden wget más las URL dónde se encuentra el fichero .tgz. Acceder como superusuario e instalar swaret.

$ **mkdir** ~/swaret **&& cd swaret**
$ **wget** http://ufpr.dl.sourceforge.net/sourceforge/swaret/swaret-1.6.3-noarch-2.tgz
$ **su**
# **installpkg swaret***

3.2) Configurando swaret.

Basándome en el fichero de ejemplo /etc/swaret.conf.new, hice un pequeño archivo de configuración con textos en español (no se trata de una traducción), donde además incluí varios mirros oficiales junto a los que coment al inicio de este texto.

cat > /etc/swaret.conf

Pegar algo como lo que sigue, y luego presionar Control+D:

```
# Idioma. Nótese que pongo ESPANOL y no ESPAÑOL.
LANGUAGE=ESPANOL
# Versión de Slackware. Sería usada en los repositorios ROOT, y su valor puede ser current, 12.0,
# 11.0, 10.2, 10.1, 9.1, 9.0, etc.
VERSION=12.0
# Repositorios. Oficiales. Todos con el mismo contenido.
ROOT=http://ftp.gwdg.de/pub/linux/slackware/slackware-$VERSION/
ROOT=http://ftp.ntua.gr/pub/linux/slackware/slackware-$VERSION/
ROOT=http://slackware.cs.utah.edu/pub/slackware/slackware-$VERSION/
ROOT=http://ftp.belnet.be/packages/slackware/slackware-$VERSION/
# Repositorios no oficiales. En este caso, el repo de Slacky es el de la versión 12.0, y lo mismo
# ocurre con Linuxpackages.
REPOS_ROOT=Slacky%http://darkstar.ist.utl.pt/slackware/addon/slacky/slackware-12.0/
REPOS_ROOT=G-Slacky%http://darkstar.ist.utl.pt/slackware/addon/slacky/gnome-slacky-12.0/
REPOS_ROOT=Alien%http://www.slackware.com/~alien/slackbuilds/
REPOS_ROOT=Slackware-Current%http://de.slackware-current.net/slackware-current/
REPOS_ROOT=Linuxpackages%http://www2.linuxpackages.net/packages/Slackware-12.0-i386/
# Repositorios para crear la lista de librerías.
DEP_ROOT=http://swaret.sourceforge.net
# Variable RANDOMR. Si su valor es 0, se usará el primer repositorio oficial, además de los
# REPOS_ROOT. Mientras que si el valor es 1, entonces en cada instancia se escogerá un espejo
# al azar.
RANDOMR=1
# Colocar el valor 1 a ROLLBACK para que swaret realice un backup de los paquetes
# actualizados. ROLLBACKMAx se usa para indicar el número máximo de actualizaciones antes de
# borrar un paquetes del cache.
ROLLBACK=0
ROLLBACKMAX=1
# Si la variable que sigue vale 1, entonces la descripción del paquete será incluida en los
# parámetros de búsqueda.
USEPKGDESC=0
# Paquetes excluidos. Es posible emplear expresiones regulares.
EXCLUDE=kernel alsa lilo swaret aaa_ MANIFEST.bz2$ EXCLUDE=^kernel-.*,^alsa-.*,^glibc.*,.*-[0-9]+dl$,^devs$,^udev$,aaa_elflibs,x86_64
# Cambiar 0 por 1 para deshabilitar el control de dependencias.
DEPENDENCY=1
# Si DSEARCHLIB es 0 (recomiendo mantener en 1), swaret no buscará por librerías no cacheadas
# por ldconfig. Para esta labor se emplea find, salvo que DSEARCHM sea igual a 1,
# en cuyo caso se usa slocate.
DSEARCHM=0
MD5CHECK=1
# Si se cambia 1 por 0 se comprobará la llave GPG.
GPGCHECK=0
# Swaret muestra la descripción de los paquetes al instalar/actualizar/remover. Obviamente esto
# se anula cambiando 1 por 0.
DESC=1
# Directorio para colocar los tgz descargados.
CACHE_DIR=/var/swaret
# Se generaría registro.
LOG=1
# Archivo de registro.
LOG_FILE=/var/log/swaret
# Desplegar advertencias e información.
WARNINGS=1
INFORMATION=1
# Interfaz de red. Usar el comando "lspci | grep net", para conocer los dispositivos de red.
NIC=eth0
# Progreso. 0 muestra el porcentaje, 1 el tamaño, mientras que 2 mantiene la interface
# wget/rsync.
PROGRESS=0
# Número de segundos antes del time out.
TIMEOUT=35
# Número de reintentos de conexión o descarga.
RETRIES=5
# El valor 1 es útil si se está detrás de un firewall, o cuando swaret debe conectarse a espejos
# FTP.
PASSIVE_FTP=1
##################Fin del fichero#######################
```

3.3) Ejemplos del uso de Swaret.

swaret –ACCION [PALABRA CLAVE] [OPCION]

Ejemplos:

Actualizar sql.

 # swaret –update

Buscar foo.

swaret –search foo
Mostrar descripción de foo.
swaret –show foo
Instalar foo.
swaret –install foo
Descargar foo.
swaret –get foo
Remover foo.
swaret –remove foo
Actualizar Sistema.
swaret –upgrade
Actualizar Sistema.
swaret –upgrade
Lo mismo que el anterior, pero ahora swaret no pide comprobación.
swaret –upgrade -a
Actualizar rama de Slackware.
swaret –dist-upgrade
Compilar foo.
swaret –compile foo
Listar todos los paquetes.
swaret –list
Cachear librerías perdidas (la opción "-a" obvia la comprobación por parte del admin).
swaret –dep -a
Resumir trabajo interrumpido.
swaret –resume4
Listar las fuentes.
swaret –list -s
Buscar foo dentro de los paquetes instalados.
swaret –search foo -i

> **swaret**
> **Opciones:**
> [p, s, I, u, n, np] Limita la acción a los parches, fuentes, paquetes instalados, paquetes que tienen candidato para la actualización, paquetes no instalados y parches no instalados, respectivamente.
> [-a] Realiza la acción sin preguntar.

4) *El paquete slackpkg+ como una útil extensión de slackpkg.*

Alienbob menciona que slackpkg fue escrito pensando en un modelo modular.

Así se podría extender sus capacidades añadiendo funciones en el directorio /usr/libexec/slackpkg/functions.d/.

Lo interesante es la posibilidad de utilizar slackpkg como gestor para buscar, instalar, actualizar, y otros de repositorios externos, como por ejemplo, los provistos por AlienBob, Slacky, RlWorkman, SalixOS, etc.

Así no habrá necesidad de estar revisando ningún archivo **ChangeLog.txt** para saber qué paquetes necesitan actualización ni instalar otras herramientas externas.

La lista negra se encuentra en este archivo:
vim   /etc/slackpkg/blacklist

a) Configurar archivo **/etc/slackpkg/slackpkgplus.conf**:
- **SLACKPKGPLUS**: sirve para habilitar (on) o no (off) la extensión
- **VERBOSE**: modifica la forma de mostrar los mensajes al sincronizar los repositorios. El valor 1 sólo muestra una barra (estilo wget), existiendo otras opciones: 0 y 2
- **PKGS_PRIORITY**: sirve para especificar la prioridad de los repositorios y/o paquetes; acepta expresiones regulares. Yo utilizo la prioridad para repositorios con el formato <nombre_repo>:*. Cada elemento debe estar separado por espacios
- **REPOPLUS**: establece los repositorios de terceros que sincronizaremos. Cada repositorio debe tener su propio valor MIRRORPLUS
- Cada MIRRORPLUS específica a cada repositorio que sincronizaremos. Si se añade un repositorio este debe incluirse en **REPOPLUS**

b) Configurar archivo /etc/slackpkg/slackpkg.conf:
nano /etc/slackpkg/slackpkgplus.conf

Como incluí el repositorio SalixOS, SalixExt y RlWorkman, estos no contienen las llaves GPG o son parciales, así que debemos desactivar la descarga y verificación del repositorio. Esta es la configuración para slackpkg

c) Actualizar repositorios:
slackpkg update

> NOTA: verificar que la opción CHCKGPG tenga valor off (apagado).

> NOTA: Si se modifica o añade un repositorio en «REPOPLUS» se debe utilizar el anterior comando.

Ejercicios Unidad de Trabajo 2

1. Buscar nuevas minidistribuciones:
   - 3 microdistribuciones.
   - 3 Distribuciones para PenDrive.
2. Buscar los repositorios de Servicios de Ubuntu o Debian.
3. Utilizando un PENDRIVE, realizar 10 particiones, ext-3 más una SWAP e instalar en el PEN una de las distribuciones del ejercicio 1.
4. Actividad de investigación:
   a) Descargar Android x86.
   b) Instalar Android x86, en una de las particiones libres del ejercicio 3.

ACTIVIDADES DE INVESTIGACIÓN

1. Wubi - Programa de instalación de Linux para MS Windows.
   a. Instalarlo y explicar su instalación.
   b. Explicar cómo funciona.
2. Analizar algunas de las distribuciones que se encuentran en la URL:
   http://linux.about.com/od/embedded/l/bldist_100az.htm
3. Cygwin, el entorno Linux para los sistemas operativos de Windows Mircosoft.
4. Analizar las siguientes distribuciones de Linux, establecer las ventajas y diferencias:
   - Lycoris.
   - Xandros.
   - Linspire's.
5. Descarga una distribución Linux para una Raspberrypi, y el software necesario para su preparación en una memoria SD.

UNIDAD DE TRABAJO III: Introducción al almacenamiento de los sistemas operativos monopuesto.

PRÁCTICA 14: Acceder a un sistema de Ficheros NTFS desde Linux.

PRÁCTICA 15: Acceder y reparar datos de un sistema de ficheros Windows desde Linux Ubuntu.

Contenidos
- Particionar unidades.
- Tipos de particiones
- El sistema de archivos.
- Tipos de sistemas de archivos.

Órdenes

/etc/fstab
fdisk, gdisk, cgdisk, cfdisk, mount, umount, fsck.

PRÁCTICA 14: Acceder a un sistema de Ficheros NTFS de Windows desde Linux.

DESCRIPCIÓN:

Windows NT fue diseñado desde el principio para ser un sistema operativo de red y multitarea que rompiese definitivamente cualquier nexo con sus ancestros MS-DOS, para lo que se diseñó un nuevo sistema de ficheros partiendo de un diseño radicalmente nuevo (no se trata por tanto de un nuevo carrozado de las FAT anteriores).

El sistema resultante, denominado NTFS ("New Technology File System") es un sistema muy robusto que permite compresión de ficheros uno a uno; un protocolo de autorización de uso y de atributos de fichero muy desarrollado; sistema de operación basado en transacciones; soporte RAID; posibilidad de juntar las capacidades de dos unidades en un volumen único ("Disk striping") y muchas otras mejoras, como es la capacidad de anotar clusters malos ("Hot fixing") en run-time.

Su penúltima versión, la denominada NTFS 5, incorporada en Windows 2000, dispone de algunas otras características avanzadas, como soporte de encriptación de ficheros incorporado en el propio SO; propiedades de ficheros basados en identificadores persistentes de usuario (ya no es necesario identificar a los ficheros mediante sus terminaciones), e identificación única de todos los objetos del sistema de archivos que permite, entre otras cosas, que un archivo pueda ocupar distintos volúmenes (ficheros multivolumen). Aunque naturalmente estas prestaciones cobran su tributo. NTFS utiliza meta-estructura muy grande, por lo que no es aconsejado para volúmenes de menos de 400 GB.

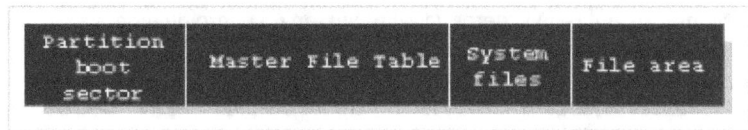

La estructura central de este sistema es la MFT ("Master File Table"), de la que se guardan varias copias de su parte más crítica a fin de protegerla contra posibles corrupciones. Al igual que FAT16 y FAT32, NTFS también utiliza agrupaciones de sectores (clusters) como unidad de almacenamiento, aunque estos no dependen del volumen de la partición. Es posible definir un clúster de 512 bytes (1 sector) en una partición de 5 MB o de 500.000 MB. Esta capacidad le hace disminuir tanto la fragmentación interna como la externa.

Uso de NTFS desde Linux (particiones ext)

Arrancar desde un Linux, se instala en memoria RAM. La estructura del sistema de ficheros se crea en memoria RAM.

Accede a visualizar todos los discos y sus particiones y se montan en el sistema de arranque.

Una vez montado accedo al directorio y esto en el sistema de ficheros del Widows.

ext2

PASO 1: Arrancar desde la ISO de Linux.

Visualizar los discos y las particiones.

```
# fdisk -l
```

PASO 2: Montar un sistema de ficheros.
    mount
a) Crear un directorio.
    mkdir   crear directorio.
    cd   acceder a un directorio.
    ls -l   visualizar un directorio (dir).
    cd mnt   acceder al directorio mnt.
    ls –l   visualizar el contenido del directorio mnt.
    mkdir win7   crear el directorio win7 dentro de mnt.
    mkdir winxp   crear el directorio winxp dentro de mnt al mismo nivel que win7.

> Para realizar un montaje debo de estar fuera del directorio que será el punto de montaje. Montar Windows 7, directorio actual /mnt:
> # mount /dev/sde11 /mnt/win7
> # cd win7
> # ls -l

b) Montar sistemas de ficheros de Windows, en un punto de montaje de Linux.
    /dev/sdc1   /mnt/winxp
    /dev/sde1   /mnt/win7
c) Identificados las particiones y los directorios del punto de montaje, se realiza el montaje y el acceso.
    mount /dev/sdc1   /mnt/winxp
    cd winxp
    ls -l
    cd /mnt
    ls -l
    mount /dev/sde1 /mnt/win7
    cd /mnt/win7
    ls –l

PASO 3: Desmontar un punto de montaje.
    umount
a) Ayuda.
    umount --help
b) Visualizar puntos de montajes que se encuentran actualmente montados.
    mount
c) Desmontar el punto de montaje /mnt/winxp.
    mount
    umount /mnt/winxp
    cd winxp
    ls -l

Primero visualizamos los puntos de montaje, desmontamos el punto de montaje y posteriormente accedemos al directorio donde se había realizado el punto de montaje y visualizamos el contenido del directorio.

PASO 4: Montaje automático de sistemas de ficheros al arrancar.

/etc/fstab. En él se indican los sistemas de ficheros sobre los que trabajamos normalmente: el sistema de ficheros en el que tenemos los directorios de Linux, el /proc, la partición dos, el CDROM, y el Floppy.

El fichero */etc/fstab* funciona de la siguiente manera:

Partimos de un ejemplo de contenido de /etc/fstab:

# <device>	<mountpoint>	<filesystemtype>	<options>	<dump>	<fsckorder>
/dev/hda2	/	ext2	defaults	1	1
/dev/hda3	/usr	ext2	defaults	1	2
/dev/sda1	/home	ext2	defaults	1	2
/dev/hdb	/mnt/cdrom	iso9660	user,noexec,nodev,nosuid,ro,noauto	0	0
/dev/fd0	/mnt/floppy	vfat	user,noexec,nodev,nosuid,rw,noauto	0	0
none	/	proc	proc defaults	0	0
/dev/hda4	swap	swap	defaults	0	0
/dev/hda1	/mnt/dos	vfat	exec,dev,suid,rw,auto	0	0

Con la información de los dispositivos de puntos de montaje de los sistemas de ficheros, el sistema operativo leería la siguiente el fichero /dev/fstab y ejecutaría los sistemas de ficheros y puntos de montaje con sus opciones y valores

- La partición /dev/hda1 se montaría en el subdirectorio /mnt/dos
- La partición /dev/hda2 se montaría en el subdirectorio /
- La partición /dev/hda3 se montaría en el subdirectorio /usr
- La partición /dev/hda4 se montaría en el subdirectorio como swap
- La partición /dev/sda1 se montaría en el subdirectorio /home

- Proc se montaría en el subdirectorio /proc
- El sistema tendría información sobre como montar un disquete /dev/fd0 y un CD-ROM /dev/hdb, aunque no los monta automáticamente al arrancar por haber definido la opción noauto.

Los parámetros usados en /etc/fstab:

En la columna de dispositivo (device) se indica el dispositivo/partición a montar, en la punto de montaje (mountpoint) se indica el directorio mediante el cual vamos a acceder al sistema de archivos. En la columna de tipo de sistema de ficheros (filesystemtype) se indica el sistema de ficheros que se usara sobre el dispositivo.

```
# <device>      <mountpoint> <filesystemtype> <options>              <dump> <fsckorder>
```

- **<device>**: en este campo se indica el dispositivo o la partición donde se encuentra el filesystem.
- **<mountpoint>**: aquí va el punto de montaje para el dispositivo especificado.
- **<filesystemtype>**: el tipo de sistema de archivos. Puede tomar varios valores, entre los que se destacan: *ext2, ext3, ext4, iso9660, nfs, ntfs, reiserfs, smbfs, swap, vfat, xfs*.
- **<option>**: en esta columna van las opciones para el montaje del filesystem. Son muchas y a continuación se mencionan las más comunes. Para un listado más completo se pueden leer el manual del comando mount y el del nfs (para los parámetros específicos de nfs).

<options>	<dump>	<fsckorder>
defaults	1	1
defaults	1	2
defaults	1	2
user,noexec,nodev,nosuid,ro,noauto	0	0
user,noexec,nodev,nosuid,rw,noauto	0	0
proc defaults	0	0
defaults	0	0
exec,dev,suid,rw,auto	0	0

Las opciones:

CAMPO	DESCRIPCIÓN
user, nouser	permite/no permite a un usuario ordinario montar el sistema de ficheros.
suid, nosuid	Permite/no permite tener ficheros con el bit de usuario definido.
auto/noauto	Indica que sí/no se monta cuando hacemos mount -a.
defaults	Aplica las opciones rw, suid, dev, exec, auto, nouser, async.
exec/noexec	Permite/no permite la ejecución de binarios.
ro, rw	Montar sólo lectura, lectura-escritura.
sync/async	Todos los accesos I/O al sistema de ficheros se realizarán en modo síncrono/asíncrono.
dev/nodev	Interpreta/no interpreta los dispositivos especiales de bloques/caracteres en el sistema de ficheros

- **<dump>**: esta columna indica a la utilidad dump si debe o no hacer backup del filesystem. Puede tomar dos valores: 0 y 1. Con 0 se indica que no se debe backupear, con 1 que sí se haga. Lógicamente, depende de que se tenga instalado y configurado dump, por lo que en la mayoría de los casos este campo es 0.
- **<fsckorder>**: en este caso se trata de una indicación para el fsck (comando que chequea el filesystem) y nuevamente se define con un valor numérico. Las posibilidades son 0, 1 y 2. El 0 indica que el filesystem no debe ser chequeado, mientras que el 1 y el 2 le dicen a fsck que sí lo chequee. La diferencia es que el 1 representa una prioridad mayor que el 2, por lo que debe utilizarse para el sistema raíz y el 2 para el resto de los sistemas de archivos.

PRÁCTICA 15: Particiones sistemas de ficheros con MBR y GPT.
DESCRIPCIÓN:
Los sistemas de ficheros Linux, solo existe un directorio raíz y el punto de montaje del sistema de ficheros, en entorno texto se realizan en **/mnt** y en entorno gráfico en **/media.**

Por defecto los sistemas de ficheros que se montan en la secuencia de arranque se encuentran **/etc/fstab.**

Cuando se monta el sistema de ficheros, depende de cómo se realice:

    / --> directorio raíz en una partición
    swap --> sistema de ficheros de intercambio en otra partición. (1-2 "4").
    16 Gb de RAM --> 2 SWAP (4 Gb)
    Depende de cómo quieran instalar.
    / --> partición
    /usr --> p
    /bin --> p
    /mnt

> NOTA: Existen versiones Linux, que son el patrón de desarrollo, u origen o matriz de diseño del resto de las versiones son en principio tres: Debian, Slackware, RedHAT

PASO 1: Abrir un sistema de ficheros Windows desde Linux.
a) Arrancar desde una ISO.
   Xubuntu.ISO

Aceptar
    Arrancar MV
        Arrancar a entorno gráfico

PASO 2: Pasar a entorno texto.
Abrir la consola 1 (tty1).

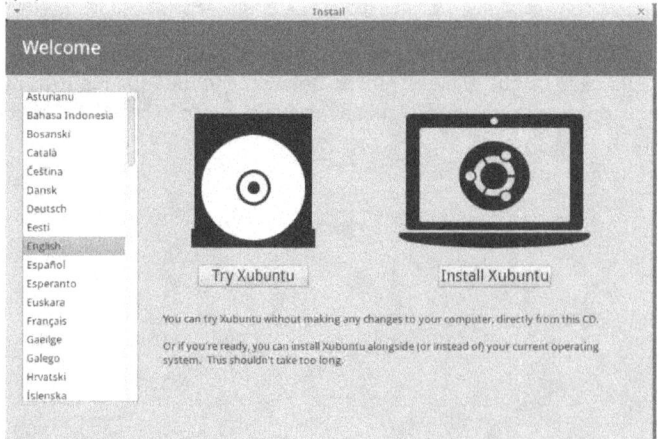

    CTRL+ALT+F1 ... F6
    CTRL+ALT+F7 ---> Entorno gráfico.

PASO 3: Trabajar en modo superusuario.
    su
    $ > usuario
    # root
a)   Trabajar en la Línea órdenes.

```
            sudo   orden
            sudo   su
```
b)   En modo superusuario, se índice en el prompt con el símbolo #
```
            #
```
   b.1) El root no tiene passwd.
```
                  sudo passwd   root
                    --> passwd usuario actual
                    --> passwd root  (2 veces)
                  su     (usuario  root)
                    : passwd
```
   b.2) Salta login
```
                  $ sudo  su -l
```

PASO 4: Visualizar los sistemas de ficheros montados.
```
         df
         cat  /etc/fstab
```
/etc/fstab : Es usado para definir cómo las particiones, distintos dispositivos de bloques o sistemas de archivos remotos deben ser montados e integrados en el sistema.

Cada sistema de archivos se describe en una línea separada. Estas definiciones se convertirán con **systemd** en unidades montadas de forma dinámica en el arranque, y cuando se recargue la configuración del administrador del sistema.

El archivo es leído por la orden mount, a la cual le basta con encontrar cualquiera de los directorios o dispositivos indicados en el archivo para completar el valor del siguiente parámetro. Al hacerlo, las opciones de montaje que se enumeran en fstab también se aplicarán.

PASO 5: Visualizar los discos conectados.
```
         fdisk  -l
```
Gestión de la consola texto.
```
         MAY +    RePag
```
```
Disk /dev/sda: 37.6 GB, 37580963840 bytes
255 heads, 63 sectors/track, 4568 cylinders, total 73400320 sectors
Units = sectors of 1 * 512 = 512 bytes
Sector size (logical/physical): 512 bytes / 512 bytes
I/O size (minimum/optimal): 512 bytes / 512 bytes
Disk identifier: 0xae4c7688

   Device Boot      Start         End      Blocks   Id  System
/dev/sda1   *        2048      206847      102400    7  HPFS/NTFS/exFAT
/dev/sda2          206848    73398271    36595712    7  HPFS/NTFS/exFAT
```

Windows, al instalar el sistema:
   Crear una partición para el gestor de arranque.
   Para Windows es una partición de sistema.
```
            - Windows xp       8 Mb
            - Windows 7       100 Mb
            - Windows 8       300-340 Mb
```
   La partición dónde está el SO. --> La partición PRINCIPAL.

a) Acceder a la partición.
```
         fdisk   /dev/sda
```
b) Acceso a la aplicación fdisk
```
         m  ayuda.
```
```
root@xubuntu:~# fdisk /dev/sda

Command (m for help): m
Command action
   a   toggle a bootable flag
   b   edit bsd disklabel
   c   toggle the dos compatibility flag
   d   delete a partition
   l   list known partition types
   m   print this menu
   n   add a new partition
   o   create a new empty DOS partition table
   p   print the partition table
   q   quit without saving changes
   s   create a new empty Sun disklabel
   t   change a partition's system id
   u   change display/entry units
   v   verify the partition table
   w   write table to disk and exit
   x   extra functionality (experts only)
```
      b.1) Visualizar particiones. Pulsar la letra p+[ENTER]

```
Command (m for help): p

Disk /dev/sda: 37.6 GB, 37580963840 bytes
255 heads, 63 sectors/track, 4568 cylinders, total 73400320 sectors
Units = sectors of 1 * 512 = 512 bytes
Sector size (logical/physical): 512 bytes / 512 bytes
I/O size (minimum/optimal): 512 bytes / 512 bytes
Disk identifier: 0xae4c7688

   Device Boot      Start         End      Blocks   Id  System
/dev/sda1   *        2048      206847      102400    7  HPFS/NTFS/exFAT
/dev/sda2          206848    73398271    36595712    7  HPFS/NTFS/exFAT
```

 b.2) Salir.
  q
  fdisk -l

c.) Crear una nueva partición (1..4) MBR.
  fdisk /dev/sdd
  Crear un partición extendida (5....), lógicas.
   MBR --> Primaria, extendida.
   EMBR --> lógicas (5...)
    n nueva
     p primaria
     1
     Primer sector [ENTER]
      +5G
   +5120M
  n
   p primaria
   2
   Primer sector [ENTER]
   + 2G

```
Disk /dev/sdd: 26.8 GB, 26843545600 bytes
255 heads, 63 sectors/track, 3263 cylinders, total 52428800 sectors
Units = sectors of 1 * 512 = 512 bytes
Sector size (logical/physical): 512 bytes / 512 bytes
I/O size (minimum/optimal): 512 bytes / 512 bytes
Disk identifier: 0xe4548064

   Device Boot      Start         End      Blocks   Id  System
/dev/sdd1            2048    10487807     5242880   83  Linux
/dev/sdd2        10487808    14682111     2097152   83  Linux
```

d.) Cambiar el tipo de sistema de ficheros.
  t
  Número: 2 partición 2
  l --> Visualizar la tabla de sistemas de ficheros.

e.) Visualizar la tabla de sistema de ficheros.
  82
  Visualizar p

f.) Establecer la partición activa.
  a --> Establecer/borra la partición activa.
   Número partición: 1
    p --> visualizar

Cambia el sistema de ficheros.

```
Disk /dev/sdd: 26.8 GB, 26843545600 bytes
255 heads, 63 sectors/track, 3263 cylinders, total 52428800 sectors
Units = sectors of 1 * 512 = 512 bytes
Sector size (logical/physical): 512 bytes / 512 bytes
I/O size (minimum/optimal): 512 bytes / 512 bytes
Disk identifier: 0xe4548064

   Device Boot      Start         End      Blocks   Id  System
/dev/sdd1   *        2048    10487807     5242880   83  Linux
/dev/sdd2        10487808    14682111     2097152   82  Linux swap / Solaris
```

g.) Grabar tabla y salir de fdisk
  w

h.) Partición extendida.
  fdisk /dev/sdd
  Partición lógica.
  n
   e
    Tamaño

Primer [ENTER]
Último: +15G

i.) Borrar una partición.
   Primaria o cualquier otra.
      d

j.) Verificar la tabla.
   v ---> verificar

```
Command (m for help): v
Remaining 37748734 unallocated 512-byte sectors
```

PASO 6: Entrar en modo experto.
   fdisk /dev/sdd
   x --> Existe un menú
      m --> ayuda

```
Expert command (m for help): m
Command action
   b   move beginning of data in a partition
   c   change number of cylinders
   d   print the raw data in the partition table
   e   list extended partitions
   f   fix partition order
   g   create an IRIX (SGI) partition table
   h   change number of heads
   i   change the disk identifier
   m   print this menu
   p   print the partition table
   q   quit without saving changes
   r   return to main menu
   s   change number of sectors/track
   v   verify the partition table
   w   write table to disk and exit
Expert command (m for help):
```

p --> Visualizar la tabla de particiones.

```
Expert command (m for help): p

Disk /dev/sdd: 255 heads, 63 sectors, 3263 cylinders

Nr AF  Hd Sec  Cyl  Hd Sec  Cyl     Start       Size ID
 1 80  32  33    0 213   9  652      2048   10485760 83
 2 00 213  10  652 234  25  913  10487808    4194304 82
 3 00 234  26  913  11  19  824  14682112   31457280 05
 4 00   0   0    0   0   0    0         0          0 00
 5 00   0   0    0   0   0    0         0          0 00

Expert command (m for help):
```

h --> Cabezas.
   200

```
Expert command (m for help): h
Number of heads (1-256, default 255): 200

Expert command (m for help): p

Disk /dev/sdd: 200 heads, 63 sectors, 3263 cylinders

Nr AF  Hd Sec  Cyl  Hd Sec  Cyl     Start       Size ID
 1 80  32  33    0 213   9  652      2048   10485760 83
 2 00 213  10  652 234  25  913  10487808    4194304 82
 3 00 234  26  913  11  19  824  14682112   31457280 05
 4 00   0   0    0   0   0    0         0          0 00
 5 00   0   0    0   0   0    0         0          0 00
```

PASO 7: Comprobar sistemas de ficheros de un Linux y Windows.

Las ordenes se encuentran en el directorio /sbin, lo primero que hacemos es visualizar las ordenes.
   ls -l fs*
   fsck

Comprobar previamente los sistemas de ficheros que existen por cada disco.
   fdisk -l

a) Ayuda.
   fsck --help
b) Comproba sistemas de ficheros Linux ext.
   fsck -p -f /dev/sda1
c) Comprobar un sistema de ficheros Windows.
   fsck.msdos -a /dev/sdb1
   fsck.ntfs -a /dev/sdb2
   fsck.vfat -a /dev/sdb3

Chequear particiones
```
fsck
fsck.cramfs
fsck.ext2 -> e2fsck
fsck.ext3 -> e2fsck
fsck.ext4 -> e2fsck
fsck.ext4dev -> e2fsck
fsck.fat
fsck.minix
fsck.msdos -> fsck.fat
fsck.nfs
fsck.vfat -> fsck.fat
fsfreeze
fstab-decode
fstrim
fstrim-all
```

PASO 8: Acceder a particiones GPT.

Las órdenes que se utilizan desde la línea de comandos son: gdisk y cgdisk, disponibles para 64 bits, las prácticas están realizadas con slackware que incorpora las dos órdenes.

        gdisk --> básico en manejo, muy amplio.

        cgdisk --> básico en menú

a) Acceder a visualziar las particiones del disco /dev/sdd

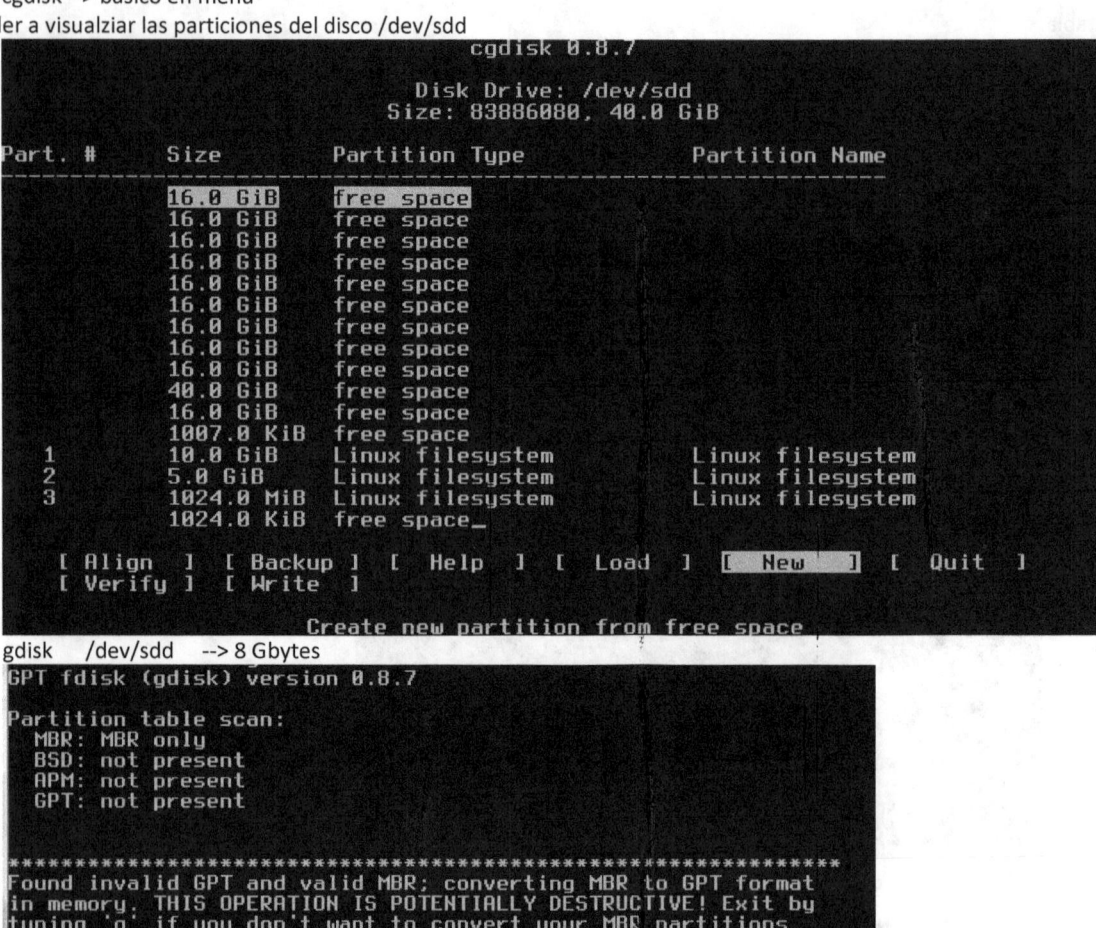

gdisk   /dev/sdd   --> 8 Gbytes

q --> salir

    gdisk /dev/sdd
        ? --> ayuda

b) Visualizar las particiones.

    p

c) Borrar particiones.

Lo normal es borrar las particiones lógicas, cuando se han borrado todas se borran la partición extendida, y luego se borrar las particiones primarias.

        Borrar la extendida --> hay extendida en MBR

        GPT --> No existen particiones extendidas, todas son lógicas.

Hay que borrarlas todas, una por una

PASO 9: Crear particiones GPT.

    c) Mostrar la ayuda
            ?
    d) Crear una nueva partición GPT

    n --> nueva partición
    1..128 --> 1
    TIPO (P/LOGICAS) --> NO EXISTE, SON TODAS POR IGUAL
    [SECTOR DE INICIO]   <enter>
    [Sector Final] +4G

Se muestran todos los nuevos tipos de sistemas de ficheros ya se utilizan 16 bits, 2 bytes. Desde 0000 a FFFF

```
Command (? for help): n
Partition number (1-128, default 1):
First sector (34-83886046, default = 2048) or {+-}size{KMGTP}:
Last sector (2048-83886046, default = 83886046) or {+-}size{KMGTP}:
Hex code or GUID (L to show codes, Enter = 8300): L
0700 Microsoft basic data   0c01 Microsoft reserved    2700 Windows RE
4200 Windows LDM data       4201 Windows LDM metadata  7501 IBM GPFS
7f00 ChromeOS kernel        7f01 ChromeOS root         7f02 ChromeOS reserved
8200 Linux swap             8300 Linux filesystem      8301 Linux reserved
8400 Intel Rapid Start      8e00 Linux LVM             a500 FreeBSD disklabel
a501 FreeBSD boot           a502 FreeBSD swap          a503 FreeBSD UFS
a504 FreeBSD ZFS            a505 FreeBSD Vinum/RAID    a580 Midnight BSD data
a581 Midnight BSD boot      a582 Midnight BSD swap     a583 Midnight BSD UFS
a584 Midnight BSD ZFS       a585 Midnight BSD Vinum    a800 Apple UFS
a901 NetBSD swap            a902 NetBSD FFS            a903 NetBSD LFS
a904 NetBSD concatenated    a905 NetBSD encrypted      a906 NetBSD RAID
ab00 Apple boot             af00 Apple HFS/HFS+        af01 Apple RAID
af02 Apple RAID offline     af03 Apple label           af04 AppleTV recovery
af05 Apple Core Storage     be00 Solaris boot          bf00 Solaris root
bf01 Solaris /usr & Mac Z   bf02 Solaris swap          bf03 Solaris backup
bf04 Solaris /var           bf05 Solaris /home         bf06 Solaris alternate se
bf07 Solaris Reserved 1     bf08 Solaris Reserved 2    bf09 Solaris Reserved 3
bf0a Solaris Reserved 4     bf0b Solaris Reserved 5    c001 HP-UX data
c002 HP-UX service          ea00 Freedesktop $BOOT     eb00 Haiku BFS
ed00 Sony system partitio   ef00 EFI System            ef01 MBR partition scheme
ef02 BIOS boot partition    fb00 VMWare VMFS           fb01 VMWare reserved
fc00 VMWare kcore crash p   fd00 Linux RAID
Hex code or GUID (L to show codes, Enter = 8300):
c002 HP-UX service          ea00 Freedesktop $BOOT     eb00 Haiku BFS
ed00 Sony system partitio   ef00 EFI System            ef01 MBR partition scheme
ef02 BIOS boot partition    fb00 VMWare VMFS           fb01 VMWare reserved
fc00 VMWare kcore crash p   fd00 Linux RAID
Hex code or GUID (L to show codes, Enter = 8300): l
0700 Microsoft basic data   0c01 Microsoft reserved    2700 Windows RE
4200 Windows LDM data       4201 Windows LDM metadata  7501 IBM GPFS
7f00 ChromeOS kernel        7f01 ChromeOS root         7f02 ChromeOS reserved
8200 Linux swap             8300 Linux filesystem      8301 Linux reserved
8400 Intel Rapid Start      8e00 Linux LVM             a500 FreeBSD disklabel
a501 FreeBSD boot           a502 FreeBSD swap          a503 FreeBSD UFS
a504 FreeBSD ZFS            a505 FreeBSD Vinum/RAID    a580 Midnight BSD data
a581 Midnight BSD boot      a582 Midnight BSD swap     a583 Midnight BSD UFS
a584 Midnight BSD ZFS       a585 Midnight BSD Vinum    a800 Apple UFS
a901 NetBSD swap            a902 NetBSD FFS            a903 NetBSD LFS
a904 NetBSD concatenated    a905 NetBSD encrypted      a906 NetBSD RAID
ab00 Apple boot             af00 Apple HFS/HFS+        af01 Apple RAID
af02 Apple RAID offline     af03 Apple label           af04 AppleTV recovery
af05 Apple Core Storage     be00 Solaris boot          bf00 Solaris root
bf01 Solaris /usr & Mac Z   bf02 Solaris swap          bf03 Solaris backup
bf04 Solaris /var           bf05 Solaris /home         bf06 Solaris alternate se
bf07 Solaris Reserved 1     bf08 Solaris Reserved 2    bf09 Solaris Reserved 3
bf0a Solaris Reserved 4     bf0b Solaris Reserved 5    c001 HP-UX data
c002 HP-UX service          ea00 Freedesktop $BOOT     eb00 Haiku BFS
ed00 Sony system partitio   ef00 EFI System            ef01 MBR partition scheme
ef02 BIOS boot partition    fb00 VMWare VMFS           fb01 VMWare reserved
fc00 VMWare kcore crash p   fd00 Linux RAID
Hex code or GUID (L to show codes, Enter = 8300):
```

b) Crear una nueva partición Swap.
    n
    2
    [ENTER]
        +2G
    8200

c) Visualizar las particiones
    p

d) Crear una partición con todo el espacio disponible.
   n
   3
   [enter]
        [enter]
   8300
e) Establecer la partición activa.
   ?
   x --> modo experto
   a -->

```
Expert command (? for help): ?
a       set attributes
c       change partition GUID
d       display the sector alignment value
e       relocate backup data structures to the end of the disk
g       change disk GUID
h       recompute CHS values in protective/hybrid MBR
i       show detailed information on a partition
l       set the sector alignment value
m       return to main menu
n       create a new protective MBR
o       print protective MBR data
p       print the partition table
q       quit without saving changes
r       recovery and transformation options (experts only)
s       resize partition table
t       transpose two partition table entries
u       Replicate partition table on new device
v       verify disk
w       write table to disk and exit
z       zap (destroy) GPT data structures and exit
?       print this menu
```

nota: la SWAP NO PUEDE SER PARTICIÓN ACTIVA.
   a --> asignar atributos.
   3 [ENTER]

```
Expert command (? for help): a
Partition number (1-3): 3
Known attributes are:
0: system partition
1: hide from EFI
2: legacy BIOS bootable
60: read-only
62: hidden
63: do not automount

Attribute value is 0000000000000000. Set fields are:
  No fields set
```

   0 --> PARTICION DE SISTEMA
        [ENTER]
   w --> Guardar.
f) Listar las particiones de una unidad GPT
   gdisk /dev/sdd

```
Disk /dev/sdd: 42.9 GB, 42949672960 bytes
256 heads, 63 sectors/track, 5201 cylinders, total 83886080 sectors
Units = sectors of 1 * 512 = 512 bytes
Sector size (logical/physical): 512 bytes / 512 bytes
I/O size (minimum/optimal): 512 bytes / 512 bytes
Disk identifier: 0x00000000

   Device Boot      Start         End      Blocks   Id  System
/dev/sdd1             1    83886079    41943039+   ee  GPT
```

Ejercicios Unidad de Trabajo 3

1. Buscar los repositorios de servicios de Ubuntu o Debian.
2. Utilizar un pendrive y realizar 10 particiones:
    - 9 Particiones de tamaños diferentes, con sistemas de ficheros diferentes.
    - 1 Swap.
    - Activar y desactivar la SWAP, de una partición, una vez que se haya instalado el sistema operativo UBUNTU 14.04.
3. Usando las particiones, del ejercicio 2, cambiar la partición activa.

ACTIVIDADES DE AMPLIACIÓN

1. Leer una tarjeta SD de Android, para lo que se realizará un lector de tarjetas, realizando un montaje y visualización del sistema de ficheros.
2. Buscar la estructura y dibujo de cómo se encuentra la tabla de un disco con partición GPT, y cuantas particiones se pueden realizar.
3. Buscar órdenes o aplicaciones que permitan modificar MBR.

UNIDAD DE TRABAJO IV: Directorios en Linux

PRÁCTICA 16: Ficheros de claves de usuarios y grupos.

PRÁCTICA 17: Manejar los diferentes Shell.

PRÁCTICA 18: Manejar los directorios en Linux.

PRÁCTICA 19: Manejar los comandos comunes.

Contenidos
- **Ordenes básicas en Linux.**
- **Directorios en Linux.**
- **El Sistema de archivos en Linux.**
- **Ayuda en Linux.**
- **Operaciones sobre directorios y carpetas.**
- **Atributos de los directorios o carpetas.**

Órdenes

/etc/passwd
/etc/group
/etc/shadow
/etc/gshadow
sudo, info, infotext, cat, init, halt, poweroff, reboot, reset, clear, pwd, cd, man, fdisk, echo, tree, mkdir, rm, touch, mv, apt-get, shutdown, chown, chmod, mknod, dpkg-reconfigure, dpkg

PRÁCTICA 16: Ficheros de claves de usuarios y grupos.
DESCRIPCIÓN:
Los ficheros que forman la configuración de usuarios y grupos se encuentran en el directorio /etc, y son:

Archivos de administración y control de usuarios

Archivos de administración y control de usuarios	Funcionalidad
.bash_logout	Se ejecuta cuando el usuario abandona la sesión.
.bash_profile	Se ejecuta cuando el usuario inicia la sesión.
.bashrc	Se ejecuta cuando el usuario inicia la sesión.
/etc/group	Usuarios y sus grupos.
/etc/gshadow	Contraseñas encriptadas de los grupos.
/etc/login.defs	Variables que controlan los aspectos de la creación de usuarios.
/etc/passwd	Usuarios del Sistema.
/etc/shadow	Contraseñas encriptadas y control de fechas de usuarios del sistema.

/etc/passwd

El archivo /etc/passwd contiene la mayoría de la información de las cuentas de usuario. Esta información está disponible para todos los usuarios en la mayoría de los sistemas con tan sólo usar cat /etc/passwd, pero sólo el usuario root puede modificarlo. Este archivo existe en FreeBSD, pero también existe /etc/master.passwd con la misma información.

login ID : x : UID numbre : número de grupo : Comentarios : Directorio de trabajo : Shell de usuario

Campo	Descripción
login ID	ID se trata del nombre con el que se accede a la cuenta.
x	Representa el password encriptado. Anteriormente aparecía de verdad el password encriptado en este apartado, pero por razones de seguridad ahora se encuentra en el archivo /etc/shadow Es posible que algunas versiones de Unix todavía lo incluyan, pero en general es algo que ya no se usa. Hay que recordar que con un simple **cat /etc/passwd** cualquier usuario tiene acceso al código encriptado, y con fuerza bruta puede descifrarlo. En FreeBSD el archivo **/etc/master.passwd** sí contiene los passwords encriptados, pero se necesitan privilegios de root para poder verlo.
UID number	**El número de identificación usuario.** Por comodidad, los usuarios acceden a su cuenta con un nombre elegido por ellos; pero para Unix los usuarios son representados por un número que en la mayoría de los sistemas va de 0 a 65535, con 0 – 99 reservado para archivos del sistema. Este número de identificación se puede duplicar por el administrador, aunque puede haber confusión y no es recomendable. El usuario root tiene reservado el número 0. Como lo que realmente importa para Unix no es el nombre sin o el ID, entonces cualquier usuario con un número 0 tiene privilegios de root.
Número de grupo	**Número de grupo por default.** Representa el grupo al cual es asignado el usuario en un principio. Este número no es único, y muchos usuarios pueden compartirlo sin problemas.
Comentarios	**Los comentarios y datos adicionales de la cuenta.** Incluye información general que se pide al momento de crear al usuario. Este campo puede estar en blanco. Tampoco es conveniente incluir información delicada, porque todos podrán verla. Este campo es conocido como GCOS (de General Electric Comprehensive Operating System).
Directorio de trabajo	**Directorio en el que se inicia la sesión por default.** Generalmente este campo contiene algo como **/home/nombre_de_usuario** indicando que la cuenta de alumno está montada en el directorio home. No es necesario que sea en ese directorio, pero debe evitarse que la cuenta esté en: /temp.
La shell de usuario	**Shell de login del usuario.** Necesita ser una de las contenidas en el archivo /etc/shell. Cada uno de estos campos está separado por ':' (dos puntos) Si alguno de esos campos está vacío, aparecerán (dos puntos dos veces) ::

Ej.: # cat /etc/password
    root:x:0:0:root:/root:/bin/bash
    bin:x:1:1:bin:/bin:/bin/sh
    daemon:x:2:2:daemon:/sbin:/bin/sh

/etc/shadow

usuario : clave : ultimo : puede : debe : aviso : expira : desactiva : reservado

CAMPO	DESCRIPCIÓN
usuario	El nombre del usuario.
clave	La clave cifrada.
ultimo	Días transcurridos del último cambio de clave desde el día 1/1/70.
puede	Días transcurridos antes de que la clave se pueda modificar.
tiene	Días transcurridos antes de que la clave tenga que ser modificada.
aviso	Días de aviso al usuario antes de que expire la clave.
expira	Días que se desactiva la cuenta tras expirar la clave.
desactiva	Días de duración de la cuenta desde el 1/1/70.
reservado	Sin comentarios.

Ej.: # cat /etc/shadow
victoria : gEvm3sslnGRlr : 10639 : 0 : 99999 : 7 : -1 : -1 : 134529868
alumno:6h5osz0oA$BLZlWenCbtcK9tP060Med5XTgSZ53ziCzQvAmTb2DAbRmlrwM4FnQ/NH80jBuZm8jdo.d3tA1L4vaDTSJ6pbf1:16210:0:99999:7:::
admin:6vlsmtqCx$1V9/lDQ7NoF3EBzwJ8aFrJbjeqD.wiEVNl0xrQ/VrPsxvL28SJCHrAv3ipqeGBnnWOP99bQV1Dg3OqeMrphGw1:16237:0:99999:7:::

/etc/group

grupo:password:gid:usuarios

Contiene los nombres de los grupos y una lisa de los usuarios que pertenecen a cada grupo.

CAMPO	DESCRIPCIÓN
grupo	El nombre del grupo (es recomendable que no tenga más de 8 caracteres): samba share
password	La contraseña cifrada o bien una x que indica la existencia de un archivo gshadow: x
gid	El número de GID del grupo (número identificativo de grupo) :124.
usuarios	Lista de los usuarios miembros del grupo, separados por comas (sin espacios): alumno.

Por defecto prevalecerá la pertenecía al grupo que se defina en /etc/passwd en caso de discrepar con este archivo.
Ej.: # cat /etc/group
sambashare:x:124:alumno

/etc/gshadow

Al igual que el fichero /etc/shadow de las contraseñas encriptadas para usuarios, también se puede usar un fichero /etc/gshadow de contraseñas encriptadas para grupos.

nombre:password:uid:gid:descripción opcionalcarpeta:shell

CAMPO	DESCRIPCIÓN
nombre	No se admiten números al comienzo de un nombre de usuario.
password	Una "x" indica que el password está almacenado en /etc/shadow, en el caso de ser una "!" es que el usuario está bloqueado. Si tiene "!!" es que no tiene.
uid	Cada usuario lleva un no identificador (uid) entre 0(root) y 65535. Se reservan algunos para usuario root (el cero siempre), y para usuarios de servicios varios del sistema. Red Hat y derivados entre 1 y 499. Debian y derivados entre 1 y 999.
gid	Grupo id, cada usuario tiene un id de grupo principal, pero puede pertenecer a más grupos.
carpeta	La usará como la carpeta de inicio del usuario, al iniciar sesión con él será la que cargue por defecto.
shell	Los usuarios de servicios y usuarios con permisos limitados no deben tener shell, es decir iniciar sesión en consola, normalmente se les deja con /usr/bin/nologin o /bin/false

Ej.: # cat /etc/gshadow
**lpadmin:!::alumno
scanner:!::saned
alumno:!::
sambashare:!::alumno**

Se suele usar para permitir el acceso al grupo, a un usuario que no es miembro del grupo. Ese usuario tendría entonces los mismos privilegios que los miembros de su nuevo grupo.

/usr/sbin/pwconv   Para convertir al formato shadow.
/usr/sbin/pwunconv   Para convertir de nuevo al formato tradicional.

pwconv y pwunconv

El comportamiento por defecto de todas las distribuciones (distros) modernas de GNU/Linux es activar la protección extendida del archivo /etc/shadow, que (se insiste) oculta efectivamente el 'hash' cifrado de la contraseña de /etc/passwd.

Pero si por alguna bizarra y extraña situación de compatibilidad se requiriera tener las contraseñas cifradas en el mismo archivo de /etc/passwd se usaría el comando pwunconv:

#> more /etc/passwd
**root:x:0:0:root:/root:/bin/bash
sergio:x:1001:1000:Sergio González:/home/sergio:/bin/bash**
...
(La 'x' en el campo 2 indica que se hace uso de /etc/shadow).

#> more /etc/shadow
root:ghy675gjuXCc12r5gt78uuu6R:10568:0:99999:7:7:-1::
sergio:rfgf886DG778sDFFDRRu78asd:10568:0:-1:9:-1:-1::

#> **pwunconv**

```
#> more /etc/passwd
root:ghy675gjuXCc12r5gt78uuu6R:0:0:root:/root:/bin/bash
sergio:rfgf886DG778sDFFDRRu78asd:1001:1000:Sergio González:/home/sergio:/bin/bash
...
#> more /etc/shadow
/etc/shadow: No such file or directory
```

(Al ejecutar pwunconv, el archivo shadow se elimina y las contraseñas cifradas 'pasaron' a passwd). En cualquier momento es posible reactivar la protección de shadow:

```
#> pwconv
#> ls -l /etc/passwd /etc/shadow
-rw-r--r-- 1 root root 1106 2007-07-08 01:07 /etc/passwd
-r-------- 1 root root  699 2009-07-08 01:07 /etc/shadow
```

Se vuelve a crear el archivo shadow, además nótese los permisos tan restrictivos (400) que tiene este archivo, haciendo sumamente difícil (no me gusta usar imposible, ya que en informática parece ser que los imposibles 'casi' no existen) que cualquier usuario que no sea root lo lea.

/etc/login.defs

En el archivo de configuración /etc/login.defs están definidas las variables que controlan los aspectos de la creación de usuarios y de los campos de shadow usados por defecto. Algunos de los aspectos que controlan estas variables son:

- Número máximo de días que una contraseña es válida PASS_MAX_DAYS.
- El número mínimo de caracteres en la contraseña PASS_MIN_LEN.
- Valor mínimo para usuarios normales cuando se usa useradd UID_MIN.
- El valor umask por defecto UMASK.
- Si el comando useradd debe crear el directorio home por defecto CREATE_HOME.

Basta con leer este archivo para conocer el resto de las variables que son autodescriptivas y ajustarlas al gusto. Recuérdese que se usaran principalmente al momento de crear o modificar usuarios con los comandos useradd y usermod que en breve se explicaran.

Contenido de los ficheros ocultos que se encuentran en la parte de usuario HOME.
Ejemplo:

Lista de comandos resumen:

Comando	Descripción
chage	Cambia la información sobre la caducidad de la contraseña.
chfn	Cambia la información del campo "comentario" de un usuario.
chsn	Cambia la información del campo "shell" de un usuario.
groupadd	Añadir grupos al sistema.
groupdel	Borrar un grupo que existe.
groupmod	Modificar los parámetros de un grupo existentes en el sistema.
groups	Dice en qué grupos estamos.
id	Muestra ID y grupos.
login	Permite cambiar de usuario.
newgrp	Permite cambiar a otro grupo (necesitamos saber la contraseña).
sg	Permite ejecutar comandos de otro grupo.
su	Permite cambiar a superusuario (root).
talk	Comunicación bidireccional interactiva con otro usuario que esté conectado al sistema.
useradd	Agregar usuarios al sistema.
userdel	Borrar usuarios.
usermod	Modificar los parámetros de un usuario.
w	Lista los usuarios que hay en el sistema y lo que están haciendo.
wall	Escribir mensaje a todos los usuarios.
who	Lista los usuarios que hay en el sistema.
whoami	Dice qué usuario somos.
write	Escribir un mensaje a otro usuario.
mesg	[y/n] permitir o no que te escriban mensajes.

PRÁCTICA 17: Manejar los diferentes Shell.
DESCRIPCIÓN:

Modos de visualización del shell es el intérprete de ordenes (equivalente al cmd) existen diferentes versiones de shell que pueden dividirse en cuatro categorías: tipo Bourne, tipo consola C, no tradicional e histórica.

Compatibles con Bourne Shell.

- **Bourne shell (sh)**: Escrita por Steve Bourne, cuando estaba en Bell Labs. Se distribuyó por primera vez con la Versión 7 Unix, en 1978, y se mejoró con los años.
- **Almquist shell (ash)**: Se escribió como reemplazo de la shell Bourne con licencia BSD; la sh de FreeBSD, NetBSD (y sus derivados) están basados en ash y se han mejorado conforme a POSIX para la ocasión.
- **Bourne-Again shell (bash)**: Se escribió como parte del proyecto GNU para proveerlo de un superconjunto de funcionalidad con la shell Bourne.
- **Debian Almquist shell (dash)**: Dash es un reemplazo moderno de ash en Debian.
- **Korn shell (ksh)**: Escrita por David Korn, mientras estuvo en Bell Labs.
- **Z shell (zsh)**: Considerada como la más completa: es lo más cercano que existe en abarcar un superconjunto de sh, ash, bash, csh, ksh, y tcsh.

Compatibles con la shell de C.

- **C shell (csh)** escrita por Bill Joy, mientras estuvo en la University of California, Berkeley. Se distribuyó por primera vez con BSD en 1979.
- **TENEX C shell (tcsh)**.

Otros o exóticos.

- **fish:** una shell amigable e interactiva, lanzada por primera vez en 2005.
- **mudsh:** una shell inteligente al estilo de los videojuegos que opera como un MUD.
- **zoidberg**, una shell modular escrita en Perl, configurada y de operación completamente en Perl.
- **rc**: el shell por defecto de Plan 9 from Bell Labs y Versión 10 de Unix escrita por Tom Duff. Se han hecho ports para Inferno y para sistemas operativos basados en Unix.
- **es shell (es)**: una shell compatible con RC escrita a mediados de los 90.
- **scsh**: (Scheme Shell)

Existen dos tipos de consolas o dos modos de visualización, a nivel de la tarjeta gráfica: el modo de texto (tty) y el modo gráfico (GUI).

Acceso a las consolas.

- CTRL+ALT+F1...F6 -> Se pueden tener abiertas simultáneamente 6 consolas, de texto.
- CTRL+ALT+F7-> Retorno al entorno gráfico.

Por defecto entramos en una consola a nivel de usuario, eso se ve reflejado en el prompt, por su terminación en $.

    $ sudo passwd   root
    Password usuario actual: Practica2015*
    Nombre de usuario: root
    Password (CLAVE): Practica2015*

builtin

PASO 1: Acceso usuario.

    Login: smr
    Password: Practkca2012*
    .....$ r

Tipo de usuario con el que se accede nos lo muestra la línea de órdenes:

    $ --> usuario.
    >   --> usuario.
    #   --> superusuario.

Ejecutar órdenes en modo superusuario.

    sudo orden

> Todas las órdenes en Linux/Unix se escriben en minúsculas.
> Las mayúsculas están reservadas para las variables de ambiente.

PASO 2: Sintaxis de LINUX.

    orden   parámetros   argumentos
    parámetro == Opciones o modificadores de la orden (equivalente a las opciones de Windows en CMD).
    -letra
    --palabra   --literal   Un literal es una cadena de 2 ó más caracteres, normalmente son palabras
    argumento (linux) == parámetro (Windows)
    /ruta/ficheros == (unidad:\ruta\ficheros)

PASO 3: Ayudas de las órdenes.

a)   Ayuda en línea

    orden --help
    Retroceder en la consola MAY + [TECLADO DE EDICIÓN (RePag)]

b)   Diferentes formas de obtener las ayudas.

b.1)   Ayuda utilizando la orden man.

> **Sintaxis y ejemplos.**
> Para salir de las ordenes de ayuda q=quit Indica salir de una aplicación de ayuda.

man orden
　　　　Ej.:　man ls
b.2) Ayuda utilizando la orden info.
　　　　info orden
　　　　ej.: info ls
b.3) Ayuda utilizando la orden infotext
　　　　infotext orden
　　　　ej,;infotext ls
b.4) Ayuda utilizando la orden textinfo
　　　　textinfo orden
　　　　ej.: textinfo ls
b.5) Lista de órdenes básicas en órden alfabético con una breve descripción.
　　　　help

PASO 4: Diferentes SHELL.

El sistema Operativo tiene un núcleo o kernel (ARRANCA EL SISTEMA) y un caparazón o interprete de comandos: sh, bash, csh, tcsh, zcsh, zsh,...

El intérprete permite crear ficheros ("por lotes batch") Shell o guion:
- Son muy potentes.
- Permiten programación:
  - Programación Shell. Ej: sh, bash.
      Usuarios se identifican en la línea de comandos: $
      El root se identifica : #
  - Programación lenguaje C: csh, tcs, zcsh
      Usuarios se identifican en la línea de comandos: >
      El root se identifica: #
- El Shell que maneja un usuario, se define cuando se crea el usuario.
      Se define en entorno de texto: **useradd, adduser, usermod.**

¿Dónde está la definición?

La definición se encuentra en /etc/passwd
cat /etc/passwd
clear

PASO 5: Sistema de ficheros.

Para Linux todo se trata como un fichero.
Con punto de montaje / (Directorio raíz ...), se monta la partición de arranque.
　　　El resto de las particiones ¿Dónde se monta?
　　　Se monta a partir /, por norma general se monta /mnt
　　　/mnt/floppy
　　　/mnt/cdrom
　　　/mnt/dvd
　　　/mnt/Windows
　　　/mnt/pen
　　　mount: montar un sistema de ficheros.
　　　umount: desmontar un sistema de ficheros.
Fichero de montaje de unidades　　**/ect/fstab**
　　　cat　/ect/fstab
Unidad de intercambio, una partición, cuyo tipo es /swap
Por cada partición, correspondiente a una unidad de almacenamiento, aparece una clave identificativa UUID: identificador único universal de unidades.
Un montaje de ficheros necesita un dispositivo de manejo.
　　　/dev

> UUID - Universally Unique Identifier.
> Permite la existencia de dispositivos probables diferentes.
> Un **UUID** es un número de 16-byte (128-bit).
> El número teórico de posibles UUID es entonces de 3×10^{38}
> En su forma canónica, un UUID consiste de 32 dígitos hexadecimales, mostrados en cinco grupos separados por guiones, de la forma 8-4-4-4-12 para un total de 36 caracteres (32 dígitos y 4 guiones).

> CONCLUSIÓN: hay que montar y desmontar las unidades en un punto de montaje, predefinido o crear el directorio, antes de realizar el montaje.

PASO 6: Tratamiento de dispositivos a nivel.

- Carácter.
- Bloque.

Ej.: Hay veces que el script **MAKEDEV** no tiene información de un dispositivos, entonces hay que Crear un dispositivo de carácter ttyS0, dispositivo de caracteres con número mayor 4 y número menor 64. El fichero device.txt es la fuente canónica de los dispositivos
　　　# mknod /dev/ttyS0 c 4 64

```
# chown root.dialout /dev/ttyS0
# chmod 0644 /dev/ttyS0
# ls -l /dev/ttyS0
```

PASO 7: Parada del sistema operativo.

Se puede parar cerrando la máquina virtual, o bien desde la línea de comandos utilizando cualquiera de estas órdenes.

Orden	Descripción
init 0	Es el primer proceso en ejecución tras la carga del kernel y el que a su vez genera todos los demás procesos. Runlevel 0 indica que se detenga y pare el sistema operativo.
halt	Se utiliza para apagar el ordenador.
shutdown	Apagar o reiniciar el sistema.
power	Apagar el sistema.
poweroff	Apagar el sistema.
reboot	Reiniciar el sistema.
reset	Resetear el sistema Linux.

Fichero	Descripción
/var/run/utmp	Archivo en el que el nivel de ejecución actual se leerá desde; este archivo también se actualizará con el registro del nivel de ejecución siendo sustituida por un registro de tiempo de apagado.
/var/log/wtmp	Un nuevo récord para el nivel de ejecución el tiempo de apagado se anexará a este archivo.

PASO 8: Ejemplo de parada y reinicio del sistema.

1. Para detener el sistema:
   halt   Este comando es similar al poweroff, que apaga el sistema.
2. Para apagar el sistema:
   poweroff   El comando poweroff se utiliza para apagar el sistema.
3. Para reiniciar el sistema:
   reboot   El comando reboot se utiliza para reiniciar el sistema.
4. Reiniciar el sistema operativo:
   reset
5. Otra forma de reiniciar:
   init 6
6. Podemos pedirle que apague el sistema ahora mismo:
   sudo shutdown -h now
   o bien
   sudo shutdown -h +0
7. Solicitar que apague el sistema en un tiempo determinado:
   sudo shutdown -h +m
8. Donde m es el número de minutos que deben transcurrir para que el sistema se apague; por ejemplo, si queremos que se apague en 10 minutos, sería:
   sudo shutdown -h +10
9. En Ubuntu es posible omitir el argumento -h dejando únicamente:
   sudo shutdown +10
10. También podemos decirle que se apague a una hora específica. (Utiliza el sistema de 24 horas, es decir, de 00 a 23). Por ejemplo a las 17:30:
    sudo shutdown -h 17:30
11. Además se le puede agregar una leyenda a la orden de apagado:
    sudo shutdown -h 18:45 "El equipo se apagará por mantenimiento"
12. Para reiniciar el sistema:
    sudo reboot
    o bien:
    sudo shutdown -r now
    sudo shutdown -r +0
13. Para reiniciar el sistema en un tiempo determinado:
    sudo shutdown -r +5
14. Para reiniciar el sistema a una hora específica:
    sudo shutdown -r 23:30

halt
Sintaxis: halt [-d | -f | -h | -n | -i | -p | -w]

Opción	DESCRIPCIÓN
-d	No escribir registro wtmp (en el archivo /var/log/wtmp) El flag -n implica -d
-h	Poner todos los discos duros del sistema en modo de espera antes de que el sistema se detenga o apague.
-n	No sincronizar antes de reiniciar o detener.
-i	Apagar todas las interfaces de red.
-p	Cuando detenga el sistema, lo apaga también. Esto es por defecto cuando el halt se llama como poweroff.
-w	No reiniciar o detener, sólo escribir el registro wtmp (en el archivo /var/log/wtmp).

sudo
Sintaxis: sudo [opciones] [USUARIO]

Opción	DESCRIPCIÓN
-b	Como --backup pero no acepta ningún argumento.
-f	No pregunta nunca antes de sobrescribir.
-i	Pide confirmación antes de sobrescribir.
-S	Reemplaza el sufijo de respaldo habitual.
-T	Trata DESTINO como fichero normal.
-u	Mueve solamente cuando el fichero ORIGEN es más moderno que el fichero de destino.

PRÁCTICA 18: Manejar los directorios en Linux.

DESCRIPCIÓN:
Para Linux todos son ficheros, no existen directorios ni unidades, ni dispositivos, todo se trata como un sistema de ficheros. No obstante debemos tener clara los diferentes conceptos:

- **Directorio:** es la estructura organizativa actual.
- **Directorio Actual:** es donde estoy (pwd)   ".".
- **Directorio Raíz:** punto de montaje del sistema /, solo existe uno por sistema.
- **Directorio Padre:** es el directorio anterior al actual, se identifica su existencia o su referencia por medio de ".. con directorio Actual".

Directorios de linux

DIRECTORIO	DESCRIPCIÓN
/bin/	Comandos/programas binarios esenciales (cp, mv, ls, rm, etc.),
/boot/	Ficheros utilizados durante el arranque del sistema (núcleo y discos RAM) /dev/ Dispositivos esenciales, discos duros, terminales, sonido, video, lectores dvd/cd, etc.
/etc/	Ficheros de configuración utilizados en todo el sistema y que son específicos del ordenador.
/etc/opt/	Ficheros de configuración utilizados por programas alojados dentro de /opt/ /etc/X11/ Ficheros de configuración para el sistema X Window (Opcional).
/etc/sgml/	Ficheros de configuración para SGML (Opcional) .
/etc/xml/	Ficheros de configuración para XML (Opcional).
/home/	Directorios de inicios de los usuarios (Opcional).
/lib/	Bibliotecas compartidas esenciales para los binarios de **/bin/, /sbin/** y el núcleo del sistema.
/mnt/	Sistemas de ficheros montados temporalmente.
/media/	Puntos de montaje para dispositivos de medios como unidades lectoras de discos compactos.
/opt/	Paquetes de aplicaciones estáticas.
/proc/	Sistema de ficheros virtual que documenta sucesos y estados del núcleo. Contiene principalmente ficheros de texto.
/root/	Directorio de inicio del usuario root (super-usuario) (Opcional).
/sbin/	Comandos/programas binarios de administración de sistema.
/tmp/	Ficheros temporales.
/srv/	Datos específicos de sitio servidos por el sistema.
/usr/	Jerarquía secundaria para datos compartidos de solo lectura (Unix system resources). Este directorio puede ser compartido por múltiples ordenadores y no debe contener datos específicos del ordenador que los comparte.
/usr/bin/	Comandos/programas binarios.
/usr/include/	Ficheros de inclusión estándar (cabeceras de cabecera utilizados para desarrollo).
/usr/lib/	Bibliotecas compartidas.
/usr/share/	Datos compartidos independientes de la arquitectura del sistema. Imágenes, ficheros de texto, etc.
/usr/src/	Códigos fuente (Opcional).
/usr/X11R6/	Sistema X Window, versión 11, lanzamiento 6 (Opcional).
/usr/local/	Jerarquía terciaria para datos compartidos de solo lectura específicos del ordenador que los com parte.
/var/	Ficheros variables, como son logs, bases de datos, directorio raíz de servidores HTTP y FTP, colas de correo, ficheros temporales, etc.
/var/cache/	Cache da datos de aplicaciones.
/var/crash/	Depósito de información referente a caidas del sistema (Opcional).
/var/games/	Datos variables de aplicaciones para juegos (Opcional).
/var/lib	Información de estado variable. Algunos servidores como MySQL y PostgreSQL almacenan sus bases de datos en directorios subordinados de éste.
/var/lock/	Ficheros de bloqueo.
/var/log/	Ficheros y directorios de registro del sistema (logs).
/var/mail/	Buzones de correo de usuarios (Opcional).
/var/opt/	Datos variables de /opt/. Aplicaciones.
/var/spool/	Colas de datos de aplicaciones.
/var/tmp/	Ficheros temporales preservados entre reinicios.

PASO 1: Visualizar el directorio actual.
    pwd
a)   Ayuda.
    pwd --help

b) Valor por defecto.
    pwd

PASO 2: Acceder a un directorio.
    cd
a) Ayuda.
a.1) Ayuda en línea de comandos.
    cd --help
a.2) Ayuda con aplicaciones.
    man cd
    info cd
b) Acceder a un directorio, como entrada.
    cd   directorio
    cd   ruta de directorios
  ej.: cd /etc/network
c) Salir de un directorio.
  c.1) Acceso al directorio anterior.
    cd ..
  c.2) Acceso al directorio raíz.
    cd /
  c.3) Acceso al directorio HOME, es el directorio de trabajo (casa), la variable de entorno contiene esa ruta, $HOME, es el directorio del usuario. Las siguientes tres líneas acceden al directorio home del usuario activo.
    cd
    cd ~
    cd $HOME
  Acceder al directorio /boot y listar su contenido.
    cd boot
    ls -l

PASO 3: Visualizar las particiones y los sistemas de ficheros y discos.
    fdisk   Particionar y visualizar.
    df   Visualizar información de puntos de montaje.
    mount   Sistemas de ficheros montados.
     /dev/sda1   /
     /dev/sda2   /swap
     /dev/sda3   /mnt/local
a) Visualizar ayuda fdisk.
    fdisk --help
    man fdisk
    info fdisk
b) Visualizar ayuda df.
    df --help
    man df
    info df
c) Visualizar ayuda mount.
    mount --help
    man mount
    info mount
    infotext   info
    textinfo
  Ejemplo:
    fdisk –l
    df
    mount

> **DEMONIOS, daemon** (procesos o tareas residentes en memoria, en segundo plano).
> La palabra demonio viene de las siglas en ingles D.A.E.M.O.N (Disk And Execution Monitor) que es un tipo especial de proceso informático que se ejecuta en segundo plano en lugar de ser controlado directamente por el usuario(es un proceso no interactivo).
> **Características:**
> – No disponen de una interfaz directa con el usuario, ya sea gráfica o textual…
> – No hacen uso de la entradas y salidas estándar para comunicar errores o registrar su funcionamiento, sino que usan archivos del sistema en zonas especiales (**/var/log/**) o utilizan otros demonios especializados en dicho registro como el **syslogd**.

PASO 4: Visualizar la estructura de árbol.
    tree
a) Ayuda.
    tree –help
b) Por defecto.
    tree

> **dir:** es un comando CMD|COMMAND y funciona en Linux, si ya que se encuentra definido por medio de un alias.
> **alias:** abreviaturas, redefiniciones de órdenes para agilizar el trabajo, por otras conocidas en otros sistemas.
> Definir: # alias dir='ls -l'
> Visualizar alias;   # alias

c) Listar los directorios solo.
   tree –d
   dir
   ls -l
   alias

PASO 5: Borrar la pantalla.
   clear
a) Ayuda.
   man clear
   clear --help
b) Por defecto.
   clear

PASO 6: Crear directorios.
   mkdir
a) Ayuda.
   mkdir –help
   man mkdir
   info mkdir
b) Crear directorios.
   cd   /mnt/local
   ls -l
   b.1) Existe algo si lost+found (se crea por cada sistema de ficheros y punto de montaje nuevo).
   cd lost+found
   ls -l   No tiene información visible, inicialmente.
   ls -la   Visualizar información oculta.
   ./   Directorio Actual.
   ../   Referencia al directorio anterior (padre).
   cd ..   Salir al directorio anterior.
   ls -l   Visualizar el contenido del directorio actual.
c) Crear directorio y visualizar la estructura de árbol.
   mkdir   fray
   mkdir   diego
   mkdir   estudiar
   mkdir   otros
   tree

> Si tree no funciona es que no se encuentra instalado hay que cargar el paquete (Debian,...)
> **apt-get   install   tree**

   c.1) Visualizar estructura de árbol en formato gráfico.
   tree -A
d) Crear más de un directorio simultáneamente.
   mkdir toros futbol deportes
e) Crear una estructura compleja de directorios. La opción [-p] Se utiliza para crear todas las estructuras padre del directorio final, se crean en la misma línea de ejecución.
   mkdir -p hacienda/declara/pillan
   mkdir -p hacienda/fraude/trincan hacienda/recaudación

PASO 7: Borrar directorios.
   Permite borrar ficheros y directorios de forma directa o recursiva.
   rm
a) Ayuda.
   rm --help
   man rm
   info rm
b) Borrar por defecto (ficheros).
   rm futbol
c) Borra el directorio siempre que no tenga ficheros u otros directorios.
   Por defecto Borra ficheros.
d) Borrar directorios por defecto.
   rm -r futbol
   -r borrar de forma recursiva.

rm	
Sintaxis:	**rm [opción] fichero**
OPCIÓN	DESCRIPCIÓN
-f	Ignorar archivos brillaba por su ausencia, y nunca pedirá antes de retirar.
-i	Preguntar antes de cada extracción.
-I	Preguntar una vez antes de retirar más de tres archivos, o al retirar de forma recursiva. Menos intrusivo que -i, sin dejar de dar protección contra la mayoría de los errores.
-r, -R	Eliminar directorios y sus contenidos de forma recursiva.

e) Borrar estructura de directorio con ficheros.
      rm -r hacienda
f) Borrar a la fuerza (fuerza bruta).
      rm -rf hacienda

PASO 8: Crear un fichero vacío.

La orden touch permite crear las entradas en la tabla de inodos, pero el fichero no contiene información, no ocupa ninguna de las entradas de direccionamiento directo e indirecto.
      touch

a) Ayuda.
      touch --help
b) Defecto. Creamos un fichero cuyo tamaño es vacío.
      touch negro
      ls -l
      cd ..
      ping 192.168.0.100

Probamos si funciona la IP y la puerta de enlace, para ello accedemos con un navegador de texto a internet.
      lynx http://www.google.es

c) Actualizar la fecha y hora de un fichero que ya existe.
      ls -l /etc > pruebas000
      ls -l
      touch pruebas000
      ls -l

PASO 9: Mover un directorio.

El comando mv es la abreviatura de mover. Se usa para mover/renombrar un archivo de un directorio a otro. El comando mv elimina completamente el archivo del origen y lo mueve a la carpeta especificada.
      mv

a) Ayuda.
      mv --help
      man mv
      info mv
      mount
      df
      cd /mnt/local
b) Ver la versión de la orden.
      mv -v
      mv --verbose
      mount -v
      df -v
c) Mover por defecto.
      mv otros toros
      tree
d) Cambiar de nombre.
      mv toros vacas
e) Cambiar el nombre forzando.
      mv -f toros vacas
f) Interactuar durante el cambio.
      mv -i toros vacas

mv
Sintaxis: mv [opción]... origen... directorio

OPCIÓN	DESCRIPCIÓN
-b	Como --backup pero no acepta ningún argumento.
-f	No pregunta nunca antes de sobrescribir.
-i	Pide confirmación antes de sobrescribir.
-S	Reemplaza el sufijo de respaldo habitual.
-T	Trata DESTINO como fichero normal.
-u	Mueves solamente cuando el fichero ORIGEN es más moderno que el fichero de destino.

PRÁCTICA 19: Manejar las opciones más comunes de apt-get

DESCRIPCIÓN:

El apt es una herramienta muy potente y fácil de usar, nos podremos olvidar de tener que utilizar fuentes, compilar, que si librerías, que si tengo que si tengo que instalar tal rpm, que si necesito uno más nuevo que el que viene en el CD de la distribución, ahora nada, siempre apt, por suerte, el 99.44 % del software para Linux está "debianizado", es decir, está precompilado y listo para instalarlo en tu **Debian**. Por eso, **DEBIAN ES LA MEJOR,** y la más fácil de usar.

Instalación de paquetes.
> **apt-get install nombre_paquete1 pakete2 paquete3**

Búsqueda de paquetes.
> **apt-cache search texto_a_buscar**

Actualizar Sistema.
> **apt-get update**
> **apt-get upgrade**

> ¡OJO! Antes de nada hay que tener el fichero */etc/apt/sources.list* debidamente configurado.

REQUISITOS:

Instalación de paquetes distintos a los solicitados por defecto.
> **apt-get install paquete/unstable**
> **apt-get install paquete/testing**

Por lo general, suelen obtenerse por defecto los paquetes del tipo stable, pero estos suelen tener versiones de programas algo antiguas por lo que puede que nos interese tener paquetes más recientes, como son los tipos testing. Para más información mire en la sección Archivos de configuración.

a) Reconfigurar un paquete.
> **dpkg-reconfigure nombrepkt**

Esto puede ser útil por ejemplo para reconfigurar las X o los locales, también lo he usado alguna vez con el etherconf o con iptables para indicarle que las cargue al arrancar el ordenador. Ejemplos:
> **dpkg-reconfigure iptables**
> **dpkg-reconfigure locales**
> **dpkg-reconfigure etherconf**

Borrando paquetes instalados.
> **apt-get remove nombre_pkt**

b) Archivos de Configuración /apt-get

Ejemplo de un fichero de fuentes: **sources.list**

#las líneas que comienzan por # son comentarios.

#Actualizaciones de seguridad! Básicas y necesarias!
deb http://security.debian.org/ stable/updates main

deb ftp://ftp.es.debian.org/debian stable main contrib non-free
deb ftp://http.us.debian.org/debian stable main contrib non-free

#Paquetes testing
deb http://ftp.rediris.es/debian/ testing main contrib non-free
deb http://ftp.rediris.es/debian-non-US/ testing/non-US main contrib non-free

 # Paquetes Inestables
deb http://ftp.es.debian.org/debian/ unstable main contrib non-free
deb http://ftp.es.debian.org/debian-non-US/ unstable/non-US main contrib non-free
deb http://ftp.rediris.es/debian/ unstable main contrib non-free
deb http://ftp.rediris.es/debian-non-US/ unstable/non-US main contrib non-free

Un programa interesante es el **netselect** que sirve para buscar la lista de fuentes más cercanas y que mejor funcionan.
> **netselect-apt tipo_paquete**

Donde tipo de paquete es: **stable, unstable o testing.**
> **/etc/apt/apt.conf.d/70debconf**

Por defecto se instalan los paquetes **stable**, que están harto probados y que en principio no tienen ningún tipo de conflictos de dependencias, sin embargo también es cierto que suelen ser versiones viejas de software, y puesto que muchos programas están en continuo desarrollo tal vez nos interese tener versiones más recientes con mejores características, e incluso paradójicamente más estables al ser versiones con menos errores. Para ello sólo tenemos que añadir **APT::Default-release "tipo_paquete"** dónde tipo de paquete sea **stable, testing o unstable.** Las versiones testing en mi opinión son las más cómodas para los usuarios "normales" ya que ofrecen suficiente estabilidad y es un software actualizado.

    cat /etc/apt/apt.conf.d/70debconf
    // Pre-configure all packages with debconf before they are installed.
    // If you don't like it, comment it out.
    DPkg::Pre-Install-Pkgs {"/usr/sbin/dpkg-preconfigure --apt || true";};
    APT::Default-Release "stable";

c)   Manejar apt-get y dpkg.

Algunas posibilidades de las herramientas:
    apt-get y dpkg de Debian GNU/Linux

Listar todos los ficheros de un paquete:
    $dpkg -L nombre_paquete

Instalar un paquete de una release concreta:
    # apt-get install -t unstable nombre_paquete

Bloquear (hold) un paquete para que no se actualice en los upgrades:
    # echo nombre_paquete hold | dpkg --set-selections

Quitar el bloqueo a un paquete:
    # echo nombre_paquete install | dpkg --set-selections

Ver la versión de un paquete instalado:
    $ apt-cache policy nombre_paquete | grep Installed

Listar los paquetes que contienen cierta cadena en su nombre:
    $ COLUMNS=120 dpkg -l | grep string

Obtener el estadoB(hold , purge) de un paquete:
    $ dpkg --get-selections nombre_paquete

Eliminar un paquete y sus ficheros de configuración:
    # dpkg --purge nombre_paquete

Ver las dependencias de un paquete y su descripción:
    $ apt-cache showpkg nombre_paquete

Buscar paquetes relacionados con un término:
    $ apt-cache search string

d)   Posibles problemas.

Al instalar un paquete, puede ocurrir que su script de post-instalación falle por alguna razón, lo cual impide que el paquete se instale correctamente. Si eso ocurre puedes editar su script correspondiente en:
    /var/lib/dpkg/info/ nombre_paquete .postinst

e intentar arreglarlo. Después simplemente ejecuta:
    # dpkg --configure -a

Reinstalar todos los paquetes instalados.

Útil para limpiar los binarios si el sistema ha sido infectado con un virus o un rootkit.

USAR CON PRECAUCIÓN.
    # for i in $(dpkg --get-selections | grep -v deinstall | awk '{print $1}'); do apt-get install -y --reinstall$i; done

Ejercicios Unidad de Trabajo 4

1. Buscar el fichero que contiene el runlevel de arranque de Ubuntu, Fedora, Slackware.
2. Apagar el ordenador con halt y con shutdown.
3. Reiniciar el ordenador con halt y con shutdown.
4. Reiniciar el sistema con reset y en modo init.
5. Explicar el contenido del fichero /etc/fstab.
6. Instalar la aplicación para visualizar la estructura de directorios (paquetes).
7. Visualizar la estructura de árbol con sus diferentes opciones.
8. Crear el directorio, /practicas, y a su vez crear los directorios:
    a. /practicas/uno/ingles
    b. /practicas/dos/francés
    c. /practicas/lunes /practicas/martes
9. Crear múltiples directorios simultáneamente: mates, lengua, física, química.
10. Borrar el directorio: lunes.
11. Mover directorio quimica dentro de fisica.
12. Borrar el directorio: mates.
13. Borrar el directorio fisica.
14. Explicar que es lo que permite hacer la siguiente orden.

    # cat > salida100.txt
    ^+D
    # ls -l

Actividades de Ampliación.

1. Crear una estructura de directorios de cinco niveles y de 3 subdirectorios cada uno.
2. Crear la siguientes estructura de árbol a partir /home/usuario/ampliación, utilizando el mínimo número de ordenes.

Autoplay
    EulaData
    LangData
        English
            ResData
        Spanish
            ResData
    ResData
Educacion
    ESO
        Primero
        Segundo
        Tercero
        Cuarto
    Bachillerato
        Primero
        Segundo
    Materias
        Matemáticas
            ESO
                Primero
                Segundo
                Tercero
                Cuarto
            Bachillerato
                Primero
                Segundo
        Lenguaje
            ESO
                Primero
                Segundo
                Tercero
                Cuarto
            Bachillerato
                Primero
                Segundo

UNIDAD DE TRABAJO V: Archivos en Linux

PRÁCTICA 20: Manejar los Editores de texto.

PRÁCTICA 21: Tipos de ficheros.

PRÁCTICA 22: Cambiar o establecer permisos y propiedades.

PRÁCTICA 23: Manejar ficheros de texto en Linux.

PRÁCTICA 24: Búsqueda de ficheros.

PRÁCTICA 25: Crear y manejar dispositivos.

PRÁCTICA 26: Mostrar ficheros que existen en una estructura de Linux.

PRÁCTICA 27: Tratamiento de ficheros en Linux.

PRÁCTICA 28: Crear accesos o enlaces blandos y duros en Linux.

PRÁCTICA 29: Acceder a la definición de Entorno en Linux.

Contenidos
- **Introducción a los archivos.**
- **Tipos de archivos en Linux.**
- **Metacaracteres.**
- **Operaciones con archivos.**
- **Permisos para archivos.**
- **Atributos de los archivos.**
- **Compresión de los archivos.**
- **Edición de textos en Linux.**

Órdenes

vi, touch, nano, pico, echo, umask, cat, less, more, rm, mv, chmod, chown, less, pg, wc, head, tail, cut, locate, ls, slocate, whereis, whatis, find, grep, ln, egrep, mount, umount, lsusb, eject, fuser, sort, comm, diff, gzip, gunzip, zcat, zmore, zcmp, zdiff, symlink, cal, ncal, tar, calendar, date, uptime,␣lwclock, watch, set, env, alias, unalias, uniq, sum, lsof, paste, lshal, biosdecode, lsattr, chattr, dmidecode.

PRÁCTICA 20: Manejar los Editores de texto.
DESCRIPCIÓN:
En Linux existen editores de textos, para entornos gráficos, gedit,... o editores para entorno texto, en la línea de comandos y dentro de estos podemos establecer las siguientes diferencias.

Existen diferentes tipos:
- Editor de línea de comando (vi, vim,...).
- Editores de texto. (nano, pico, ee --> workstart).
- Procesadores de texto (aplicación --> en entorno gráfico).

PASO 1: Prácticas con el vi.

Existen tres modos o estados en vi:

Modo comando: las teclas ejecutan acciones que permiten desplazar el cursor, recorrer el archivo, ejecutar comandos de manejo del texto y salir del editor. Es el modo inicial de vi.
- Modo texto o modo inserción: las teclas ingresan caracteres en el texto.
- Modo última línea o ex: las teclas se usan para escribir comandos en la última línea al final de la pantalla.

Guía de supervivencia.
Con unos pocos comandos básicos se puede ya trabajar en vi editando y salvando un texto:

vi arch1	Arranca en modo comando editando el archivo arch1
i	Inserta texto a la izquierda del cursor.
a	Agrega texto a la derecha del cursor.
ESC	Vuelve a modo comando.
x	Borra el carácter bajo el cursor.
dd	Borra una línea.
h o flecha izquierda	Mueve el cursor un carácter a la izquierda.
j o flecha abajo	Mueve el cursor una línea hacia abajo.
k o flecha arriba	Mueve el cursor una línea hacia arriba.
l o flecha derecha	Mueve el cursor un carácter a la derecha.
:w	Salva el archivo (graba en disco).
:q	Sale del editor (debe salvarse primero).

Uso avanzado de vi.
Invocación de vi.
  vi
Abre la ventana de edición sin abrir ningún archivo.
  vi arch1
Edita el archivo arch1 si existe; si no, lo crea.
  vi arch1 arch2
Edita sucesivamente los archivos arch1 y luego arch2.
  vi +45 arch1
Edita el archivo arch1 posicionando el cursor en la línea 45.
  vi +$ arch1
Edita el archivo arch1 posicionando el cursor al final del archivo.
  vi +/Habia arch1
Edita el archivo arch1 en la primera ocurrencia de la palabra "Habia".

Cambio de modo.
Comando a texto:
  teclas de inserción i I a A o O, o tecla de sobre escritura R.
Texto a comando:
  tecla ESC.
Comando a última línea:
  teclas : / ?
Última línea a comando:
  tecla ENTER (al finalizar el comando), o
  tecla ESC (interrumpe el comando).

Confundir un modo con otro la de mayor dificultades para el manejo de vi. Puede activarse un indicador de modo escribiendo:
  :set showmode
Esto hace aparecer una leyenda que indica si se está en modo comando o inserción.

Modo Comando.

El editor vi, al igual que todo UNIX, diferencia entre mayúsculas y minúsculas. Confundir un comando en minúscula digitando uno en mayúscula suele tener consecuencias catastróficas. Se aconseja evitar sistemáticamente el uso de la traba de mayúsculas; mantener el teclado en minúsculas.

Números multiplicadores.

Muchos comandos aceptan un número multiplicador antes del comando. La acción es idéntica a invocar el comando tantas veces como indica el multiplicador. Ejemplos:

10j

En modo comando avanza 10 líneas.

5Y

Copia 5 líneas y las retiene para luego pegar.

Ejemplos de manejo.

Los siguientes ejemplos de manejo asumen que el editor se encuentra en modo comando.

Secuencia del ejemplo	Descripción
flechas	Mueven el cursor (si el terminal lo permite).
h j k l	Mueven el cursor (igual que las flechas).
i*texto*ESC	Inserta la palabra "texto" y vuelve a comando.
x	Borra el carácter sobre el cursor.
dw	0rra una palabra.
dd	Borra una línea.
3dd	Borra las 3 líneas siguientes.
u	Deshace último cambio.
ZZ	Graba cambios y sale de vi.
:q!ENTER	Sale de vi sin grabar cambios.
/*expresión*ENTER	Busca la expresión indicada.
3Y	Copia 3 líneas para luego pegar.
:6r arch3	Inserta debajo de la línea 6 el archivo arch3.

Movimiento del cursor	
flechas	Mover en distintas direcciones.
h o BS	Una posición hacia la izquierda.
l o SP	Una posición hacia la derecha.
k o -	Una línea hacia arriba.
j o +	Una línea hacia abajo.
$	Fin de línea.
0	Principio de línea.
1G	Comienzo del archivo.
G	Fin del archivo.
18G	Línea número 18.
Ctrl-G	Mostrar número de línea actual.
w	Comienzo de la palabra siguiente.
e	Fin de la palabra siguiente.
E	Fin de la palabra siguiente antes de espacio.
b	Principio de la palabra anterior.
^	Primera palabra de la línea.
%	Hasta el paréntesis que aparea.
H	Parte superior de la pantalla.
L	Parte inferior de la pantalla.
M	Al medio de la pantalla.
23|	Cursor a la columna 23.

Control de pantalla	
Ctrl-f	Una pantalla adelante.
Ctrl-b	Una pantalla atrás.
Ctrl-l	Redibujar la pantalla.
Ctrl-d	Media pantalla adelante.
Ctrl-u	Media pantalla atrás.

Ingreso en modo texto	
i	Insertar antes del cursor.
I	Insertar al principio de la línea.
a	Insertar después del cursor.
A	Insertar al final de la línea.
o	Abrir línea debajo de la actual.
O	Abrir línea encima de la actual.
R	Sobrescribir (cambiar) texto.

Borrar	
x	Borrar carácter bajo el cursor.
dd	Borrar línea, queda guardada.
D	Borrar desde cursor a fin de línea.
dw	Borrar desde cursor a fin de palabra.
d$	Borrar desde cursor a fin de línea.
d0	Borrar desde cursor a principio de línea.

Copiar y pegar	
Y o yy	Copiar línea.
P	Pegar antes del cursor.
p	Pegar después del cursor.
yw	Copiar palabra.
y$	Copiar de cursor a fin de línea.
"ayy o "aY	Copiar línea en buffer llamado 'a'.
'a' "ayw	Copiar palabra en buffer llamado.
"ap	Pegar desde buffer 'a', a la derecha del cursor.
"aP	Pegar desde buffer 'a', a la izquierda del cursor.
"bdd	Borrar línea y guardar en buffer 'b'.
"bdw	Borrar palabra y guardar en buffer 'b'.

Búsqueda	
/str	Buscar hacia adelante cadena de caracteres 'str'.
?str	Buscar hacia atrás cadena de caracteres 'str'.
n	Repetir último comando / o ?.
N	Repetir último comando / o ? para el otro lado.
fc	Buscar el siguiente carácter 'c' en la línea.
Fc	Buscar el anterior carácter 'c' en la línea.
tc	Ir al carácter anterior al siguiente 'c'.
Tc	Ir al carácter posterior al precedente 'c'.
;	Repetir el último comando f, F, t, o T.
,	Último comando f, F, t, o T para el otro lado. La cadena a buscar en / o ? puede ser una expresión regular.

La acción de f, F, t y T alcanza sólo a la línea actual; si el carácter buscado no está en esa línea el cursor no se mueve.

Reemplazo

Estos comandos admiten multiplicadores: un número delante del comando. Al dar un comando de reemplazo el editor coloca un símbolo $ en donde termina el pedido de reemplazo. El usuario escribe normalmente, sobrescribiendo, hasta donde necesite, y sale con ESC. Estos comandos admiten multiplicadores: 3cw abre un área de reemplazo para 3 palabras.

REEMPLAZO	
c	Reemplaza caracteres
cw	Reemplaza palabras.
C o c$	Reemplaza hasta el fin de línea.
c0	Reemplaza desde el comienzo de línea.

Otros	
J	Unir dos líneas en una.
ZZ	Grabar cambios si los hubo y salir.
u	Deshacer última acción.
U	Deshacer todos los cambios en una línea.

Modo Texto	
BS	Borrar carácter hacia la izquierda.
ESC	Pasar a modo comando.

Modo ex o última línea	
:q	Salir si no hubo cambios.
:q!	Salir sin guardar cambios.
:w	Guardar cambios.
:w arch1	Guardar cambios en archivo arch1.
:wq	Guardar cambios y salir.
:r arch2	Insertar un archivo.
:e arch2	Editar un nuevo archivo.
:e! arch2	Idem sin salvar anterior.
:r! comando	Insertar salida de comando.
:shell	Salir al shell (vuelve con exit).

Mover	
:1	Mueve a línea 1.
:15	Mueve a línea 15.
:$	Mueve a última línea.

Opciones	
:set	Cambio de opciones.
:set nu	Mostrar números de línea.
:set nonu	No mostrar números de línea.
:set showmode	Mostrar modo actual de vi.
:set noshowmode	No mostrar modo actual de vi.

La sintaxis del comando de búsqueda y reemplazo es la siguiente:

:<desde>,<hasta>s/<buscar>/<reemplazar>/g

<desde>, <hasta> indican líneas en el archivo; <buscar> y <reemplazar> son cadenas de caracteres o expresiones regulares; / es un separador, s (sustituir) y g (global) son letras de comando para el manejo de expresiones regulares.

:1,$s/Martes/martes/g

Cambia Martes por martes en todo el archivo.

:.,5s/ayuda/&ndo/g

Cambia ayuda por ayudando desde línea actual hasta la 5ª línea.

Tipo de terminal.

vi es independiente del tipo de terminal, pero la variable de ambiente TERM debe estar fijada correctamente. Si no se conoce o no existe el tipo exacto de terminal, en la mayoría de los terminales remotos el tipo ANSI da buenos resultados. Para fijar el terminal en tipo ANSI, digitar:

TERM=ansi;export TERM

Algunos comandos, especialmente more y a veces vi, pueden no responder bien en la terminal o el emulador que se está usando. En estos casos, puede usarse Ctrl-L para refrescar la pantalla.

PASO 2: Prácticas con nano y pico.

El editor de texto nano es un reemplazo libre del editor pico. Sus versiones actuales (2.x en adelante) resaltan la sintaxis de la mayoría de los lenguajes de programación, lo cual ayuda mucho a la hora de desarrollar, pero además es posible habilitar muchas funciones prácticas que por defecto vienen deshabilitadas en la mayoría de las distribuciones (en mi caso un servidor Ubuntu 10.04).

El archivo de inicialización /etc/nanorc contiene la configuración por defecto. Desde allí es posible habilitar funcionalidades y características a nivel global (para todos los usuarios, también es posible hacerlo desde el archivo de configuración específico para el usuario ~/.nanorc).

nano /etc/nanorc

Para habilitar funcionalidades simplemente se deben descomentar (eliminar el carácter #):

set autoindent   habilita indentación automática.
set backup   guarda archivos de backup (el mismo nombre de archivo pero finalizado con el carácter ~).
set tabsize 4   por defecto es 8, hace que la indentación sea muy grande.
set tabtospaces   convierte los tabs en espacios (1 tab = #tabsize espacios).

Además de estas configuraciones que facilitan la edición de código dejo algunos atajos de teclado útiles:

Atajos de Teclado	
Ctrl+K:	Corta una línea (o varias si se repite).
Ctrl+U:	Pega las líneas cortadas.
Ctrl+W:	Busca una cadena de texto.
Ctrl+C:	Muestra el número de línea y columna.
Ctrl+X:	Cierra el editor.

Es posible obtener información detallada de todos los atajos de teclado y comandos de nano ejecutando Ctrl+G.

PRÁCTICA 21: Tipos de ficheros.
DESCRIPCIÓN:
Los ficheros se identifican por sus permisos, existen 10 caracteres que los identifican: El primer carácter el tipo de fichero (-) es identificativo de fichero, los caracteres de 2 al 4 identifican los permisos del propietario del fichero, del carácter 5 al 7 identifican los permisos del grupo a que pertenece y los tres últimos caracteres identifican los permisos a otros usuarios y otros grupos.

    -rwxrwxrwx --> u g o

Permisos de acceso a un fichero
    r   lectura
    w   escritura
    x   ejecutable

Tipos de permisos
    u   - Permisos de usuario (el que lo crear)
    g   - Permisos de grupos
    o   - Otros.

A la hora de crear usuarios, existen los permisos predeterminados, por medio de máscaras.

    r   w   x
    2^2 2^1 2^0 --> Sistema de numeración. (OCTAL)

r	w	x	
2^2	2^1	2^0	Valor Decimal
0	0	0	0
0	0	1	1
0	1	0	2
0	1	1	3
1	0	0	4
1	0	1	5
1	1	0	6
1	1	1	7

$8 / 2 = 2^3$

    -r-xrw-r--   expresión literal
    - 101 110 100   conversión literal en octal- binaria
      5 6 4   Valor de los permisos numéricamente
    u=+rx g=+rw   o=+r -> (ugo) permisos usando literales.

Mascara de Permisos
umask: es la abreviatura en inglés de ***user file creation mode mask*** (modo de la máscara de creación de archivos), es decir, el formato de permisos que van a tener los archivos y los directorios que el usuario vaya creando, por lo tanto, este comando sirve para establecer los permisos que tiene por defecto los nuevos ficheros y directorios que vayamos creado.

PASO 1: Crear un fichero de texto.
Existen diferentes formas de crear un(os) ficheros de texto, desde la línea de shell.
a) Crear un fichero en línea de órdenes ($,#, >).
a.1) Crear un fichero vacío.
    touch nombre_fichero
a.2) Crear un fichero con direccionamiento.
    cat > fich001
    .....
    CTRL+D

EJ:
    # cd /mnt/local
    # touch eje001
    # cat > eje002
    Buenos días Juan
    Revolcón o puerta grande
            ^D
    # ls -l

b) Crear ficheros utilizando editores de líneas o editores de texto.
    vi eje004
    nano eje004
    pico eje005
c) Utilizando un procesador de texto, ..., gedit (en entorno gráfico).
d) Agregar información a un fichero que existe.
    echo otra línea > ejer005
    vi ejer005
    nano ejer005
e) Se puede hacer con cualquier comando, que permita visualizar información.
    echo este fichero es nuevo > eje006
    ls -l
    cat eje006
    echo añadir una segunda línea >> eje006
    cat eje006

PASO 2: Máscara de permisos.

Para modificar el valor de umask de forma permanente será necesario incluir dicha configuración en */etc/profile* o */etc/bash.bashrc* afectando el cambio a todo el sistema; o en los ficheros *~/.profile* o *~/.bashrc* si se quiere aplicar el cambio para un usuario en concreto.
La orden umask realiza la **diferencia a nivel de bits** utilizando el operador **AND**

        umask

a) Ayuda.
        umask --help
        man umask
        info umask

b) Por defecto, permite visualizar la máscara activa.
        umask

La máscara corresponde a 4 bloques de 3 caracteres. Se expresa numéricamente.
        0 6 2 2 -> el primer digito corresponde a los permisos especiales u ocultos.
        - u g o --> permisos visibles.

c) Comprobar los permisos.
        umask -pS

d) Asignar permisos de máscara en octal.
        umask 0622
        touch eje003
        umask -pS
        ls –l
        umask 0022
        umask -pS

e) Asignar permisos de máscara con literales.
        umask u=rwx,g=rwx,o=
        touch ejer004
        umask -pS

---

umask
Cálculo del permiso final para ARCHIVOS.
Simplemente puede restar el umask de los permisos de base para determinar el permiso final para el archivo de la siguiente manera:
        666-022 = 644
- Permisos de base del archivo: 666
- Valor umask: 022
- Restar para obtener permisos de archivo nuevo (666-022): 644 (rw-r - r--)

Cálculo del permiso final para los directorios.
Simplemente puede restar el umask de los permisos de base para determinar el permiso final para el directorio de la siguiente manera:
        777-022 = 755
- Permisos de bases Directorio: 777
- Valor umask: 022
- Resta para obtener permisos de directorio nuevo (777-022): 755 (rwxr-xr-x)

PASO 3: Visualizar el contenido de un fichero de texto plano.

Visualiza con cat y equivalentes
        cat
        more
        less

a) Visualizar con cat.
a.1) Ayuda.
        cat --help
a.2) Por defecto.
        cat eje006
a.3) Visualizar el contenido de un fichero, numerando las líneas.
        cat -b eje006

b) Visualizar con more.
        Mostrar el contenido de un archivo de texto.
b.1) Ayuda.
        more --help
b.2) Visualizar en SCROLL, pantalla a pantalla.
        more eje006
b.3) No utilizar el scroll.
        more -p eje006
        more /etc/passwd >>eje007
        more /etc/passwd >>eje007
        more /etc/passwd >>eje007
        more /etc/passwd
        more -p /etc/passwd
        more eje007
        more -p eje007

c) Visualizar dentro de programa, con movilidad.
c.1) Ayuda.
        less – help
c.2) Visualizar por defecto.
        less eje007
        (pulsar q--> quit para salir)

---

cat
Sintaxis: cat [-s] [-v[et]] [fichero ...]

OPCIÓN	DESCRIPCIÓN
-v	Muestra caracteres de control (no imprimibles).
-s	Reemplaza varias líneas en blanco por una única línea4
-t	Como –v pero además imprime tabuladores como ^I
-e	Lo mismo que –v pero también imprime $ al final de cada línea.

more
Sintaxis: more [-dpcsu] [-num] [+/patrón] [+linenum] fichero ...

OPCIÓN	DESCRIPCIÓN
-num	Especifica el tamaño de pantalla (en líneas)
-d	Visualiza el mensaje "[Press space to continue, 'q' to quit]".
-p	No realiza desplazamiento, sino que limpia la pantalla y visualiza el texto.
-c	No realiza "scroll", visualiza línea a línea de arriba a abajo.
-s	Sustituye varias líneas en blanco consecutivas por una sola.
-u S	Suprime subrayado.
+/patrón	Empieza por la página que contiene la palabra patrón.
+linenum	Comienza en la línea linenum.

less
Sintaxis: less [opciones] lista_de_archivos

OPCIÓN	DESCRIPCIÓN
-e	Hace que less salga automáticamente la segunda vez que alcance el final del fichero. De modo predeterminado la única forma de salir de less es la orden q.
-E	Hace que less salga automáticamente la primera vez que alcance el final del fichero.
-n	Suprime números de línea, y los sustituye por el nº de byte donde está la línea en el conjunto del fichero.
-Q	Suprime toda señal acústica en la búsqueda.
-s	Hace que varias líneas en blanco consecutivas se compriman en una sola.

Visualizar con direccionamientos, de entrada.
  cat < eje007
  more <eje007
  less <eje007

PASO 4: Cambiar el nombre a un fichero o moverlo a otro directorio.
  mv
a) Ayuda.
  mv --help
  man mv
  info mv
b) Cambiar el nombre de un fichero.
  mv eje007 eje008
  ls -l
c) Mover un fichero a un directorio.
  mv eje008 vacas
  tree
  mv vacas/eje008 . (El . "pto" hace referencia al directorio actual)

mv
Sintaxis: mv [-opciones] fichero1 fichero2 ..... directorio

OPCIÓN	DESCRIPCIÓN
-i	Pide confirmación antes de sobrescribir.
-f	No pide confirmación.
-b	Crea copias de seguridad de archivos que van a ser sobrescritos o borrados.
-u	No mueve un fichero o directorio que tenga un destino existente con el mismo tiempo de modificación o más reciente.

PASO 5: Copiar ficheros.
  cp
a) Ayuda.
  cp --help

NOTA: caracteres comodín *, ?

b) Copiar un fichero.
  cp   eje* vacas
  tree
c) Duplicar un fichero.
  cp   eje008   eje007
d) Forzar a borrar un fichero (FICH-DIRECTORIOS).
  cp -f eje* estudias
e) Borrar de forma recursiva.
  cp -r *.*   fray
  cp -r /etc fray
f) Visualizar lo que se está copiando.
  cp -r -v /etc   fray
  tree
  tree –d

cp
Sintaxis: cp [opciones] ficher_origen fichero_destino

OPCIÓN	DESCRIPCIÓN
-b	Crea un backup en el destino en el caso en el que exista un archivo llamado igual que el que queremos generar.
-f	Fuerza el borrado de los archivos destino sin consultar o avisar al usuario.
-i	Informa antes de sobrescribir un archivo en el destino indicado.
-l	Realiza un link en vez de copiar los ficheros.
-p	Realiza la copia de los ficheros y directorios conservando la fecha de modificación de los archivos y carpetas originales.
-r	Copia de forma recursiva.
-S SUFFIX	Añade la palabra "SUFFIX" (o la palabra que le indiquemos, por ejemplo BACKUP) a los archivos de backup creados con el flag "–b".
-u	El comando cp en Linux no copia un archivo o directorio a un destino si este destino tiene la misma fecha de modificación o una fecha de modificación posterior comparándola con el archivo o directorio que queremos mover.
-v	Muestra lo que se está ejecutando.

PASO 6: Borrar un fichero o directorio.
  rm
a) Ayuda.
  rm --help
b) Por defecto borra, sin entrar en directorios.
  rm eje008
c) Borrar recursivamente.
  rm -r fray
d) Borrar a la fuerza.
  rm -f fray
e) Preguntar antes de borrar (forma interactiva).
  rm -i fray
f) Borrar a la fuerza y recursivamente.
  rm -fr fray
  rm -f -r -i fray
  rm -ri vacas
  tree

rm
Sintaxis: rm [-if] fichero1 [fichero2 ...]
    rm [-ifrR] directorio1 [directorio2 ...]

OPCIÓN	DESCRIPCIÓN
-i	Interactivo (pide confirmación).
-f	No emite mensajes de error cuando el archivo o directorio no existe.
-r -R	Recursivo. Borra un directorio y todos sus contenidos.

PRÁCTICA 22: Cambiar o establecer permisos y propiedades.

DESCRIPCIÓN:

¿A quién se puede otorgar permisos?
Los permisos solamente pueden ser otorgados a tres tipos o grupos de usuarios:
- Al usuario propietario del archivo.
- Al grupo propietario del archivo.
- Al resto de usuarios del sistema (todos menos el propietario).

Permisos:
Se visualizan con ls -l
   drwxrwxr--   Visualizamos permisos e identificación de ficheros.
El primer carácter es identificativo de él tipo de sistema de ficheros.
   d --> identificativo de directorio.
   c --> carácter (dispositivo y el modo de comunicación es a nivel de carácter.
   b --> bloque (dispositivo y el modo de comunicación a nivel de bloque.
   p --> pipe (pipeline o filtro).
   s --> socket.
   l --> nivel de enlace.
Ficheros pueden tener los permisos de:
   r   lectura
   w   escritura
   x   ejecutables
Un fichero según el formato de almacenamiento puede ser:
Son ficheros binarios --> creados por compilador: gcc,cc,...).
Ficheros texto --> SCRIPT (fichero de guion, depender del tipo del Shell: sh, bash, csh, tcsh, kcsk, zcsh, zsh,...).
Nomenclatura
   Numérica (OCTAL) 734   rwx –wx r--
   Literales: u g o (+ |-) rwx
                     a
Existen permisos especiales.
   Se suelen especificar con la máscara   umask

Cambiar el propietario y el grupo
Para poder cambiar el usuario propietario y el grupo propietario de un archivo o carpeta se utiliza el comando chown (change owner). Para ello hay que disponer de permisos de escritura sobre el archivo o carpeta. La sintaxis del comando es:
   # chown nuevo_usuario[.nuevo_grupo] nombre_archivo   XZ

Existe 3 tipos de usuarios:
1. **Usuario Normal:** es un individuo particular que puede entrar en el sistema, con más o menos privilegios que harán uso de los recursos del sistema. Como indicador en el prompt utiliza el símbolo $ (dólar). Ejemplo: raul, sergio, mrodriguez, etc. También se les conoce como usuarios de login.
2. **Usuarios de Sistema**, son usuarios propios del sistema vinculados a las tareas que debe realizar el sistema operativo, este tipo de usuario no puede ingresar al sistema con un login normal. Ejemplo: mail, ftp, bin, sys, proxy, etc. También se le conoce como usuarios sin login.
3. **root (superusuario),** todo sistema operativo GNU/Linux cuenta con un superusuario, que tiene los máximos privilegios que le permitirán efectuar cualquier operación sobre el sistema, su existencia es imprescindible ya que se encarga de gestionar los servidores, grupos, etc.

PASO 1: Orden para cambiar los permisos.
La orden chmod (change mode) es el comando utilizado para cambiar permisos, se pueden agregar o remover permisos a uno o más archivos con + (mas) o – (menos)
   chmod
a) Ayuda.
   man chmod
   info chmod
   chmod --help
b) Cambiar los permisos numéricamente.
   chmod permisos [dicheros|directorio]
   Los permisos son tres números: 777   000

---

chmod
a) **Uso de permisos numéricos (en octal).**
   chmod [opciones] modo-en-octal fichero
Las opciones podemos indicarlas o no, según queramos. Opciones típicas son:
-R para que mire también en los subdirectorios de la ruta.
-v para que muestre cada fichero procesado.
-c es como -v, pero sólo avisa de los ficheros que modifica sus permisos.
b) **Establecer permisos usando literales (modos)**
   chmod [opciones] modo[,modo]... fichero
Para ello tenemos que tener claros los distintos grupos de usuarios:
   u: usuario dueño del fichero.
   g: grupo de usuarios del dueño del fichero.
   o: todos los otros usuarios .
   a: todos los tipos de usuario (dueño, grupo y otros).
También hay que saber la letra que abrevia cada tipo de permiso:
   r: se refiere a los permisos de lectura.
   w: se refiere a los permisos de escritura.
   x: se refiere a los permisos de ejecución.

```
            chmod   770  eje001
c)   Crear un fichero.
            cat >eje010
            !#/bin/bash
            clear
            echo   buenos días
            ^D
            umask
            0022  -->  110  100  100
     Para que un script sea ejecutable hay que cambiar los permisos:
            chmod  744   eje010
            -rwxr--r--
```

PASO 2: Ejecutar un fichero.

a)   Si es un script se puede preceder por el Shell que quieras que lo ejecute.
```
            sh   eje010
            bash eje010
            csh  eje010
```
   o cualquier otro programa.
            Preceder al fichero de la ruta actual
b)   Es el identificativo del directorio actual.
            nombre_fichero
Ej.:   . eje010
           ./nombre_fichero
Ej.:   ./eje010
c)   Se puede ejecutar directamente, si la ruta de búsqueda del sistema operativo, contempla la ruta actual del fichero ejecutable.
            cp
            mv
  Se encuentra defina la ruta búsqueda para ficheros ejecutables, en una variable de entorno.
            PATH
  Visualizar las variables de ambiente.
```
            set
            cd                         directorio HOME
            ls -l                      hay cero fichero
            ls -la                     visualizar en formato largo ficheros ocultos
            less .bash_history         fichero que contiene el histórico de órdenes ejecutadas.
```
d)   Los ficheros que el primer carácter es . son ficheros ocultos.
```
            cd /mnt/local/deportes
            ls -l
```
e)   Ocultar un fichero, se cambia de nombre y se le pone el primer carácter un punto (.).
            mv   eje010   .eje010
f)   Visualizar el contenido del directorio.
            ls -l
g)   Visualizar el contenido del directorio y los ficheros ocultos.
            ls -la
h)   Desocultar un fichero. Se renombra y se quita el primer carácter (.)
            mv .eje010 eje010
i)   Crear un fichero oculto, desde la consola.
```
            cat  >.eje011
            !#/bin/bash
            echo   segundo fichero  script
            echo   es un fichero oculto
            ^D
```
j)   Cambiar los permisos a un directorio.
```
            mkdir  alumno
            ls -l
            chmod  700  alumno
            ls -l
```
k)   Ocultar un directorio.
```
            mv   alumno  .alumno
            ls -la
            ls -l
```

> La terminación del nombre fichero y aparece:
> / indica que es un directorio.
> * indica que es un fichero ejecutable.

> Establecer final de fichero en una línea de comandos es: ^D ó CTRL+D

PASO 3: Cambiar los permisos con literales.

La chmod (change mode) es el comando utilizado para cambiar permisos, se pueden agregar o remover permisos a uno o más archivos con + (mas) o – (menos)

    chmod

a) Cambiar los permisos.

    chmod ug-rwx eje010
    ls -l
    chmod ug+rw eje010
    ls -l
    chmod u+x g-w o+rx eje010   --> incorrecto
    chmod u+x eje010
    chmod g-w ej010
    chmod o+rw   eje010

> Con el fin de modificar y eliminar los permisos para ser útil, uno debe ser capaz de modificar el directorio en el que se encuentra el archivo:
> #chmod ugo + rwx ./

Los literales están todos juntos o han de ser ejecutados en órdenes independientes.

b) Establecer todos los permisos a todos las partes (ugo).

    chmod ugo+rwx   eje010
    chmod a+rwx eje010
    chmod a-rwx eje010
    ls -l
    chmod ugo+rw eje010
    chmod ugo-w+x eje010

c) Conceder acceso de lectura (r) en un archivo a todos los miembros de su grupo (g).

    chmod g + r   eje010

d) Conceder acceso de lectura a un directorio a todos los miembros de su grupo:

    chmod g + rx /practicas

e) Se requiere el permiso "ejecutar" para poder leer un directorio.

    chmod ugo +r   /practicas

f) Conceder permisos de leer a todos en el sistema en un archivo que usted es dueño de lo que todo el mundo puede leerlo: (u) user, (g) grupo y (o) other.

    chmod ugo + r   ejer010

g) Conceder permisos de lectura y ejecución en un directorio del sistema.

    chmod ugo + rx ejer010

h) Conceder permisos de lectura y modificación a un archivo que usted es dueño.

    chmod ugo + rw   ejer010

i) Denegar el acceso de lectura a un archivo por todo el mundo excepto a sí mismo.

    chmod go -r   ejer010

PASO 4: Cambiar el propietario de un fichero.

La orden **chown** permite cambiar el propietario de un archivo o directorio en sistemas Linux. Puede especificarse tanto el nombre de un usuario, así como el identificador de usuario (UID) y el identificador de grupo (GID). Opcionalmente, utilizando un signo de dos puntos (:), o bien un punto (.), sin espacios entre ellos, entonces se cambia el usuario y grupo al que pertenece cada archivo.

Cada archivo de Linux tiene un propietario y un grupo, que se corresponden con el usuario y el grupo de quien lo creó.

El usuario **root** puede cambiar el propietario de cualquier archivo o directorio.

    chown

a) Ayuda.

    chown --help

b) Cambiar el propietario de un fichero. Primero se pone el propietario y luego el nombre del fichero.

    chown smr eje010

PASO 5: Dar de alta un usuario.

Se de alta al usuario smr en el directorio /home/smr si el directorio de trabajo asignado no existe -m permite que se cree directorio.

    useradd -m -d /home/smr   smr

Visualizar el fichero de usuario y observar que la última línea contiene el nombre del usuario smr (less permite la movilidad o desplazamiento en el fichero, arriba y abajo, avanzar página o retroceder página, para salir pulsar q-> quit).

    less /etc/passwd

Una vez dado de alta el usuario smr se establecer la clave o password de este usuario, empleamos la orden passwd.

Nos pide la clave y tecleamos Practica2015*. Las claves se debe introducir dos veces, la segunda es de validación.

    passwd smr

    : Practica2015*

> Si no especificamos el nombre del usuario a cambiar la clave asume por defecto el usuario activo.

Abrir la conexión de una consola nueva, ej.: CTRL+ALT+F2.

    login: smr
    password: Practica015*

PRÁCTICA 23: Manejar ficheros de texto en Linux.
DESCRIPCIÓN:

Para Linux todo es un sistema de ficheros, no existen unidades, ni dispositivos, todo se trata como sistema de ficheros, y existe solo un directorio raíz.

Del directorio raíz:
- Solo existe un directorio raíz por sistema operativo de arranque, y todos lo demás parte de él.
- Se representa con símbolo (\).

Las unidades y dispositivos, deben de montarse para manejar.
Una unidad se monta como un directorio más, a partir del punto de montaje. Ej:
    mount /dev/sdb1 /mnt/disco2
    cd   /mnt/disco2
    ls -l

Tratamiento de ficheros.
- Visualizar ficheros.
- Contar palabras.
- Ver cabeceras de los ficheros.
- Ver pie de un fichero.
- Buscar ficheros.
- Comprimir/ficheros.
- Copiar ficheros.
- Montar/desmontar/visualizar sistemas de ficheros.
- Reparar sistemas de ficheros.

PASO 1: Visualizar el contenido de ficheros de texto plano.

Existen diferentes órdenes que permiten visualizar el contenido de un fichero cuyo contenido es texto, o un fichero de texto plano. De todos ellos el más potente es less, aunque todos se pueden utilizar con tuberías o pipeline.

        cat
        more   (Permite interactividad, con las teclas de edición. q--> Salir de less)
        less
        pg
a) Ayuda.
        cat --help
        more –help
        less --help
        pg --help
b) Tuberías, filtros, pipe o pipeline.
        Orden1 | orden2 |orden3
        more
        pg
        less
Ejemplos:
        cat eje007
        more eje007
        pg   eje007
        less eje007
        cat eje007|more
        cat eje007|pg
        cat eje007|less
        ls –l /bin |less
c) Direccionamientos y redireccionamientos.
        cat > eje012
        cat <eje007
        pg < eje007
        more <eje007
        less < eje007

Redirección operator	Descripción
>	Direccionamiento de salida, dispositivo o un fichero (si existe me lo cargo y lo creo de nuevo)
<	Direccionamiento de Entrada.
>>	Redireccionamiento de salida, dispositivo o fichero (si no existe crea el fichero y existe lo agrega al final).
>&	Direccionamiento de Salida.
<&	Direccionamiento de Entrada.
|	Tubería, filtro o pipeline, la salida que realiza la orden de la izquierda en el dispositivo estándar es recogida y enviada de entrada al orden a su derecha: ORDEN |ORDEN

Handle	Número equivalente al handle	Descripción
STDIN	0	Entrada por Teclado.
STDOUT	1	Saldia del comando al prompt.
STDERR	2	Error de salida de un comando, visualizado en el prompt.
UNDEFINED	3-9	Sin definir, a espera de definen individualmente por la aplicación y son específicos para cada herramienta.

PASO 2: Contar palabras de un fichero de texto.
        wc
a) Ayuda.
        wc --help
b) Por defecto.

wc eje007
c) Contar líneas.
  wc –l eje007
d) Contar palabras.
  wc -w eje007
e) Contar los bytes.
  wc -c eje007
f) Contar los caracteres.
  wc –m eje007

wc
Sintaxis: wc [-opciones] lista_de_archivos

OPCIÓN	DESCRIPCIÓN
-c	Visualiza el número de caracteres. Concretamente cuenta el número de retornos de línea.
-L	Visualiza la longitud de la línea más larga.
-l	Visualiza sólo el número de líneas
-m	Visualiza el número de caracteres.
-w	Visualiza el número de palabras. Una palabra es una cadena separada por un espacio, un tabulador o una nueva línea.

PASO 3: Visualizar la cabecera o parte inicial de un fichero de texto.
  head
a) Ayuda.
  head --help
  man head
b) Por defecto.
  head eje007
  Visualiza 10 primeras líneas del fichero.
c) Visualizar un número concreto de líneas (el que se especifique)
  head -4 eje007
  head -15 eje007
  head -22 eje007
d) Visualizar un número concreto de bytes.
  head -c256 eje007
  head -c643 eje007
e) Versión del comando.
  head --versión
  head -v
f) Visualizar las cabeceras de varios ficheros.
  head eje*
  head -v -c110 eje*
g) Visualizar varios ficheros el contenido de cabeceras
  head eje* prac*
  head -v -c150 eje* prac* pru[1-3]*

head
Sintaxis: head [opciones] nombre_de_archivo

OPCIÓN	DESCRIPCIÓN
-n	Especifica cuántas líneas quieres mostrar.
-n número	El número debe ser un entero decimal cuyo signo afecte a la localización en el archivo, medido en líneas.
-c número	El número debe ser un entero decimal cuyo signo afecte a la localización en el archivo, medido en octetos.

Caracteres comodín
```
*         sustituye por uno o varios caracteres
?         sustituye por un carácter.
[123678]
[1-3,6-8] Rangos de un carácter
.         Directorio corriente
..        Directorio anterior
~         Home
~user     Home de user
&         Background
<Ctrl>Z   Para un proceso
;         Separa comandos
\         Continua línea de comandos
!!        Repite el comando previo
!n        Ejecuta el comando número "n"
!-n       Selecciona el evento n anterior
!cadena   Selecciona el evento que inicia con "cadena"
```

PASO 4: Pie de un fichero de texto.
Visualizar las últimas líneas de un fichero de texto, por defecto las 10 últimas líneas.
  tail
a) Ayuda.
  tail --help
b) Visualización por defecto, solo visualiza las 10 últimas líneas.
  tail eje007
c) Visualizar el nombre del fichero.
  tail -v eje007
d) Visualizar un número de líneas concreto.
  tail -5 -v eje007 (incompatible, estas dos opciones juntas.
  tail -2 -v eje* (incompatible, estas dos opciones juntas.
  tail -5 eje007   correcto.
  tail -2 eje*   correcto.
  tail -n5 -v eje007   correcto.
  tail -n2 -v eje*   correcto.
e) e) Visualizar los últimos xxx bytes
  tail -c210 eje*
f) Ejemplo extraer de un fichero de la línea 5 a la línea 10.
  head -10 eje007 |tail –n6

tail
Sintaxis: tail [opciones] nombre_de_archivo

Opción	Descripción
-l	Especifica las unidades de líneas.
-b	Especifica las unidades de bloques.
-n	Especifica cuántas líneas quieres mostrar.
-c número	El número debe ser un entero decimal cuyo signo afecte a la localización en el archivo, medido en bytes.
-n número	El número debe ser un entero decimal cuyo signo afecte a la localización en el archivo, medido en líneas.

NOTA: tail head, cut se utilizan en tuberías

PASO 5: Cortar, limitar un fichero, visualizar parte de un fichero de texto.
Permite seleccionar por una columna siempre que se encuentren establecidas con tabuladores o delimitadores.

cut
a) Ayuda.
   cut --help
b) Crear un fichero de BBDD, con limitador.
   nano   toros
c) Delimitador de campos.
   cut -d: toros
   cut -d: -f2 toros   solo 2º campo
   cut -d: -f3 toros   solo 3ª campo
   cut -d: -f1,3 toros
   cut -d: -f1,3-5 toros   el campo 1º, el 3º hasta el 5º
   cut -d: -f1 /etc/password
   cut -d: -f1 /etc/password > usuarios
d) Mostrar un número de caracteres.
   cat   toros
   cut -c20 toros
   cut -c20-45 toros
e) Mostrar un de bytes.
   cut -b3 toros
   cut -b3-8 toros

PASO 6: Visualizar línea una única vez, aunque se repitan a continuación.

Filtra líneas adyacentes que coincidan de ENTRADA (o la entrada estándar), escribiendo en SALIDA (o la salida estándar). Si no se da ninguna opción, las líneas coincidentes se combinan en la primera aparición.
   uniq
a) Ayuda.
   uniq --help
b) Visualizar por defecto.
   ls -l >salida010
   ls -l >>salida010
   uniq salida010
   ```
   total 8
   -rw-------. 1 root root 1234 ago   6 01:55 anaconda-ks.cfg
   lrwxrwxrwx. 1 root root    4 ago   9 22:23 dos0 -> uno0
   lrwxrwxrwx. 1 root root    4 ago   9 22:23 dos1 -> uno1lrwxrwxrwx.
   -rw-------. 1 root root 1234 ago   6 01:55 anaconda-ks.cfg
   ```
   less salida010
   ```
   total 8
   -rw-------. 1 root root 1234 ago   6 01:55 anaconda-ks.cfg
   lrwxrwxrwx. 1 root root    4 ago   9 22:23 dos0 -> uno0
   lrwxrwxrwx. 1 root root    4 ago   9 22:23 dos0 -> uno0
   lrwxrwxrwx. 1 root root    4 ago   9 22:23 dos0 -> uno0
   ```

PASO 7: Suma de verificación de un archivo.

Muestra la suma de comprobación y el número de bloques para cada FICHERO.
   sum
c) Ayuda.
   sum --help
d) Suma de verificación por defecto.
   sum   salida
   08294   1
e) Usar el algoritmo de System V.
   [root@localhost ~]# sum -s salida
   29528 1 salida
f) Usar el algoritmo de BSD.
   [root@localhost ~]# sum -r salida
   08294   1

PASO 8: Mezclar líneas de archivos.

Se usa para pegar el contenido de un archivo a otro. También se usa para establecer el formato de columna de cada línea.
   paste
a) Ayuda.
   paste --help
b) Por defecto. El resultado se deposita en el primer fichero.

```
                cat  > fich001
                Valor1  valor2   valor3
                Valor4  valor5   valor6
                ^D
```

> **paste**
> **Sintaxis:** paste [OPCIÓN]... [FICHERO]...
>
> | OPCIÓN | DESCRIPCIÓN |
> |---|---|
> | -s | Pegar un archivo detrás de otro en vez de en paralelo. |
> | -d | Reusar caracteres de la lista en vez de tabulaciones. |

```
                cat  > fich002
                Valor01  valor02   valor03
                Valor04  valor05   valor06
                ^D
                root@192:~# paste fich001   fich002
                Valor1     valor2      valor3        Valor01    valor02     valor03
                Valor4     valor5      valor6        Valor04    valor05     valor06
```

c) Usando delimitadores y una lista de delimitadores. (espacios=TAB y ,)

```
                root@192:~# cat fich003
                primero segundo tercero
                cuarto  quinto  sexto
                root@192:~# cat fich004
                uno     dos     tres,cuatro,cinco
                seis    siete   ocho,nueve,diez
                root@192:~# paste -d fich003 fich004
                uno     dos     tres,cuatro,cinco
                seis    siete   ocho,nueve,diez
```

d) Pegar en serie.

```
                root@192:~# paste -s fich003 fich004
                primero segundo tercero cuarto  quinto  sexto
                uno     dos     tres,cuatro,cinco       seis    siete   ocho,nueve,diez
```

PRÁCTICA 24: Búsqueda de ficheros.
DESCRIPCIÓN:

Búsquedas con find, este comando puede ser un poco lento cuando necesites buscar en un árbol de directorios muy grande. Aquí el comando locate puede ayudar. Este realmente no busca directamente un archivo en el sistema de ficheros. Busca en una base de datos.

Encontrando ficheros por contenido (buscando cadenas de texto en ficheros).

Las utilidades standard para buscar cadenas de texto en ficheros son grep/egrep para la búsqueda de expresiones regulares y fgrep para buscar cadenas literales.

    find, grep, egrep, fgrep

Existen órdenes de apoyo a las ayudas, para indicar dónde se encuentra un fichero.

    locate, whatis, whereis.

Hay por supuesto otros comandos de búsqueda como awk, sed y grep pero están más enfocados a buscar "dentro" de los archivos.

PASO 1: Localización de órdenes.
    locate, slocate, mlocate, rlocate, whatis, whereis.

a) Ayuda.
    locate

b) Por defecto, Localizar en la BBDD, información sobre el comando a buscar.
    locate ls
    slocate ls

b.1) Instalar la base de datos.
    updatedb
    /var/lib/slocate/slocate.db

b.2) Buscar en las rutas, en las que aparece esta orden.
    whereis ls

c) Localizar información de ayuda sobre un comando.
    whatis ls --> manual de ayuda
    cd /usr/man
    ls -l | pg

d) Información resumida de que hace un comando.
    whatis ls
    whatis pwd
    whatis whereis
    whatis iptables

e) Información de donde está el fichero.
    whereis ls
    ls: /bin/ls /usr/share/man/man1/ls.1.gz
    whereis pwd
    whereis man
    whereis su

f) Información de la ubicación del fichero ejecutable.
    which ls
    /bin/lsw

g) Información de la referencia en el fichero de ayuda de la base de datos updatebd.
    locate ls

La orden ls visualiza en formato amplio el contenido del directorio actual y se lo pasa por medio de una pipe a la orden pg que los visualiza pantalla a pantalla y aparece en la parte inferior la información de página (page).

whatis
Sintaxis: whatis [Opciones] PALABRA CLAVE...

OPCIÓN	DESCRIPCIÓN
-d	Emitir mensajes de depuración
-w	Palabras claves contienen comodines
-l	No recortar la salida al ancho del terminal
-r	Interpreta cada palabra clave como una expresión de registro.
-v	Permite mensajes de depuración

whereis
Sintaxis: whereis [opciones] archivo

OPCIÓN	DESCRIPCIÓN
-f	Define la búsqueda.
-b	Buscar solo en binario
-m	Buscar solo rutas manuales.
-s	Buscar solo rutas originales.

PASO 2: Buscar ficheros.
    find

a) Ayuda.
    find --help
    man find

b) Definir que quiero buscar o búsqueda por nombre.
    find (ruta) modificadores o argumentos.
    find / -name ¿Qué?
    find / -name ls

c) Buscar ficheros por tamaño.
    find /dev -size 100k   --> tamaño exacto
    find /dev -size +100k   --> tamaño superior a 100k
    find /dev -size -100k   --> tamaño inferior a 100k

d) Buscar por usuarios.
    find / -user nombre
    find / -user smr

Excepción: Se utilizan literales, pero solo se encuentra precedidos con (-).

Se puede cancelar la ejecución de una orden, pulsando ^C.
find *antes de buscar por usuarios comprueba la existencia de ese usuario en* **/etc/passwd.**

e) Operadores lógicos -o (OR).
    find / -user alumno1 -o -user alumno2
    find / -user alumno1 -o -user alumno2 -o -user smr
f) Buscar todos los ficheros que no pertenezcan a un propietario o usuario concreto.
    -not negación
    find / -not -user smr
    find / -not -user root
g) Buscar aquellos ficheros que no pertenecen a ningún propietario.
    find / -nouser
    useradd -m –d /home/alumno1 alumno1
    useradd -m –d /home/alumno2 alumno2
    passwd alumno1
    clave: alumno1 (repetirlo 2 veces)
    passwd alumno2
    clave: alumno2 (repetirlo 2 veces)
    find / -not –user root -o –not –user alumno1 –o -nouser
    find / -not –user root -a –not –user alumno1 –a -nouser
    find / -not –user root -a –not –user alumno1 –a -not -nouser
h) Buscar ficheros por grupos.
    find / -group users
    find / -not -group root
h.1) Comprobamos la existencia de los usuarios y grupos creados, en el punto anterior f).
    less /etc/group
    find / -group smr -o -group alumno1
i) Buscar por tipo de fichero.
    find / -type tipo
    find / -type d
    find / -type f
    find / -type b
    find / -type c
    find / -type s
    find / -type p
    find / -type l
    find / -type f -user alumno1 -size +100k
j) Buscar por permisos.
    find / -perm 770 -type f -user root
    find / -perm 700 -type f -user root
    find $HOME -mtime 0
    find . -perm 664
    find . -perm -220
    find . -perm -g+w,u+w
    find . -perm /220
    find . -perm /220
    find . -perm /u+w,g+w
    find . -perm /u=w,g=w
    find . -perm -444 -perm /222 ! -perm /111
    find . -perm -a+r -perm /a+w ! -perm /a+x
k) Buscar fichero modificados por antigüedad.
k.1) Buscar los ficheros por el último acceso.
    find / -atime +4
    Al fichero se ha accedido en los últimos 4 días.
k.2) Buscar cuando se realizó una modificación anterior a:
    find / -mtime +4
    find / -mtime -4
    find / -mtime 4
k.3) Buscar por fechas la realización del último cambio del fichero.
    find / -ctime -5
    find / -ctime +5
    find / -ctime 5
l) Ejecutar una orden con find.
    find / -type d -exec echo Directorio = {} \;
    find / -type d -exec ls -l {} \;

Notas al margen:

- Se puede cancelar la ejecución de una orden, pulsando ^C.
- A partir de la versión del núcleo 2.6 de Linux, cada vez que se crea un usuario se crea un grupo con el mismo nombre del usuario.
  - alumno1 --> alumno1
  - alumno2 --> alumno2
  - smr --> smr

TIPO	DESCRIPCIÓN DEL FICHERO
f	fichero
d	directorio
b	bloque
c	carácter
s	socket
p	pipeline
l	link, enlace simbólico

PERMISOS	VALOR NUMÉRICO
rwx	7
rw-	6
r-x	5
r--	4
-rx	3
-r-	2
--x	1
---	0

Permisos
 -número -símbolo
 /número /símbolo

Suponiendo que la fecha actual es 21-03-2014
+4 se considera entre los días: 18 y 21
-4 busca por fecha anterior o igual al 18
4 busca en una fecha concreta (4 días antes) el 18

El comando a ejecutar con find, debe de terminar siempre en {}\;
 {} Indicativo de recepción de cada entrada como parámetro de la búsqueda.
 \; Finalización, los dos caracteres debe ir conjunto, sin espacios.

```
find  .  -type f  -exec   file '{}' \;
```

PASO 3: Comparaciones con -and, -or y –not.

La orden find también incluye operadores booleanos que la hace una herramienta aún más útil:
```
find  /  -name 'ventas*'    -and    -mmin 120
find  /  -name 'Ejer*'      -not    -user ana
find  /  -iname '*enero*'   -or     -group smr
```

PASO 4: Buscar información dentro de un fichero.

Permite buscar contenidos de información dentro de un fichero.
   grep

El fichero debe ser con formato de texto Plano. (TEXTO).
Se utiliza para buscar en:
- Ficheros Script Shell o de Guion.
- Ficheros exportados de **BBDD**, con formato de:
  - Columnas.
  - Separadores ; , : "".
- Se usa con tuberías **|**.
- Se combina con **cut , find.**

a) Ayuda.
```
man   grep
info  grep
grep  --help
```
b) Buscar una cadena de texto (por defecto).
b.1) grep "cadena a buscar" **nombre del fichero.**
b.2) find / -name passwd | cut -d : -f1|grep "alumno1".
Ej.:   find / -name passwd | cut -d : -f1|grep "alumno1"
       grep "alumno1" /etc/passwd
       find / -name passwd |grep "alumno1"

c) Buscar en más de un fichero.
```
cd /mnt/local
ls -l
nano eje010
cat eje010
cp eje010 eje011
grep "esta" eje010
grep "esta" eje01?
grep "esta" eje01*
grep "esta" eje?1*
```

d) Buscar una cadena sin tener en cuenta o considerar la diferencia entre mayúsculas y minúsculas.
```
grep -i "esta" eje01*
grep -i "uscu" eje01*
```

e) Buscar palabras completas (que no formen parte de una palabra), que no sea una subcadena.
```
grep -iw "uscu" ej010
grep -i  "uscu" eje010
grep -i  "de"   eje010
grep -iw "de"   eje010
grep -i  "es"   eje010
grep -iw "es"   eje010
```

En Linux pueden existir ficheros Hola.Juan.mio.es
Todos los programas configurables tiene ficheros .conf

f) Buscar un número de línea después de encontrar la palabra que coincida con la cadena.
```
grep -A2  "ESTA"  eje010
grep -iA2 "ESTA"  eje010
```

g) Buscar en las líneas anteriores a la palabra coincidente. Mostrar las dos líneas anteriores a la coincidente.
```
grep -B2  "dos"  eje010
grep -iB3 "dos"  eje010
```

h) Buscar N líneas Anteriores y posteriores a la coincidente.
```
grep -C1 "primera" eje010
```

i) Buscar en todos los archivos de forma recursiva.
Se utilizan rutas y caracteres comodín.
```
grep -r -i "root" /etc/*
grep -r -i -w "root" /etc/*
grep -riw "root" /etc/*
```

Lista de los patrones de búsqueda de modelos que más frecuentemente puede usar con grep.

CARÁCTER	CONCUERDA
^	El comienzo de una línea de texto.
$	El final de una línea de texto.
.	Cualquier carácter único.
[...]	Cualquier carácter único de la lista o rango entre paréntesis.
[^...]	Cualquier carácter que no esté en la lista o el rango.
*	Cero o más apariciones del carácter precedente o de la expresión regular.
.*	Cero o más apariciones de cualquier carácter único.
\	Ignora el significado especial del próximo carácter.

- Las comillas dobles ("") se utilizan para delimitar el texto que desee que sea interpretado como una palabra.
- Las comillas simples (') se pueden usar para agrupar frases con palabras múltiples formando unidades únicas, o para asegurarse de que determinados caracteres como por ejemplo $ sean interpretados literalmente. Si quiere escribir caracteres como &! $? . ; y \ precedidos de una barra inversa, para que se interpreten como caracteres tipográficos normales.

j) Buscar las palabras que no coincidan con la cadena a buscar.
- grep -v "ESTA" eje010
- grep -v "es" eje010
- grep -vi "es" eje010
- grep -viw "es" eje010

k) Contar el número de coincidencias, que aparecen.
- grep -c "esta" eje010
- grep -ci "es" eje010
- grep -ciw "es" eje010

l) Visualizar solo la cadena a buscar.
- grep -o "ESTA" eje010
- grep -co "ESTA" eje010   --> Es incoherente solo se ejecuta c

m) Visualizar el número de línea en que se encuentra más el contenido.
- grep -n "ESTA" eje010
- grep -no "ESTA" eje010
- grep -nov "ESTA" eje010
- grep -nv "ESTA" eje010

n) Visualizar solo los ficheros que contienen la palabra a buscar.
- grep -l "root" /etc/*

Los ficheros que en el contienen la cadena .conf son los ficheros de configuración.
Hola.Juan.mio.es

o) Mostrar la posición en el fichero, de una cadena.
- grep -b "root" /etc/*

Visualizar los ficheros en formato largo y la salida enviarla a la pipe para que la procese el comando grep y extraiga solo los que el primer carácter sea una d: Directorio.

ls -l | grep '^d'

Extrae del fichero de definición de usuarios (passwd), todas la líneas que definen en el primer campo o comienzan por user más un número entre 0 y 9 ej: user1:....

grep '^user[0-9]' /etc/passwd

Extrae del fichero archivo.txt, todas las líneas que comienzan por una letra mayúscula/minúscula entre la A..z y contengan cero o más caracteres y el último carácter de la línea sea un número entre 0 y 9.

grep '^[A-Za-z]*[0-9]$' archivo.txt

Visualizar todos los ficheros, incluso los ocultos, se pasan al dispositivo de salida a una pipeline, que cede los datos como entrada a la orden grep, y busca.

ls –a | grep '^\.[^.]'

Buscar una cadena dentro del archivo.txt que:

grep '^.*,[0-9]\{10,\}' archivo.txt

PASO 5: Utilizar expresiones regulares con egrep.

egrep

La orden grep entiende dos versiones diferentes de expresión regular sintaxis: "básico" y "extendido". La orden egrep maneja formato extendido:

egrep se utiliza para buscar en los archivos de uno o más argumentos de patrones, pero utiliza la expresión regular que coincide extendida (así como la \ <y \> metacaracteres).

a) Ayuda.

egrep --help

> egrep <flags> 'expresión regular' <fichero>

PASO 6: Utilizar expresiones regulares con fgrep.

fgrep

La orden fgrep se utiliza para busca en los archivos de uno o más argumentos **de patrones**. No utiliza expresiones regulares; en cambio, lo hace la comparación de cadenas directa para encontrar las líneas que coincidan de texto en la entrada.

a) Ayuda.

fgrep --help

Probar conocimientos y analizar los resultados.
- # find / -type f \(-perm -04000 -o -perm -02000 \)
- # find / -perm -2 ! -type l -ls
- # find / -nouser -o -nogroup -print
- # find /home -name .rhosts -print

PRÁCTICA 25: Crear y manejar dispositivos.

DESCRIPCIÓN:

Los sistemas Linux en general utilizan un método estático de creación de dispositivos, implicando que un gran número de nodos de dispositivo son creados en /dev (literalmente, cientos de nodos) sin tener en cuenta si el dispositivo hardware correspondiente existe en realidad. Esto se hace típicamente mediante un guión MAKEDEV, que contiene una serie de llamadas al programa mknod con los números mayor y menor correspondientes a cada posible dispositivo que pudiera existir en el mundo.

Con el uso del método Udev, sólo se crearán los nodos correspondientes a aquellos dispositivos detectados por el núcleo. Debido a que estos nodos de dispositivo se crearán cada vez que se inicie el sistema, se almacenarán en un sistema de ficheros tmpfs (el cual existe por completo en memoria). Los nodos de dispositivo no necesitan mucho espacio, por lo que la memoria utilizada es muy poca.

Por seguridad, la operación de montar y desmontar solo la puede realizar el superusuario. Para resolver esto se puede usar la opción user en las líneas del fichero /etc/fstab:

Las órdenes utilizadas: mount, umount, mknod, lsusb, eject, fuser.

Administración de dispositivos

Linux utiliza carpetas para montar los diferentes dispositivos de almacenamiento.

    /etc/mtab   tabla de sistemas de ficheros montados.
    /etc/fstab   tabla de sistemas de ficheros montados.

PASO 1: Listar los dispositivos existentes.

    lsusb

a) Ayuda.

    lsusb

b) Listar por defecto los dispositivos.

    lsusb

c) Listar los dispositivos específicos.

    lsusb -e sda

d) Listar la jerarquía de árbol de dispositivos USB.

    lsusb

lsusb
Sintaxis: lsusb [opción]...

OPCIÓN	DESCRIPCIÓN
-s [devnum]	Mostrar sólo los dispositivos con dispositivo específico y/o las líneas de bus (en decimal).
-d proveedor: [producto]	Mostrar sólo los dispositivos con el proveedor especificado y números de identificación de producto (en hexadecimal).
-D Dispositivo	Selecciona el dispositivo que lsusb examinará.
-t	Volcado de la jerarquía de dispositivos USB física como un árbol.

PASO 2: Montar un dispositivo.

a) Ayuda.

    mount --help

Los tipos pueden ser vfat, ext3, ntfs, xfs, reiserfs, minix y, además, para montar un CD-ROM se utiliza el tipo iso9660, para un montaje en red nfs, etc.

En los sistemas Linux más nuevos no es necesario especificar el sistema de ficheros ya que mount los detecta automáticamente.

Los argumentos dispo y punto_montaje hacen referencia al dispositivo y al directorio en donde se va a montar el sistema de ficheros. Este punto de montaje debe ser un directorio que exista y que además esté vacío.

b) Visualizar por defecto las unidades montadas.

    mount

c) Montar un dispositivo usb en la carpeta /media/usb.

    mount -t vfat /dev/sda1 /mnt/usb

d) Permite montar el fichero imagen.iso en /media/cdrom y en modo solo lectura.

    mount -t iso9660 -o ro,loop ~/cd-isodatos.iso /media/cdrom

e) Monta un dispositivos flash con la opción noatime (ello reduce el número de escrituras).

    mount -w -o noatime   /dev/sda1   /memstick

f) Montar dispositivos en FAT.

    mount -t vfat /dev/sdb1 /mnt/usb
    mount -t vfat /dev/hdb1 /mnt/disco1

g) Montar dispositivos en NTFS.

    mount -t ntfs-3g /dev/sdb1 /media/usb

mount
Sintaxis: mount [opciones] [-t tipo] [-a] [-o opc] dispo punto_montaje.

OPCIÓN	DESCRIPCIÓN
-a	Permite montar todos los sistemas de ficheros especificados en el fichero /etc/fstab.
-f	Realiza un montaje ficticio. Sirve para comprobar si el montaje se realizaría correctamente.
-n	Monta el dispositivo sin escribirlo en el fichero /etc/mtab.
-r	Monta el sistema de ficheros como sólo lectura.
-w	Monta el sistema de ficheros para lectura/escritura (opción por defecto).

-O	Uso junto con -a, para limitar el conjunto de sistemas de archivos para que se aplica. Se puede combinar con -t y es acumulativa la restricción (propio de Slackware).
	    mount -a -O no_netdev
	    mount -a -t ext2 -O _netdev

-o	Las opciones se especifican con una bandera o seguido de una cadena separada por comas de opciones.

PASO 3: Desmontar un dispositivo.

Es importante desmontar un disco antes de extraerlo. Esto da al sistema la oportunidad de completar cualquier escritura pendiente y evita dejar inestable el acceso a las estructuras del dispositivo desmontando el sistema de archivos limpiamente.

El uso del comando umount garantiza que toda la información mantenida en memoria por el sistema operativo se escriba en el dispositivo antes de desmontarlo. Para ello también puede usarse el comando sync dispositivo.

    umount

a) Ayuda.

    umount --help

umount
Sintaxis: umount dispositivo | punto_montaje
Para desmontar un sistema se puede utilizar, indistintamente, el dispositivo o el directorio en el que se encuentra montado.

b) Desmonta la unidad de disquete B.
   umount /dev/fd1
c) Desmonta el dispositivo que hubiese sido montado en el directorio /mnt/win.
   umount /mnt/win
d) Permite desmontar todas las unidades.
   umount -a
e) Desmontar todos los sistemas montados del tipo vfat.
   umount -t vfat
f) Desmontar un dispositivo usb montado en nuestro ordenador.
   umount /dev/sda1
   umount /dev/sda2

PASO 4: Crear dispositivos.
   mknod
a) Ayuda.
   mknod --help
b) Para crear un dispositivo, haremos un nuevo nodo de dispositivo de bloques y lo llamaremos disquete en el /dev y usaremos los mismos números de mayor y menor del dispositivo.
   /dev/fd0
   # mknod /dev/disquete b 1 112
c) Crea una segunda entrada y llamada raw.disquete, el cual ser aun dispositivo de carácter basado en el dispositivo existente /dev/fd0.
   # mknod /dev/raw.disquete e 1 112

PASO 5: Visualizar los dispositivos de la BIOS.
   biosdecode
a) Ayuda.
   biosdecode -help
b) Visualización por defecto.

```
root@puesto000:~# biosdecode
# biosdecode 2.11
ACPI 2.0 present.
        OEM Identifier: VBOX
        RSD Table 32-bit Address: 0x3FFF0000
        XSD Table 64-bit Address: 0x000000003FFF0030
BIOS32 Service Directory present.
        Revision: 0
        Calling Interface Address: 0x000FDA00
PCI Interrupt Routing 1.0 present.
        Router ID: 00:01.0
        Exclusive IRQs: None
        Compatible Router: 8086:7000
        Slot Entry 1: ID 00:01, on-board
        Slot Entry 2: ID 00:02, slot number 1
        Slot Entry 3: ID 00:03, slot number 2
        Slot Entry 4: ID 00:04, slot number 3
        Slot Entry 5: ID 00:05, slot number 4
        Slot Entry 6: ID 00:06, slot number 5
        Slot Entry 7: ID 00:07, slot number 6
        Slot Entry 8: ID 00:08, slot number 7
        Slot Entry 9: ID 00:09, slot number 8
        Slot Entry 10: ID 00:0a, slot number 9
        Slot Entry 11: ID 00:0b, slot number 10
        Slot Entry 12: ID 00:0c, slot number 11
        Slot Entry 13: ID 00:0d, slot number 12
        Slot Entry 14: ID 00:0e, slot number 13
        Slot Entry 15: ID 00:0f, slot number 14
        Slot Entry 16: ID 00:10, slot number 15
        Slot Entry 17: ID 00:11, slot number 16
        Slot Entry 18: ID 00:12, slot number 17
        Slot Entry 19: ID 00:13, slot number 18
        Slot Entry 20: ID 00:14, slot number 19
        Slot Entry 21: ID 00:15, slot number 20
        Slot Entry 22: ID 00:16, slot number 21
        Slot Entry 23: ID 00:17, slot number 22
        Slot Entry 24: ID 00:18, slot number 23
        Slot Entry 25: ID 00:19, slot number 24
        Slot Entry 26: ID 00:1a, slot number 25
        Slot Entry 27: ID 00:1b, slot number 26
        Slot Entry 28: ID 00:1c, slot number 27
        Slot Entry 29: ID 00:1d, slot number 28
        Slot Entry 30: ID 00:1e, slot number 29
SMBIOS 2.5 present.
        Structure Table Length: 450 bytes
        Structure Table Address: 0x000E1000
        Number Of Structures: 10
        Maximum Structure Size: 255 bytes
```
c) Visualizar el contenido del dispositivo de memoria.

biosdecode -t
PASO 6: Visualizar los dispositivos DMI.

Muestra la información sobre: Marca versión y fecha de la BIOS, tipo de hardware soportado, marca y modelo de la placa, tipo de socket, tamaño máximo memoria por slot y máximo soportado. Información sobre los puertos y de los slot pci, asi como de los utilizados y los libres.

   dmidecode

a) Ayuda.

   dmidecode --help
   dmidecode -h

b) Visualización por defecto.

dmidecode	
OPCIÓN	DESCRIPCIÓN
-d	Leer la memoria a partir del fichero /dev/mem
-q	Less verbose output.
-s STRING	Visualizar solo las cadenas válidas DMI.
-t TYPE	Sólo mostrar las entradas de tipo dado.
-u	No decodificar las entradas HEX..
-V	Visualizar la version y salir.

```
dmidecode
SMBIOS 2.5 present.
10 structures occupying 450 bytes.
Table at 0x000E1000.

Handle 0x0000, DMI type 0, 20 bytes
BIOS Information
        Vendor: innotek GmbH
        Version: VirtualBox
        Release Date: 12/01/2006
        Address: 0xE0000
        Runtime Size: 128 kB
        ROM Size: 128 kB
        Characteristics:
                ISA is supported
                PCI is supported
                Boot from CD is supported
                Selectable boot is supported
                8042 keyboard services are supported (int 9h)
                CGA/mono video services are supported (int 10h)
                ACPI is supported

Handle 0x0001, DMI type 1, 27 bytes
System Information
        Manufacturer: innotek GmbH
        Product Name: VirtualBox
        Version: 1.2
        Serial Number: 0
        UUID: 345400D4-0150-4D45-BD0C-40E3FB67126D
        Wake-up Type: Power Switch
        SKU Number: Not Specified
        Family: Virtual Machine

Handle 0x0008, DMI type 2, 15 bytes
Base Board Information
        Manufacturer: Oracle Corporation
        Product Name: VirtualBox
        Version: 1.2
        Serial Number: 0
        Asset Tag: Not Specified
        Features:
                Board is a hosting board
        Location In Chassis: Not Specified
        Chassis Handle: 0x0003
        Type: Motherboard
        Contained Object Handles: 0

Handle 0x0003, DMI type 3, 13 bytes
Chassis Information
        Manufacturer: Oracle Corporation
        Type: Other
        Lock: Not Present
        Version: Not Specified
        Serial Number: Not Specified
        Asset Tag: Not Specified
        Boot-up State: Safe
        Power Supply State: Safe
        Thermal State: Safe
        Security Status: None

Handle 0x0007, DMI type 126, 42 bytes
Inactive

Handle 0x0005, DMI type 126, 15 bytes
Inactive

Handle 0x0006, DMI type 126, 28 bytes
Inactive

Handle 0x0002, DMI type 11, 7 bytes
OEM Strings
        String 1: vboxVer_4.3.28
```

```
        String 2: vboxRev_100309

Handle 0x0008, DMI type 128, 8 bytes
OEM-specific Type
        Header and Data:
                80 08 08 00 F0 04 23 00

Handle 0xFEFF, DMI type 127, 4 bytes
End Of Table
```

c) Visaulizar todos los tipos validos DMI.
   dmidecode -t
d) Visualizar los tipos DMI.
   dmidecode -t bios
   dmidecode -t system
   dmidecode -t baseboard
   dmidecode -t chassis
   dmidecode -t processor
   dmidecode -t memory
   dmidecode -t cache
   dmidecode -t connector
   dmidecode -t slot
e) Visualizar todas las cadenas validas DMI.
   dmidecode -s
f) Visualizar el valor de la cadena DMI dada.
   dmidecode -s bios-version
   dmidecode -s system-product-name
   dmidecode -s system-uuid
   dmidecode -s baseboard-product-name
   dmidecode -s chasis-type
   dmidecode -s processor-manufacturer

Cadenas validas dmidecode -s
bios-vendor
bios-version
bios-release-date
system-manufacturer
system-product-name
system-version
system-serial-number
system-uuid
baseboard-manufacturer
baseboard-product-name
baseboard-version
baseboard-serial-number
baseboard-asset-tag
chassis-manufacturer
chassis-type
chassis-version
chassis-serial-number
chassis-asset-tag
processor-family
processor-manufacturer
processor-version
processor-frequency

PASO 7: Listar parte de nuestro hardware.

e) Muestra toda la información de nuestro procesador y en el caso de ser de doble núcleo, aparece como si fueran dos.
   less /proc/cpuinfo

```
processor       : 0
vendor_id       : GenuineIntel
cpu family      : 6
model           : 58
model name      : Intel(R) Core(TM) i7-3610QM CPU @ 2.30GHz
stepping        : 9
microcode       : 0x19
cpu MHz         : 2300.000
cache size      : 6144 KB
fpu             : yes
fpu_exception   : yes
cpuid level     : 5
wp              : yes
flags           : fpu vme de pse tsc msr pae mce cx8 apic sep mtrr pge
mca cmov pat pse36 clflush mmx fxsr sse sse2 syscall nx rdtscp lm
constant_tsc rep_good nopl pni monitor ssse3 lahf_lm
bogomips        : 4590.05
clflush size    : 64
cache_alignment : 64
address sizes   : 36 bits physical, 48 bits virtual
power management:
```

f) Muestra información de la memoria. Se podemos ver cuanta memoria tenemos y cuanta está disponible.
   less /proc/meminfo

```
Last login: Fri Aug 14 07:21:44 2015 from i7-dell.home
Linux 3.10.17.

When arguments fail, use a blackjack.
                -- Ed "Spike" O'Donnell

root@192:~# less /proc/meminfo
MemTotal:        1012484 kB
MemFree:          499520 kB
Buffers:          208376 kB
Cached:           176188 kB
SwapCached:            0 kB
Active:           154600 kB
Inactive:         268924 kB
Active(anon):      38972 kB
Inactive(anon):     1040 kB
Active(file):     115628 kB
Inactive(file):   267884 kB
Unevictable:           0 kB
```

```
            Mlocked:                 0 kB
            SwapTotal:         1047528 kB
            SwapFree:          1047528 kB
            Dirty:                 200 kB
            Writeback:               0 kB
            AnonPages:           38944 kB
            Mapped:              13624 kB
            Shmem:                1044 kB
            Slab:                67164 kB
            SReclaimable:        58816 kB
            SUnreclaim:           8348 kB
            KernelStack:          1952 kB
            PageTables:           4044 kB
            NFS_Unstable:            0 kB
            Bounce:                  0 kB
            WritebackTmp:            0 kB
            CommitLimit:       1553768 kB
            Committed_AS:       770180 kBxa
            VmallocTotal:    34359738367 kB
            VmallocUsed:         10024 kB
            VmallocChunk:    34359723016 kB
            AnonHugePages:       12288 kB
            DirectMap4k:         12224 kB
            DirectMap2M:       1036288 kB
```

PASO 8: Mostar los dispositivos.

Muestra los dispositivos.

lshal

a) Ayuda.

lshal --help

b) Visualización por defecto.

lshal

c) Filtradrado de la Visualización. Se utiliza pipe, porque sino dá una salida muy extensa por lo que vamos a limitarla utilizando una búsqueda selectiva y cortar por la segunda columna y se visualizar la salida en orden alfabético.

lshal | grep info.product | cut -d= -f2 | sort

PASO 9: Mostar los dispositivos PCI.

lspci

a) Ayuda.

lspci --help

b) Visualización por defecto.

```
lspci
00:00.0 Host bridge: Intel Corporation 440FX - 82441FX PMC [Natoma] (rev 02)
00:01.0 ISA bridge: Intel Corporation 82371SB PIIX3 ISA [Natoma/Triton II]
00:01.1 IDE interface: Intel Corporation 82371AB/EB/MB PIIX4 IDE (rev 01)
```

c) Modos de visualización básica.

```
lspci -m
00:00.0 "Host bridge" "Intel Corporation" "440FX - 82441FX PMC [Natoma]" -r02
"" ""
00:01.0 "ISA bridge" "Intel Corporation" "82371SB PIIX3 ISA [Natoma/Triton II]"
"" ""
00:01.1 "IDE interface" "Intel Corporation" "82371AB/EB/MB PIIX4 IDE" -r01 -p8a
"" ""

lspci -mm
00:00.0 "Host bridge" "Intel Corporation" "440FX - 82441FX PMC [Natoma]" -r02
"" ""
00:01.0 "ISA bridge" "Intel Corporation" "82371SB PIIX3 ISA [Natoma/Triton II]"
"" ""
00:01.1 "IDE interface" "Intel Corporation" "82371AB/EB/MB PIIX4 IDE" -r01 -p8a
"" ""

    lspci  -t
    -[0000:00]-+-00.0
               +-01.0
               +-01.1
               +-02.0
               +-03.0
               +-04.0
               +-05.0
               +-06.0
               +-07.0
               +-08.0
               +-0b.0
               \-0d.0
```

lspci

Modos de visualización básicas.

-mm	Produce salida legible por máquina (-m único para un formato obsoleto).
-t	Mostrar árbol del BUS.

Mostrar opciones.

-v	Se detalla (-vv para muy detallado) conductores, para mostrar kernel –k qué maneja cada dispositivo.
-x	La parte estándar del espacio de configuración.
-xxx	Mostrar hexadecimal el volcado de todo el espacio de configuración (peligroso; root).
-xxxx	Mostrar hexadecimal el volcado del espacio 4096 bytes de configuración extendida (sólo root) con -b la vista central del BUS (direcciones y IRQ de como se ve por el BUS).
-D	Mostrar siempre los números de dominio.

La resolución de identificación de dispositivos a los nombres.

-n	Mostrar identificaciones numéricas.
-nn	Mostrar tanto el nombre y la identificación numérica (nombres y números).
-q	Consulta la base de datos de identificación PCI para identificaciones desconocidos a través de DNS.
-qq	Como el anterior, pero re-consulta en caché de las entradas localmente.
-Q	Consultar la base de datos PCI ID para todas las identificaciones a través de DNS.

d) Visualizar en hexadecimal el contenido de todo el espacio de configuración.

    lspci -x
```
00:00.0 Host bridge: Intel Corporation 440FX - 82441FX PMC [Natoma] (rev 02)
00: 86 80 37 12 00 00 00 00 02 00 00 06 00 00 00 00
10: 00 00 00 00 00 00 00 00 00 00 00 00 00 00 00 00
20: 00 00 00 00 00 00 00 00 00 00 00 00 00 00 00 00
30: 00 00 00 00 00 00 00 00 00 00 00 00 00 00 00 00
```

e) Visualiza en hexadecimal el contenido de todo el espacio de configuración. (igual)

    lspci -xx

f) Visualiza en hexadecimal el contenido de todo el espacio extendido de 4096 bytes.

    lspci -xxx
```
00:00.0 Host bridge: Intel Corporation 440FX - 82441FX PMC [Natoma] (rev 02)
00: 86 80 37 12 00 00 00 00 02 00 00 06 00 00 00 00
10: 00 00 00 00 00 00 00 00 00 00 00 00 00 00 00 00
20: 00 00 00 00 00 00 00 00 00 00 00 00 00 00 00 00
30: 00 00 00 00 00 00 00 00 00 00 00 00 00 00 00 00
40: 00 00 00 00 00 00 00 00 00 00 00 00 00 00 00 00
50: 00 00 00 00 00 00 00 00 00 00 00 00 00 00 00 00
60: 00 00 00 00 00 00 00 00 00 00 00 00 00 00 00 00
70: 00 00 00 00 00 00 00 00 00 00 00 00 00 00 00 00
80: 00 00 00 00 00 00 00 00 00 00 00 00 00 00 00 00
90: 00 00 00 00 00 00 00 00 00 00 00 00 00 00 00 00
a0: 00 00 00 00 00 00 00 00 00 00 00 00 00 00 00 00
b0: 00 00 00 00 00 00 00 00 00 00 00 00 00 00 00 00
c0: 00 00 00 00 00 00 00 00 00 00 00 00 00 00 00 00
d0: 00 00 00 00 00 00 00 00 00 00 00 00 00 00 00 00
e0: 00 00 00 00 00 00 00 00 00 00 00 00 00 00 00 00
f0: 00 00 00 00 00 00 00 00 00 00 00 00 00 00 00 00
```

g) Mostrar el identificador del número de dominio.

    lspci -D
```
0000:00:00.0 Host bridge: Intel Corporation 440FX - 82441FX PMC [Natoma] (rev 02)
0000:00:01.0 ISA bridge: Intel Corporation 82371SB PIIX3 ISA [Natoma/Triton II]
0000:00:01.1 IDE interface: Intel Corporation 82371AB/EB/MB PIIX4 IDE (rev 01)
0000:00:02.0 VGA compatible controller: InnoTek Systemberatung GmbH VirtualBox Graphics Adapter
0000:00:03.0 Ethernet controller: Intel Corporation 82540EM Gigabit Ethernet Controller (rev 02)
0000:00:04.0 System peripheral: InnoTek Systemberatung GmbH VirtualBox Guest Service
0000:00:05.0 Multimedia audio controller: Intel Corporation 82801AA AC'97 Audio Controller (rev 01)
0000:00:06.0 USB controller: Apple Inc. KeyLargo/Intrepid USB
0000:00:07.0 Bridge: Intel Corporation 82371AB/EB/MB PIIX4 ACPI (rev 08)
0000:00:08.0 Ethernet controller: Intel Corporation 82540EM Gigabit Ethernet Controller (rev 02)
0000:00:0b.0 USB controller: Intel Corporation 82801FB/FBM/FR/FW/FRW (ICH6 Family) USB2 EHCI Controller
0000:00:0d.0 SATA controller: Intel Corporation 82801HM/HEM (ICH8M/ICH8M-E) SATA Controller [AHCI mode] (rev 02)
```

h) Mostrar identificadores numéricos.

    lspci -n
```
00:00.0 0600: 8086:1237 (rev 02)
00:01.0 0601: 8086:7000
00:01.1 0101: 8086:7111 (rev 01)
00:02.0 0300: 80ee:beef
00:03.0 0200: 8086:100e (rev 02)
00:04.0 0880: 80ee:cafe
00:05.0 0401: 8086:2415 (rev 01)
00:06.0 0c03: 106b:003f
00:07.0 0680: 8086:7113 (rev 08)
00:08.0 0200: 8086:100e (rev 02)
00:0b.0 0c03: 8086:265c
00:0d.0 0106: 8086:2829 (rev 02)
```

i) Mostrar el nombre y la identificación numérica.

    lspci -nn
```
00:00.0 Host bridge [0600]: Intel Corporation 440FX - 82441FX PMC [Natoma] [8086:1237] (rev 02)
00:01.0 ISA bridge [0601]: Intel Corporation 82371SB PIIX3 ISA [Natoma/Triton II] [8086:7000]
00:01.1 IDE interface [0101]: Intel Corporation 82371AB/EB/MB PIIX4 IDE [8086:7111] (rev 01)
00:02.0 VGA compatible controller [0300]: InnoTek Systemberatung GmbH VirtualBox Graphics Adapter [80ee:beef]
```

j) Visualizar el resultado de la Consulta la base de datos de identificación PCI.

    lspci -q
```
00:00.0 Host bridge: Intel Corporation 440FX - 82441FX PMC [Natoma] (rev 02)
00:01.0 ISA bridge: Intel Corporation 82371SB PIIX3 ISA [Natoma/Triton II]
00:01.1 IDE interface: Intel Corporation 82371AB/EB/MB PIIX4 IDE (rev 01)
00:02.0 VGA compatible controller: InnoTek Systemberatung GmbH VirtualBox Graphics Adapter
```

k) Visualiza el resultado de una nueva consulta en caché de las entradas localmente. (En principio igual que lspci -q).

    lspci -qq

l) Visualizar la consultar la base de datos PCI ID para todas las identificaciones a través de DNS.

    lspci -Q

PRÁCTICA 26: Mostrar ficheros que existen en una estructura de Linux.

DESCRIPCIÓN:

Orden estándar es *ls*, con esta orden se utilizan patrones de búsqueda, los metacaracteres.

Metacaracteres.

Metacarácter	Significado
*	Sustituye entre 0 carácter o varios.
?	Sustituye entre 0 y 1 carácter.
[]	Patrones o condiciones.
[-]	Rango de caracteres.
[^] o [!]	Excepto ese conjunto de caracteres.
[a-z]	Rango de caracteres entre a y z ambos inclusive.
[1-6]	Rango numérico entre 1 y 6 ambos inclusive.
[1,3,5,6]	Conjunto de elementos (numéricos).
[a,e,i,o,u]	Conjunto de elementos (vocales).
[^e*]	Que no contenga la letra e.
[$a]	Debe terminar en la letra a.
{}	Sustituye string o cadenas dentro de las llaves.
{mi,asa}	Archivos o directorios que contengan mi o asa.
|	Permite una alternativa para elegir entre dos expresiones.
//	Delimita una expresión regular.
\	Protege el siguiente metacarácter.
{n}	Repetición de n veces el carácter o subexpresión previos.
{n,}	Repetición de n veces el carácter o subexpresión previos.
{n,m}	Repetición entre n y m veces el carácter o subexpresión previos.

METACARACTERES NO IMPRIMIBLES.

METACARÁCTER	SIGNIFICADO
\a	Pitido, el carácter BEL (07 en hexadecimal).
\e	Escape (1B en hexadecimal).
\cx	"control-x", donde x es el carácter correspondiente.
\f	Nueva página (0C hexadecimal).
\n	Nueva línea (0A hexadecimal).
\r	Retorno de carro (0D hexadecimal).
\t	Tabulador (09 hexadecimal).
\xhh	Carácter con código hh hexadecimal.
\ddd	Carácter con código ddd en octal.

Clases

Se pueden especificar las clases de caracteres según varias sintaxis, POSIX, tradicional o Unicode.

Según la sintaxis de clases POSIX, se indica [:clase:]

Clase	Significado
[:alpha:]	Carácter alfabético.
[:alnum:]	Carácter alfanumérico.
[:ascii:]	Carácter ascii
[:blank:]	Espacio, incluye tabulador (también \s según la sintaxis tradicional).
[:cntrl:]	Carácter de control.
[:digit:]	Un dígito (también \d según la sintaxis tradicional).
[:graph:]	Carácter gráfico.
[:lower:]	Letra minúscula.
[:print:]	Carácter imprimible.
[:punct:]	Carácter de puntuación.
[:space:]	Espacio (también \s según la sintaxis tradicional).
[:upper:]	Letra mayúscula.
[:word:]	Palabra (también \w según la sintaxis tradicional).
[:xdigit:]	Dígito hexadecimal.

OTROS METACARACTERES

Metacarácter	Significado
\D	Cualquier carácter que no sea un dígito decimal (equivalente a [^:digit:])
\S	Cualquier carácter que no sea un espacio en blanco (equivalente a [^:blank:])
\w	Cualquier carácter de una palabra.
\W	Cualquier carácter que no sea de una "palabra".

Ejemplos:

Expresión	Significado
/[a-z]/	Una letra minúscula. El "-" indica un rango, que en este caso comienza en "a" y termina en "z".
/[A-Z]/	Una letra mayúscula.
/[0-9]/	Un dígito.
/[.'¿!¡;:.?]/	Un carácter de puntuación.
/[A-Za-z]/	Una letra salvo acentuadas y ñ.
/[A-Za-z0-9]/	Una letra, salvo acentuadas y ñ, o un dígito.
/[^a-z]/	Cualquier carácter salvo una letras minúscula.
/[^0-9]/	Cualquier carácter salvo un número.

LITERALES

Consta de: dos literales :tn: y (EN)midominio.dom (el "." va protegido). Un anclaje, el $ que indica final de línea dos conjuntos de caracteres [ ] que representa un espacio en blanco y [^(EN)] que indica todo lo que no sea (EN). Los cuantificadores * que indica en este caso posibles espacios en blanco y + que indica repetición de una o más veces el carácter anteriorior, en este caso todo lo que no sea (EN). Los metacaracteres * y + se analizan con más detalles en su apartado específico.

```
/En:[ ]*[^(EN)]+(EN)midominio\.dom$/
```

Metacarácter como literal

Utilizar un metacarácter como literal tendremos que protegerlo con una contrabarra ("\").Un caso particular es usar expresiones regulares dentro de una shell, por ejemplo un script de shell. En este caso deberíamos realizar en algunos casos una doble protección con la contrabarra, una para protegerlo en shell y otra para potegerlo en la expresión regular.

```
X="La variable \$X está definida"
```
Se almacena, "La variable $X está definida". Esta cadena como expresión regular no tiene el signo $ protegido.

Si quisiéramos almacenar "La variable \$X está definida" hay que poner:
```
X="La variable \\\$X está definida"
```

PASO 1: Comando ls.

Visualizar o lista el contenido de información del directorio actual.

    ls

a) Ayuda.

    ls --help

b) Visualización por defecto

    ls

c) Visualizar en formato amplio o largo.

    ls –l

d) Visualizar todos los ficheros y directorios (incluyen los ocultos).

    ls -a

    ls -la

e) Visualizar el directorio activo y actual. *(Directorio activo ./)*

    ls -d

    ls -dl

    pwd

Fichero ejecutables, fuera de la ruta de búsqueda hay que precederlo de ./.

    ls -li   /etc

f) Listar por tiempo de modificación de un inodo.

    ls -t   /sbin

    ls -tl   /bin

g) Listar los contenidos del directorio en función de la versión (actualización ficheros).

    ls -v   /bin

    ls -lv   /bin

h) Visualizar todos los ficheros o directorios ocultos (sin ignorar. ..).

    ls -la   /bin

i) Visualizar todos los ficheros o directorios ocultos, incluidos menos (.) (..)

    ls -lA   /bin

No listar los ficheros de copia de seguridad (~).

    cd   /mnt/local

    ls -B

    ls -lB

j) Invertir el orden de visualización.

    ls -lB

    ls -lB -r

k) Visualizar el fichero por Tamaño.

    ls -lS

l) Invertir, lo contrario del tamaño mayor al menor.

    ls -lS -r

m) Visualizar él una columna con el tamaño de bloques.

    ls -ls

n) El número de bloques es la primera columna que aparece.

    ls -lsS

    ls -lsSr

o) Invertir la selección.

    ls -lsSi

Se agrega una columna (1ª) con el número de inodo de inodo.

    ls -lsSir

p) Listar los ficheros por fecha de creación o última modificación.

    ls -t

    ls -lt

ls
Sintaxis: ls [-aAcCdfFgilLmnpqrRstux1] [ruta ...]

OPCIÓN	DESCRIPCIÓN
-a	Lista todas las entradas.
-F	Pone '/' al final de directorios, '*' al final de ejecutables y '@' al de enlaces simbólicos, '|' FiFo.
-i	Muestra el número de inodo en la columna 1
-l	Listado largo.
-n	Con –l muestra UID/GID.
-p	Pone '/' al final de los directorios.
-r	Invierte el sentido de ordenación.
-s	Muestra tamaño en bloques.
-u	Sentido de ordenación por la fecha del último acceso.
-1	Fuerza el formato de un nombre de fichero en cada línea.
-A i	Igual que -a pero no lista los directorios '.' y '..'.
-L	Sigue los enlaces simbólicos.
-o	Como -l pero no muestra grupo.
-q	Muestra los caracteres no visualizables.
-R	Lista recursivamente directorios.
-t	Ordena por fechas.
-x	La salida se realiza en multicolumna ordenada horizontalmente.

Visualiza en columnas y establece la diferencia por colores y en su terminación.

/	Directorios (azul oscuro).
*	Ejecutables (verde).
~	Copias de seguridad (.bak, bk!).
|	Pipes.
=	socket (morado).
->	Enlace (azul claro).

q) Desactivar el color y visualizar en columnas.
   ls -f
   ls -lf
r) Visualizar en formato largo los ficheros omitiendo la columna del propietario.
   ls -g
   ls -lg
s) Visualizar en formato largo los ficheros omitiendo la columna del grupo.
   ls -G
   ls -LG
t) Visualizar en multicolumna ordenada horizontalmente.
   ls -x
u) Visualizar en multicolumna ordenada verticalmente. Visualización por defecto.
   ls
v) Visualizar en formato amplio igual –l, y no muestra grupos.
   ls -o
w) Visualizar el contenido de todos los directorios recursivamente, y en formato amplio.
   ls -lR
x) Visualizar por la fecha del último acceso, en formato amplio.
   ls -lu
   ```
   total 2260
   drwxr-xr-x   5 root root        4096 Aug   7 04:40 ConsoleKit/
   -rw-r--r--   1 root root        4593 Aug   9 14:49 DIR_COLORS
   -rw-r--r--   1 root root          26 Aug   9 11:42 HOSTNAME
   ```
y) Visualizar el UID/GUID.
   ls –ln
   ```
   total 1124
   -rw-r--r--.  1  0  0        16 ago  6 01:54 adjtime
   -rw-r--r--.  1  0  0      1518 jun  7 2013 aliases
   -rw-r--r--.  1  0  0     12288 ago  6 03:22 aliases.db
   drwxr-xr-x.  2  0  0      4096 ago  6 01:35 alternatives
   -rw-------.  1  0  0       541 jul 30 2014 anacrontab
   ```
z) Visualizar en formato amplio y agregar uno de estos símbolos al final del nombre del fichero (* / => @ |).
   ls -lF
   ```
   drwxr-xr-x  2 root root        4096 Apr 18  2013 auto.master.d/
   -rw-r--r--  1 root root         524 Apr 18  2013 auto.misc
   -rwxr-xr-x  1 root root        1260 Apr 18  2013 auto.net*
   -rwxr-xr-x  1 root root         687 Apr 18  2013 auto.smb*
   ```
aa) Visualizar
   ls -li
   ```
    33554589 -rw-r--r--.  1 root root      23 abr  1 00:27 system-release-cpe
    33907631 -rw-------.  1 tss  tss     6411 jun 10 2014 tcsd.conf
    33555576 drwxr-xr-x.  2 root root       6 jun 11 2014 terminfo
   100951830 drwxr-xr-x.  2 root root       6 mar  6 06:48 tmpfiles.d
   101208979 drwxr-xr-x.  2 root root      67 ago  6 01:35 tuned
   ```
bb) Visualizar agregar / al final de nombre del directorio.
   ls -lp
   ```
   drwxr-xr-x.  2 root root     32 ago  6 01:35 wpa_supplicant/
   drwxr-xr-x.  5 root root     54 ago  6 01:34 X11/
   drwxr-xr-x.  4 root root     36 ago  6 01:34 xdg/
   drwxr-xr-x.  2 root root      6 jun 10 2014 xinetd.d/
   drwxr-xr-x.  6 root root   4096 ago  6 01:35 yum/
   -rw-r--r--.  1 root root    970 mar  9 21:39 yum.conf
   drwxr-xr-x.  2 root root   4096 mar  9 21:39 yum.repos.d/
   ```
cc) Visualizar todos los ficheros que terminen en un caracter.
   ```
   [root@localhost bin]# ls  -l  [$o]*
   ls: no se puede acceder a []*: No existe el fichero o el directorio
   [root@localhost bin]# ls  -l  [$a]*
   ls: no se puede acceder a []*: No existe el fichero o el directorio
   [root@localhost bin]# ls  -l  | grep 'ep'
   ```
dd) Visualizar todos los ficheros que tengan en el primer carácter una a,e, o cualquier otro carácter comprendido entre la letra b y la p.
   ls -l /bin/[a,e,b-p]*
   ```
   [root@localhost bin]# ls  -l  [a,e,b-p]*
   -rwxr-xr-x.  1 root root  29016 mar  5 23:27 addr2line
   -rwxr-xr-x.  1 root root     29 mar  5 23:06 alias
   lrwxrwxrwx.  1 root root      6 ago  6 01:35 apropos -> whatis
   -rwxr-xr-x.  1 root root  58472 mar  5 23:27 ar
   -rwxr-xr-x.  1 root root  33048 jun 10 2014 arch
   ```
ee) Visualizar cualquier fichero que tengan en el primer carácter desde la letra a hasta la m minúscula o desde la letra A hasta la M y cualquier otro(s) carácter(es).

```
ls -l /bin/[a-m,A-M]*
[root@localhost bin]# ls   -l   [a-m,A-M]*
-rwxr-xr-x. 1 root root     29016 mar  5 23:27 addr2line
-rwxr-xr-x. 1 root root        29 mar  5 23:06 alias
lrwxrwxrwx. 1 root root         6 ago  6 01:35 apropos -> whatis
-rwxr-xr-x. 1 root root     58472 mar  5 23:27 ar
-rwxr-xr-x. 1 root root     33048 jun 10  2014 arch
-rwxr-xr-x. 1 root root    365200 mar  5 23:27 as
```

ff) Visualizar todos los ficheros y directorios cuyo primer carácter sea una e o una a.

```
ls -l /bin/[$a,e]*
[root@localhost bin]# ls   -l   [$a,e]*
-rwxr-xr-x. 1 root root       320 jun 10  2014 easy_install
-rwxr-xr-x. 1 root root       328 jun 10  2014 easy_install-2.7
-rwxr-xr-x. 1 root root     33040 jun 10  2014 echo
-rwxr-xr-x. 1 root root       158 mar  6 01:17 egrep
-rwxr-xr-x. 1 root root     45640 mar  6 06:59 eject
-rwxr-xr-x. 1 root root     32920 mar  5 23:27 elfedit
-rwxr-xr-x. 1 root root     28960 jun 10  2014 env
-rwxr-xr-x. 1 root root     36816 jun 10  2014 envsubst
-rwxr-xr-x. 1 root root    147880 jun  9  2014 eqn
lrwxrwxrwx. 1 root root         2 ago  6 01:34 ex -> vi
-rwxr-xr-x. 1 root root     33216 jun 10  2014 expand
-rwxr-xr-x. 1 root root     37384 jun 10  2014 expr
```

gg) Visualizar todos los ficheros que terminen en a, pero se invierte y visualiza todos los ficheros que comiencen por a.

```
ls -l /bin/[$^a*]
ls -l /bin/[$^a*]*
ls -l /bin/[$^a]*
-rwxr-xr-x. 1 root root     29016 mar  5 23:27 addr2line
-rwxr-xr-x. 1 root root        29 mar  5 23:06 alias
lrwxrwxrwx. 1 root root         6 ago  6 01:35 apropos -> whatis
-rwxr-xr-x. 1 root root     58472 mar  5 23:27 ar
-rwxr-xr-x. 1 root root     33048 jun 10  2014 arch
```

hh) Visualizar que comiencen por o.

```
ls -l /bin/[$^o]*
-rwxr-xr-x. 1 root root 224280 mar  5 23:27 objcopy
-rwxr-xr-x. 1 root root 332248 mar  5 23:27 objdump
-rwxr-xr-x. 1 root root  66320 jun 10  2014 od
-rwxr-xr-x. 1 root root 190816 jun 10  2014 oldfind
lrwxrwxrwx. 1 root root      6 ago  6 01:35 open -> openvt
-rwxr-xr-x. 1 root root 508680 mar  6 05:49 openssl
-rwxr-xr-x. 1 root root  19928 mar  6 04:13 openvt
-rwxr-xr-x. 1 root root   5618 jun 10  2014 os-prober
```

ii) Visualizar todos los ficheros y directorios que contengan una cadena o parte, que contengan (ae),(la), (sy) y cualquier otro caracter

```
ls -l /bin/{ae,la,sy}*
ls: no se puede acceder a ae*: No existe el fichero o el directorio
-rwxr-xr-x. 1 root root  19568 jun 10  2014 last
lrwxrwxrwx. 1 root root      4 ago  6 01:34 lastb -> last
-rwxr-xr-x. 1 root root  15392 mar  6 06:32 lastlog
-rwxr-xr-x. 1 root root  28952 jun 10  2014 sync
-rwxr-xr-x. 1 root root 357752 mar  6 06:48 systemctl
```

jj) Visualizar los ficheros en una sola columna, en formato simple.

```
ls -1
[
addr2line
alias
apropos
```

kk) Visualizar los ficheros en una sola columna formato amplio visualizando el UID/GUID.

```
ls -1 -n
```

PRÁCTICA 27: Tratamiento de ficheros en Linux.

DESCRIPCIÓN:

Los sistemas Unix, y Linux en particular disponen de herramientas avanzadas que permiten la manipulación de ficheros de texto para poder extraer información y modificarlos. Esto es realmente importante ya que la mayoría de los ficheros de configuración de un sistema Linux son ficheros de texto que habitualmente tendremos que manipular.

Manipular información de los ficheros:
- Comparar ficheros.
- Comprimir/descomprimir ficheros.
- Compactar ficheros.

PASO 1: Comparar ficheros IGUALES.

La comparación binaria se realiza hasta el final de los archivos, siempre y cuando la cantidad de bytes a comparar es la misma.
  cmp

a) Ayuda.
   man cmp
   cmp --help
   info cmp

b) Comparar ficheros.
   Usar direccionamientos
   ls -l /bin > salida1
   ls -l /sbin > salida2
   cmp -c salida1 salida2

c) Visualizar ficheros de texto.
   cat
   more
   less
   cat salida1
   cat salida2

c.1) Invertir la visualización.
   cat eje010
   tac eje010
   cat   salida1 > salida3
   tac   salida1 > salida4
   ls -l
   cmp -c salida1 salida3
   cmp -c salida1 salida4

d) Visualizar diferencias a nivel de byte.
   cmp -b salida1 salida4

cmp --> primero compara es el tamaño igual asume que contiene la misma información.

PASO 2: Mostrar diferencias.

Permite comparar dos ficheros línea a línea y nos informa de las diferencias entre ambos ficheros.
   diff

a) Ayuda.
   diff --help

b) Mostrar las diferencias entre ficheros por defecto.
   diff salida1 salida4
   cat salida1 >salida5
   cat salida1 >>salida5

c) Visualizar diferencias de forma de página.
   diff   -l salida1 salida5

d) Permite compara directorios (recursiva).
   diff -r /bin /sbin

e) Compara los archivos uno junto al otro, ignorando los espacios en blanco.
   diff -by salida1 salida5

f) Compara los archivos ignorando las mayúsculas/minúsculas.
   diff -iy salida1 salida5

diff

Sintaxis: diff [opciones...] fichero1 fichero2

OPCIÓN	DESCRIPCIÓN
-a	Trata todos los archivos como texto y los compara línea-a-línea.
-b	Ignora cambios en la cantidad de espacios blancos.
-c	Usa el formato de salida del contexto.
-e	Hace que la salida sea un script ed válido.
-H	Usa la heurística para acelerar el manejo de grandes archivos que tienen pequeños cambios dispersos.
-i	Ignora los cambios entre mayúsculas y minúsculas, las considera equivalentes.
-n	Mostrar en formato RCS, como -f excepto que cada comando especifica el número de líneas afectadas.
-q	Mostrar diffs en formato RCS, como -f excepto que cada comando especifica el número de líneas afectadas.
-r	Cuando compara directorios, compara repetidamente cualquier subdirectorio encontrado.
-s	Informa cuando dos archivos sean iguales.
-w	Ignora los espacios en blanco cuando compara líneas.
-y	Utiliza el formato de salida uno junto al otro.

PASO 3: Mostrar diferencias comparando ficheros por columnas.
    cd /mnt/local
    cat > datos
a) Ayuda.
    comm --help
b) Defecto.
    comm -1 -1 datos datos1
c) Comparar por columnas.
    comm -1 -2 salida salida1
    comm -3 salida salida1

comm	
Sintaxis:	comm [opciones]... fichero1 fichero2
OPCIÓN	**DESCRIPCIÓN**
-1	Suprimir líneas exclusivas de archivo izquierda
-2	Suprimir líneas exclusivas de archivo correcto
-3	Suprimir las líneas que aparecen en ambos archivos.

PASO 4: Ordenar ficheros de texto.
    sort
a) Ayuda.
    sort --help
b) Por defecto.
    sort datos
    sort datos > salida
    cat salida
    sort datos1 >salida1

sort	
Sintaxis:	sort [opciones] nombre_de_archivo
OPCIÓN	**DESCRIPCIÓN**
-r	Ordena en orden inverso.
-u	Si la línea está duplicada la muestra sólo una vez.
-o nombre_archivo	Envía la salida ordenado a un archivo.

PASO 5: Compresión/Descompresión de archivos.
    gzip
a) Ayuda.
    gzip --help
b) Defecto.
   Crear un fichero que contenga información.
    ls -lR / > comprime
    ls -lR / > comprime &2>error
    ls -l
    gzip comprime
    ls -l
   El origen --> comprimir desaparece me queda el fichero comprimido con la extensión .gz

gzip	
Sintaxis: gzip	
OPCIÓN	**DESCRIPCIÓN**
-l	Información sobre la compresión de un fichero .gz
-S	Cambiar la extensión .gz
-r	Comprimir directorios.
-c	Redireccionar la salida de un fichero comprimido.
-t	Comprobar la integridad de un fichero comprimido
-d	Descomprimir ficheros .gz.

c) Descomprimir directamente con gzip.
    gzip -d comprime.gz
    ls -l
 Desaparece el fichero comprimido y aparece el fichero descomprimido, sin los caracteres .gz.
d) Redirecciona la salida de un fichero comprimido. El comando *gzip* si no lleva ficheros, entonces lee de la entrada estándar y para guardar la compresión tenemos que mandarla a la salida estándar y redireccionarla a un fichero.
    man ln | gzip -c > salida.ln.man.gz
e) Comprobar la integridad de un fichero comprimido.
    gzip -t comprime.gz
f) Orden de descomprimir.
    gzip comprime
    ls -l
    gunzip comprime.gz
    ls -l
g) Comprime un directorio, incluido el contenido de un subdirectorio.
    gzip -r tmp
h) Cambiar la extensión de salida del/los ficheros.
    gzip -S .gzip ls.man rm.man

PASO 6: Comprimir ficheros y directorios (Empaquetar|Desempaquetar).
    tar
a) Ayuda.
    tar --help
b) Comprimir utilizando el formato .tar (si se utilizan cintas de copias de seguridad streamer la compresión se realiza con bar).
    tar cf salida01.tar *.* --> mal
    tar cf salida01.tar /etc
    ls -l
c) Comprimir un fichero compactado.
    ls -l

```
              gzip   salida01.tar
              ls -l
              gunzip  salida01.tar.gz
    d)  Visualizar el contenido de un fichero compactado.
              tar  tf  salida01.tar
              Descomprimir--> Descompactar
              tar  xf salida01.tar   ./estudiar
    e)  Agregar información a un fichero compactado.
              tar  rf  salida01.tar  /bin
              tar  -tf salida01.tar
              tar  rf salida01.tar  ./estudiar
              tar  tf  salida01.tar
              rm  -r  estudiar
              tar  xf  salida01.tar
    f)  Actualizar un fichero compactado.
              tar  uf  salida01.tar ./nuevo
    g)  Comprimir en formato .gz.
              tar  czvf salida02.gz  /etc
              mv  salida02.tar salida02.gz
    h)  Borrar directorios.
              rm  -rf  etc
              ls   -l
              tar  xzvf  salida02
    i)  Descomprimir un fichero .tar .gz.
              tar  xvf   copia.tar   ./local
              tar  xzvf  copia2.gz  ./local1
    Ejemplo:
              tar  czvf  salida001.gz  /bin
              tar  czvf  salida002.gz  /etc
              ls  -l  /     > texto01
              ls  -l  /etc > texto02
              gzip   texto01
              gzip   texto02
    j)  Ayuda.
              bzip2   --help
    i)  Para comprimir ficheros en formato bz2, se utiliza el siguiente comando:
              bzip text02
    j)  Para descomprimir ficheros .bz2, se usa el comando siguiente:
              bzip2 -d fichero.bz2
```

PASO 7: Manipular ficheros comprimidos de texto.
              zcat, zmore, zcmp, zdiff
    a) Ayuda.
              zcat   --help
              zmore   --help
              zcmp   --help
              zdiff   --help
    b) Visualizar el contenido de un fichero comprimido de texto.
              zcat   texto01.gz
              zcat   texto02.gz
              zcat   texto01.gz | less
              zcat   texto02.gz | less
    c)   Visualizar el contenido de un fichero comprimido, por pantalla, por scroll.
              zless texto01.gz
              zless texto02.gz
    d) Visualizar el contenido de un fichero comprimido de texto pausadamente (pantalla a pantalla) scroll.
              zmore texto01.gz
              zmore texto02.gz
    e) Comparar ficheros comprimidos iguales.
              zcmp texto01.gz   texto02.gz
    f) Comparar ficheros de texto diferentes.
              zdiff   texto01.gz   texto02.gz

---

tar
Sintaxis: tar <opciones> archivo_a_crear <archivos_a_adicionar>

OPCIÓN	DESCRIPCIÓN
-c	Indica a tar que cree un archivo.
-v	Indica a tar que muestre lo que va empaquetando.
-f	Indica a tar que el siguiente argumento es el nombre del fichero.tar.
-x	Indica a tar que descomprima el fichero.tar.
-v	Indica a tar que muestre lo que va desempaquetando.
-t	Lista el contenido del fichero .tar
-r	Añadir un fichero al final de un archivo .tar.
-z	Formato del fichero gz.

bzip2
Sintaxis: bzip2 [opciones] fichero

OPCIÓN	DESCRIPCIÓN
-d	Fuerza a la descompresión.
-z	Fuerza a la compresión.
-k	Mantener (no eliminar) los archivos de entrada.
-f	Sobrescribir los archivos de salida existentes.
-t	Testea la integridad del fichero de compresión.
-c	Salida estándar out.
-q	Suprimir los mensajes de error no críticos.
-v	Visualizar la compresión.
-s	Usar menos memoria (como máximo 2500K).
-1 .. -9	Establecer el tamaño de bloque entre 100k...900k.
--fast	Alias para -1.
--best	Alias para -9.

Ejemplos:

    cat /etc/passwd   >salida03
    cat /etc/group   >salida04

    gzip   salida03
    gzip   salida04

    zcat   salida03.gz
    zmore salida03.gz

    zcat   salida04.gz
    zmore salida04.gz

    zcmp salida04.gz salida03.gz
    zdiff salida03.gz salida04.gz

Muestra el número de línea.

    zdiff -n salida03.gz   salida04.gz

Mostrar y marcar las diferencias.

    zdiff -c salida03.gz   salida04.gz

Orden	Uso
tar	Empaquetar: tar -cvf fichero.tar /pract/mi/todo/ Desempaquetar: tar -xvf fichero.tar Ver contenido tar -tf fichero.tar
gz	Comprimir: gzip -9 fichero Descomprimir: gzip -d fichero.gz
bz2	Comprimir: bzip fichero Descomprimir: bzip2 -d fichero.bz2 gzip ó bzip2 sólo comprimen ficheros [no directorios, para eso existe tar]. Para comprimir y archivar al mismo tiempo hay que combinar el tar y el gzip o el bzip2 de la siguiente manera, pasos siguientes de la tabla
tar.gz	Ficheros Comprimir: tar -czfv fichero.tar.gz ficheros Descomprimir: tar -xzvf fichero.tar.gz Ver contenido: tar –tzf fichero.tar.gz
tar.bz2	Comprimir: tar -c ficheros | bzip2 > ficheroar.bz2 Descomprimir: bzip2 -dc fichero.tar.bz2 | tar -xv Ver contenido: bzip2 -dc fichero.tar.bz2 | tar -t
zip	Comprimir: zip fichero.zip ficheros Descomprimir: unzip fichero.zip Ver contenido: unzip -v fichero.zip
lha	Comprimir: lha -a fichero.lha ficheros Descomprimir: lha -x fichero.lha Ver contenido: lha -v fichero.lha Ver contenido: lha -l fichero.lha
arj	Comprimir: arj a fichero.arj ficheros Descomprimir: unarj fichero.arj Descomprimir: arj -x fichero.arj Ver contenido: arj -v fichero.arj Ver contenido: arj -l fichero.arj
zoo	Comprimir: zoo a fichero.zoo ficheros Descomprimir: zoo -x fichero.zoo Ver contenido: zoo -L fichero.zoo Ver contenido: zoo -v fichero.zoo
rar	Comprimir: rar -a fichero.rar ficheros Descomprimir: rar -x fichero.rar Ver contenido: rar -l fichero.rar Ver contenido: rar -v fichero.rar

PRÁCTICA 28: Crear accesos o enlaces blandos y duros en Linux.

DESCRIPCIÓN:

¿Qué son? ¿Para qué sirven?

Linux, **cada archivo en el sistema está representado por un inodo**. Un inodo no es más que un bloque que almacena información de los archivos, de esta manera a cada inodo podemos asociarle un nombre. A simple vista pareciera que a un mismo archivo no podemos asociarle varios nombres, pero gracias a los enlaces esto es posible.

Enlaces Simbólicos

Un enlace simbólico (enlace blando, o acceso directo) es un archivo especial que contiene un nombre de camino. Así, los enlaces blandos pueden apuntar a ficheros en sistemas de ficheros diferentes (posiblemente montados por NFS desde máquinas diferentes, unidades extraíbles), y no tienen por qué apuntar a ficheros que existan realmente.

Un enlace simbólico permite dar a un fichero el nombre de otro, pero no enlaza el fichero con un inodo, es decir, en realidad lo que hacemos es enlazar directamente al nombre del fichero. Los enlaces simbólicos son ampliamente usados para las librerías compartidas. Para compréndelo mejor, un "enlace simbólico" no es más que una referencia (enlace) a una carpeta (directorio) o fichero que está situado en un lugar físico distinto.

Enlaces duros

Los enlaces duros lo que hacen es asociar dos o más ficheros compartiendo el mismo inodo. Esto hace que cada enlace duro sea una copia exacta del resto de ficheros asociados, tanto de datos como de permisos, propietario, etc. Esto implica también que cuando se realicen cambios en uno de los enlaces o en el fichero este también se realizará en el resto de enlaces.

En sistemas GNU/Linux, los enlaces duros, tienen varias limitaciones:
1. Sólo se pueden hacer enlaces duros a archivos, y no a directorios.
   - No pueden expandirse a través de distintos sistemas de archivos. Esto significa que no puede crear un enlace permanente desde /usr/bin/bash hacia /bin/bash si sus directorios / y /usr pertenecen a distintos sistemas de archivos.

Conclusión:

- Los enlaces simbólicos se pueden hacer con ficheros y directorios, los enlaces duros solo con ficheros.
- Los enlaces simbólicos se pueden hacer entre distintos sistemas de archivos, los enlaces duros no.
- En los enlaces simbólicos si se borra el archivo o directorio original la información se pierde, en los enlaces duros no.
- Los enlaces duros son copias de los originales que comparten el número de inodo, mientras de los enlaces simbólicos son meros punteros.
- Existen diferentes formas de borrar enlaces; unlink ,rm7.

Órdenes:

    ln
    symlinks
    unlink

PASO 1: Crear acceso directos a ficheros y directorios.

Crear enlaces duros y enlaces simbólicos a ficheros.

    ln

a) Ayuda.

    ln --help
    man ln
    info ln

b) Asignación por defecto.

    cd /mnt/local
    ls -l
    ln eje011 eje012

c) Por defecto se crea un enlace duro, copia del fichero original.

    ls -l

Editar el fichero eje011.

    nano eje011

d) Observa el resultado en eje011 y eje012.

    cat eje011
    cat eje012

e) Crear enlaces simbólicos (enlaces blandos).

    ln -s eje012 eje014
    ln -s eje014 eje015
    ln -s eje014 eje016
    ln -s eje012 eje017
    ls -l
    ln eje011 eje013
    rm eje011

ln	
Sintaxis:	**ln [opciones] nombre_arch_existente(o directorio) nuevo_nombre_de_archivo(o directorio)**
OPCIÓN	**DESCRIPCIÓN**
-f	Enlaza archivos sin preguntar al usuario, incluso si el modo de archivo prohíbe la escritura. Esto es por defecto si el input estándar no es un terminal.
-n	No sobrescribe archivos existentes.
-s	Se utiliza para crear enlaces suaves, blandos.

Los enlaces simbólicos, pasan de azul celeste a rojos.

```
                ls  -l
                rm  eje012
                cat  eje014
```
f)   Crear accesos simbólicos a un directorio.
```
                ln  -s  deportes  futbol
                ln  eje013  eje012
```

PASO 2: Buscar a partir de un directorio, enlaces simbólicos.
   Comprueba los enlaces simbólicos del sistema de archivos.
```
                symlinks
```
a)   Ayuda.
```
                symlinks --help
                man  symlinks
                info  symlinks
```
b)   Buscar enlaces simbólicos, relativos en un directorio.
```
                symlinks  -v  /bin
                symlinks  -v  /mnt/local/deportes
                symlinks  -v  .
                apt-get   install symlinks
```
c)   Buscar enlaces duros y cambiar por enlaces simbólicos.
```
                symlinks  -c  /bin
```
d)   Buscar de forma recursiva -r.
```
                symlinks  -r  /
                symlinks  -r  .
                symlinks  -r  -v  .
```

symlinks
```
    apt-gets  install  symlinks
    yum       install  symlinks
```

ln
symlinks [-cdorstv] lista-directorio

OPCIÓN	DESCRIPCIÓN
-c	Cambian enlaces absolutos / desordenado a relativa.
-d	Eliminar enlaces colgantes.
-o	Informar sobre los vínculos a través de los sistemas de archivos.
-r	Recursivo en subdirectorios.
-s	Acortar enlaces largos (que se muestra en la salida sólo cuando -c no especificados).
-t	Mostrar lo que se haría por –c.
-v	Mostrar todos los enlaces simbólicos.

e)   Informa de los vínculos a través de los sistemas de archivos.
```
                symlinks  -o /bin
                absolute: /bin/iptables-xml -> /usr/sbin/xtables-multi
                dangling: /bin/rpmquery -> ../../bin/rpm
                dangling: /bin/rpmverify -> ../../bin/rpm
                absolute: /bin/ld -> /etc/alternatives/ld
                absolute: /bin/mailq -> /etc/alternatives/mta-mailq
                absolute: /bin/rmail -> /etc/alternatives/mta-rmail
                dangling: /bin/mailq.postfix -> ../../usr/sbin/sendmail.postfix
                dangling: /bin/newaliases.postfix -> ../../usr/sbin/sendmail.postfix
                absolute: /bin/newaliases -> /etc/alternatives/mta-newaliases
                messy:    /bin/slogin -> ./ssh
```
f)   Borrar enlaces colgantes.
```
                symlinks  -d
```
g)   Mostrar lo que se haría por –c.
```
                symlinks  -t /bin
                absolute: /bin/iptables-xml -> /usr/sbin/xtables-multi
                changed:  /bin/iptables-xml -> ../usr/sbin/xtables-multi
                dangling: /bin/rpmquery -> ../../bin/rpm
                dangling: /bin/rpmverify -> ../../bin/rpm
                absolute: /bin/ld -> /etc/alternatives/ld
                changed:  /bin/ld -> ../etc/alternatives/ld
                absolute: /bin/mailq -> /etc/alternatives/mta-mailq
                changed:  /bin/mailq -> ../etc/alternatives/mta-mailq
                absolute: /bin/rmail -> /etc/alternatives/mta-rmail
                changed:  /bin/rmail -> ../etc/alternatives/mta-rmail
                dangling: /bin/mailq.postfix -> ../../usr/sbin/sendmail.postfix
                dangling: /bin/newaliases.postfix -> ../../usr/sbin/sendmail.postfix
                absolute: /bin/newaliases -> /etc/alternatives/mta-newaliases
                changed:  /bin/newaliases -> ../etc/alternatives/mta-newaliases
                messy:    /bin/slogin -> ./ssh
                changed:  /bin/slogin -> ssh
```

PASO 3: Borrando enlaces duros.
```
                unlink
```
a)   Ayuda.
```
                unlink --help
```
b)   Igual que con los enlaces simbólicos podemos usar dos comandos para borrar los enlaces duros:
```
                unlink /home/baldo/enlace-duro2
```
c)   Usar rm para borrar enlaces.
```
                rm /home/baldo/enlace-duro2
```

Analizar: root@alumno-svr:/home/alumno#
      ls l > salida
      ln salida salida1
      ln salida1 salida2
      ln -s salida2 salida3
      ln -s salida3 salida4
      ls -l

-rw-r--r--	3	root	root	102 oct 12 00:27	salida
-rw-r--r--	3	root	root	102 oct 12 00:27	salida1
-rw-r--r--	3	root	root	102 oct 12 00:27	salida2
lrwxrwxrwx	1	root	root	7 oct 12 00:29	salida3 -> salida2
lrwxrwxrwx	1	root	root	7 oct 12 00:29	salida4 -> salida3

La segunda columna indica el número de inodos que forman el enlace duro, el número 3 indica que existen 3 enlaces duros o tres copias del mismo inodo y el mismo contenido, la quinta columna indica el tamaño, se puede observar el tamaño de los tres primeros ficheros es el mismo, la fecha y hora es la misma, el nombre es distinto, se actualizan los tres si se modifica uno de ellos.

Los dos últimos indican en la primera columna el primer carácter l--> enlace blando, no existe replicación inodos, sino una referencia al mismo iniodo, salida 2 indica que enlace blando es salida3. Se encuentra referenciadas de dos ficheros al mismo inodo, si se borra el fichero original desaparece el enlace al inodo.

PASO 4: Listar atributos de un directorio.

El comando lsattr se usa para listar los atributos de directorios o archivos especificados.
      lsattr

a) Ayuda.
      lsattr --help
b) Listar los atributos por defecto.
      lsattr
c) Listar los atributos de los directorios en profundidad de forma recursiva.
      lsattr -R
d) Listar todos los atributos incluso los ocultos (. ..)
      lsattr -a
e) Listar directorios como si fueran archivos, en lugar de listar su contenido.
      lsattr -d
f) Establecer el atributo i para el archivo test.txt
      chattr +i test.txt
g) Visualizar los atributos establecidos.

lsattr

Sintaxis: lsattr [opciones]

OPCIÓN	DESCRIPCIÓN
-R	Lista reiterativamente los atributos de los directorios y su contenido.
-a	Lista todos los archivos en directorios, incluyendo archivos que empiecen por '.'.
-d	Lista directorios como otros archivos, en vez de listar su contenido.

```
root@192:~# lsattr texto.txt
-------------e-- texto.txt
root@192:~# chattr +i texto.txt
root@192:~# lsattr texto.txt
----i--------e-- texto.txtç
root@192:~# lsattr -R
-------------e-- ./slapt-get
./slapt-get:
-------------e-- ./slapt-get/slapt-get-0.10.2r-x86_64-1.tgz
-------------e-- ./fich005
-------------e-- ./fich001
----i--------e-- ./texto.txt
-------------e-- ./fich002
-------------e-- ./fich003
-------------e-- ./fich004
root@192:~# lsattr -a
-------------e-- ./..
-------------e-- ./slapt-get
-------------e-- ./.xinitrc-backup
-------------e-- ./.xsession-backup
-------------e-- ./.
-------------e-- ./.gnupg
-------------e-- ./.xinitrc
-------------e-- ./fich005
-------------e-- ./.bash_history
-------------e-- ./.xsession
-------------e-- ./fich001
----i--------e-- ./texto.txt
-------------e-- ./fich002
-------------e-- ./fich003
-------------e-- ./fich004
root@192:~# lsattr -d
```

PASO 5: Cambiar atributos de un directorio.

Cambiar los atributos de los sistemas de archivos ext2, ext3 y ext4.

    chattr

a) Ayuda
    chattr --help
    chattr

b) Cambiar el atributo del archivo de sólo lectura.
    chattr +i fich001
    lsattr

c) Elimina el atributo de sólo lectura.
    chattr -i fich001
    chattr

d) No se puede abrir el archivo para escribir.
    chattr +a fich001

e) Abre el archivo para escritura.
    chattr -a fich001

f) Los cambios en el archivo se escriben a la vez en el disco.
    chattr +S fich001

g) No active para copias dump.
    chattr +d fich001

h) Fichero escrito con Journal.
    chattr +j fich001

i) Escribir los bloques utilizados en el disco con ceros.
    chattr +s fich001

j) Guardar permanentemente
    chattr +u fich001

k) Establecer varios atributos.
    chattr +a +i +S fich001

l) Si el sistema de archivos Ext3, se establece que el archivo **fich001** sólo tendrá los atributos **a**, **A**, **s** y **S**.
    chattr =aAsS fich001

> **NOTA:** chattr incluido en el paquete e2fsprogs, que se instala de forma predeterminada en todas las distribuciones de GNU/Linux. Incluye otras herramientas como e2fsck, e2label, fsck.ext2, fsck.ext3, fsck.ext4, mkfs.ext2, mkfs.ext3, mkfs.ext4, tune2fs y dumpe2fs,...

chattr
Sintaxis: chattr [-RVf] [-+=AaCcDdeijSsTtu] [-v versión] ficheros...

OPERADORES	DESCRIPCIÓN
+	Hace que se añadan los atributos especificados a los atributos existentes de un archivo.
-	Hace que se eliminen los atributos especificados de los atributos existentes de un archivo.
=	Hace que se reemplacen los atributos existentes por los atributos especificados.

ATRIBUTO	DESCRIPCIÓN
i	Hace el archivo de sólo lectura.
A	Establece que la fecha del último acceso (*atime*) no se modifica
a	Abre el archivo para escritura, no escritura.
c	Establece que el archivo es comprimido automáticamente en el disco por el núcleo del sistema operativo. Al realizar lectura de este archivo, se descomprimen los datos. La escritura de dicho archivo comprime los datos antes de almacenarlos en el disco.
D	Cuando se trata de un directorio, establece que los datos se escriben de forma sincrónica en el disco. Es decir, los datos se escriben inmediatamente en lugar de esperar la operación correspondiente del sistema operativo. Es equivalente a la opción **dirsync** de **mount**, pero aplicada a un subconjunto de archivos.
d	Establece que el archivo no sea candidato para respaldo al utilizar la herramienta **dump**.
e	Indica que el archivo o directorio utiliza extensiones (*extents*) para la cartografía de bloques en la unidad de almacenamiento, particularmente de sistemas de archivos Ext4. Es importante saber que **chattr** es incapaz de eliminar este atributo.
i	Establece que el archivo será inmutable. Es decir, se impide que el archivo sea eliminado, renombrado, que se pueden apuntar enlaces simbólicos hacia éste o escribir datos en el archivo.
j	En los sistemas de archivos ext3 y ext4, cuando se montan con las opciones **data=ordered** o **data=writeback**, se establece que el archivo será escrito en el registro por diario (**Journal**). Si el sistema de archivos se monta con la opción **data=journal** (opción predeterminada), todo el sistema de archivos se escribe en el registro por diario y por lo tanto el atributo no tiene efecto.
s	Cuando un archivo tiene este atributo, los bloques utilizados en el disco duro son escritos con ceros, de modo que los datos no se alguno. Es la forma más segura de eliminar datos.
S	Los cambios en el archivo se escriben a la vez en el disco. Es equivalente a la opción **sync** de **mount**.
u	Cuando un archivo con este atributo es eliminado, sus contenidos son guardados permitiendo recuperar el archivo con herramientas para tal fin.

OPCIÓN	DESCRIPCIÓN
-R	Cambia de manera descendente los atributos de directorios y sus contenidos. Los enlaces simbólicos que se encuentren, son ignorado.
-V	Salida de **charttr** más descriptiva, mostrando además la versión del programa.
-v	Ver el número de versión del programa.

PRÁCTICA 29: Acceder a la definición de Entorno en Linux
DESCRIPCIÓN:

Linux proporciona utilidades ncal y cal que se pueden utilizar para mostrar el calendario en línea de comandos. Una vez que te acostumbras a ellos, se dará cuenta de que las cosas son más rápidas con estas utilidades en comparación con mirar manualmente para los calendarios de GUI. Ambas utilidades, al combinarse, ofrecen un amplio conjunto de opciones a través del cual se puede mostrar el calendario de casi cualquier manera.

PASO 1: Calendario.

Existen dos formas de visualizar el calendario en columnas y en filas con las órdenes:

    cal
    ncal

a) Ayuda.
    cal --help
    ncal --help

b) Visualizar el calendario de un año.
    cal 2014
    cal

```
      August 2015
Su Mo Tu We Th Fr Sa
                   1
 2  3  4  5  6  7  8
 9 10 11 12 13 14 15
16 17 18 19 20 21 22
23 24 25 26 27 28 29
30 31
```

c) Visualizar el calendario por un mes.
    cal mes año
    cal 6 2010

d) Visualizar por defecto.
    ncal

```
       Agosto 2015
lu        3 10 17 24 31
ma        4 11 18 25
mi        5 12 19 26
ju        6 13 20 27
vi        7 14 21 28
sá     1  8 15 22 29
do     2  9 16 23 30
```

e) Calendario con visualización horizontal.
    ncal 2014

f) Ver la fecha de lebración de Pascua.
    ncal -e
    5 abril 2015
    ncal -e 2016
    27 marzo 2016

g) Visualizar en formato hoz. Un mes.
    ncal 6 2013

g) Ejemplos varios:
    cal -m1
    cal -m1 1968
    cal -3 -m1
    ncal -w
    ncal -M
    ncal -p

cal
Sintaxis:
cal [opcional] [-hjy] [[month] year]
cal [opcional] [-hj] [-m month] [year]
ncal [opcional] [-bhJjpwySM] [-s country_code] [[month] year]
ncal [opcional] [-bhJeoSM] [year] Opcional : [-NC3] [-A months] [-B months]

-1	**Muestra un sólo mes como salida.**
-3	Muestra el mes previo/actual/siguiente como salida.
-s	Muestra el domingo como primer día de la semana.
-m	Muestra el lunes como primer día de la semana.
-j	Muestra fechas julianas (días ordenados, numerados desde el 1 de Enero).
-y	Muestra un calendario para el año actual.

ncal

-h	Desactiva el resaltado de hoy.
-J	Mostrar Calendario Juliano, si se combina con la opción-e, fecha de presentación de Pascua de acuerdo con el calendario juliano.
-e fecha	Ver la fecha de celebración de la Pascua (para las iglesias occidentales).
-j	Visualizar días julianos (día uno-basan, numeradas del 1 de enero).
-m mes	Muestra el mes especificado. Si se especifica el mes como un número decimal, puede ser seguido de la letra 'f' o 'p' para indicar lo siguiente o el mes de ese número, respectivamente.
-o	Mostrar fecha de la Pascua Ortodoxa (griega y las Iglesias ortodoxas rusas).
-p	Imprime los códigos de país y los días de conmutación de Julian en el calendario gregoriano, ya que se supone por NCAL. El código de país que viene determinada por el entorno local es marcado con un asterisco.
-s cod_pais	Asumir el cambio de Julian el calendario gregoriano, en la fecha asociada con la country_code. Si no se especifica, tries NCAL de adivinar la fecha de cambio de local medio ambiente o cae de nuevo a 2 de septiembre de 1752 Esto fue cuando Gran Bretaña y sus colonias cambiaron al calendario gregoriano.
-w	Muestra el número de la semana por debajo de cada columna de la semana.
-Y	Mostrar un calendario para el año especificado.

calendar [-ab] [-A num] [-B num] [-l num] [-w num][-f calendarfile] [-t [[[cc]yy][mm]]dd]

-A	**Número de días futuros.**
-B	Número de días previos.
-f	Fichero de calendario.
-t	Valor año 69 y 99
-w	Número de líneas a visualizar (por defecto 2).
-l	Visualizar las líneas de un número de días futuros.
-a	Procesa el calendario y los envía al mail de todos los usuarios. Usar en modo superusuario.
-b	Forzar a una fecha del calendario en modo KOI8.

Fichero dependiente /usr/bin/cpp

PASO 2: Extraer información sobre eventos ocurridos en una fecha concreta (Efemerides).
    calendar

a) Ayuda.
    calendar --help

b) Por defecto, se assume la fecha actual.
    calendar

```
ago 17  Mae West born, 1892
ago 17  First public bath opened in N.Y., 1891
ago 17  Anniversary of the Death of General San Martin in Argentina
ago 17  Independence Day in Indonesia
ago 17  Odin's Ordeal
ago 17  Paso a la inmortalidad de José Francisco de San Martín, 1850
```

```
ago 17   Olivier Houchard <cognet@FreeBSD.org> born in Nancy, France, 1980
ago 17   Aujourd'hui, c'est la St(e) Hyacinthe.
ago 17   Jácint
ago 18   Meriwether Lewis born, 1774
ago 18   Anti-Cigarette League of America formed
ago 18   N'oubliez pas les Hélène !
ago 18   Temps trop beau en août
         Annonce hiver en courroux.
ago 18   Ilona
ago 18   National Science Day (วันวิทยาศาสตร์แห่งชาติ) in Thailand
```
c) Efemerides de una fecha concreta.
   calendar -t   2009-05-02

PASO 3: Fecha y hora.
   date

a) Ayuda.
   date --help
   man date
b) Cambiar fecha.
   date -s 2005-05-01
   date
c) Cambiar la hora.
   date -s 11:10
   date
d) Cambiar la fecha y la hora.
   date -s "2012-05-28 10:41"
   date
e) Utilizar un fichero para cambiar la hora.
   cat > fecha
   2012-05-28 11:30 ^D
f) Lee la información desde un fichero -f.
   date -f fecha

date
Sintaxis: date [opciones][+formato][fecha]

-a	Ajusta lentamente la hora en sss.fff segundos (fff representa fracciones de segundo). Este ajuste puede ser positivo o negativo. Sólo el administrador de sistema o superusuario puede ajustar la hora.
-sdate-string	Establece la fecha y hora al valor especificado en el datestring. El datestr puede contener los nombres de los meses, zona horaria, "am", "pm", etc.
-u	Muestra (o establece) la fecha en Greenwich Mean Time (GMT-hora universal).
Formato:	
%a	Día de la semana abreviado (Tue).
%A	Día de la semana completo (Martes).
%b	Nombre del mes abreviado (Jan).
%B	Nombre del mes completo (Enero).
%c	Formato de hora y fecha específico del país.
%D	Fecha en formato %m/%d/%y.
%j	Día del año juliano (001-366).
%n	Inserta una nueva línea.
%p	Cadena para indicar a.m. o p.m.
%T	Hora en formato %H:%M:%S.
%t	Espacio de tabulación.
%V	Número de la semana en el año (01-52); comienzo de la semana en Lunes.

PASO 4: Visualizar el tiempo que lleva un usuario en una conexión.
Muestra la hora, tiempo de funcionamiento, número de usuarios conectados y la carga media.
   uptime

a) Ayuda.
   uptime --help
b) Visualizar por defecto
   uptime

PASO 5: Mostrar el reloj de equipo HW, y su configuración.
   hwclock

a) Ayuda
   hwclock --help
b) Muestra el reloj Hardware o reloj de la BIOS.
   hwclock --show
   hwclock -r
c) Asignar al reloj de Hardware la hora del sistema operativo.
   hwclock -systohc
   hwclock -w
d) Asignar al reloj del sistema la hora del reloj de la BIOS.
   hwclock --hctosys
   hwclock -s
e) Depuración.
   hwclock --hctosys --debug
   hwclock --systohc --debug

hwclock [función] [opcion]

FUNCIÓN	DESCRIPCIÓN
-r --show	Lee el Reloj del Hardware y muestra la hora en la salida estándar.
--set	Pone el Reloj del Hardware a la hora dada por la opción --date
-s --hctosys	Pone el Tiempo del Sistema a partir del Reloj del Hardware.
-w --systohc	Pone el Reloj del Hardware a la hora del sistema actual.
--adjust	Añade o sustrae tiempo del Reloj del Hardware para tener en cuenta el desvío sistemático desde la última vez que el reloj se puso o se ajusta.
--getepoch	Muestra en la salida estándar el valor de la época del Reloj del Hardware del núcleo.
--setepoch	Pone el valor de la época del Reloj del Hardware del núcleo al valor especificado por la opción --epoch
--date=nuevafecha	Especifica la hora a la cual poner el Reloj del Hardware. hwclock --set --date=9/22/96 16:45:05
--epoch=año	Especifica el año que es el principio de la época del Reloj del Hardware. hwclock --setepoch --epoch=1952
OPCIÓN	DESCRIPCIÓN
-u --utc	Indica que el Reloj del Hardware se mantiene en el Tiempo Universal Coordinado (UTC).

PASO 6: Ejecuta una orden cada cierto tiempo.
   watch

a) Ayuda.
   watch --help

b) Ejecuta una orden cada x segundos (por defecto cada 2 segundos).
      watch -n   5   hwclock -r

PASO 7: Borrar la pantalla.
      clear
a) Ayuda.
      clear --help
      man clear

PASO 8: Variables de ambiente o entorno.
      set
      env
a) Ayuda.
      set --help --> error: implica visualizar la línea de ayuda
      man   set
b) Visualizar las variables de entorno.
      set
      set > salida
      less salida
c) Variables solo de entorno de usuario.
c.1.) Ayuda.
      env   --help
      help   env
c.2.) Visualización por defecto.
      env
      env   > salida2
d) Definir una variable de entorno, se establece el nombre de la variable igual a un valor (variable = Valor).
      HOLA=buenos días
d.1) Visualizar todas las variables.
      set
d.2) Visualizar las variables que comienzan por H.
      set H
d.3) Visualizar el contenido de la variable concreta.
      echo $HOLA
      **
e) Borrar una variable de entorno.
      unset HOLA

Las variables siempre definen parámetros o rutas. Si definen rutas las rutas se separan por (:).

> Las variables de ambiente que utiliza, UNIX, Linux, todas se encuentran definidas con nombres en mayúsculas. (En la orden en minúsculas).
> - Se definen, asignaciones en lenguaje script Shell (guion), de directivas o funciones.
> - Las directivas definidas en el entorno se pueden invocar o llamar en cualquier momento.

VARIABLE	DESCRIPCIÓN
PATH	Ruta por defecto de búsqueda alternativa.
HOME	Directorio de trabajo del usuario, (casa)
PWD	Ruta activa.
USER	Nombre de usuario.
SHELL	Ruta del intérprete de órdenes, caparazón.
PS1	Parámetros del prompt root
PS2	Parámetros del prompt usuarios.

> UID: identificación de usuario, el usuario se identifica por un número.
> EUID: identificación especial de usuario. Referencia a los derechos.
> Derechos reales. --> chmod, umask
> Derechos heredados.
> Derechos (especiales, implícitos) Efectivos umask

      set
      env
      echo $PS2 $PS1

VARIABLE	DESCRIPCIÓN
MAIL	Ruta el fichero o ficheros de correo. Directorio del correo.
LOGNAME	Nombre de la conexión o usuario de conexión.
HOSTNAME	Nombre del equipo.
HISTFILE	Ruta y fichero de almacenamiento del histórico, el conjunto de órdenes escritas en una sesión o sesiones.
HISTFILESIZE	Número máximo de ficheros abiertos de históricos.
HISTSIZE	EL Tamaño máximo por fichero o conjunto de órdenes o entradas que se puede almacenar en el fichero histórico.
BASH	/bin/bash la ruta y nombre del intérprete de órdenes.
PPID	Identificación del proceso padre.

PASO 9: Acrónimos o ALIAS.

El comando alias te permite crear un atajo a un comando. Como el nombre indica, puedes establecer el nombre del alias/atajo para los comandos/rutas que sean muy largos para recordarlos.

    alias

a) Ayuda.
    alias --help
    man alias

b) Visualizar por defecto los alias establecidos en el sistema.
    alias

c) Definir un alias. El comando va entre comillas simples (tecla ?/').
    alias nombre= 'valor'
    alias fichero='ls -la'
    alias fich='ls –la |less'
    alias busca='fichero|find -name salida'

d) Realizar la ejecución de buscar y se agrega un el valor a buscar y lo admite con un parámetro reemplazable.
    alias buscar='find / -name '
    alias ll='ls -l'
    alias la='ls -A'
    alias l='ls -CF'

e) Ejecutar alias predefinidos por el sistema.
    ll
    la
    l
    Otros alias:
        fich
        busca
        fichero

> **alias**
> **Sintaxis:** alias [opciones] [NombreAlias [=String]]
> **-a** Eliminar todas las definiciones de alias del entorno de ejecución Shell actual.
> **-p** Mostrar la lista de alias de la forma nombre alias=valor en el salida estándar.

> **¿Dónde ponemos esto?**
> Pues si queremos que solo sea temporal, simplemente lo escribimos en la consola y durará hasta que la cerremos.
> Ahora, si lo queremos de forma permanente, esto lo ponemos dentro del fichero **~/.bashrc** el cual está en nuestro **/home**, y si no está, pues lo creamos (siempre con el punto delante). Cuando ya tengamos añadida la línea del alias en este fichero, simplemente ponemos en consola y ejecutar:
>   `# . .bashrc`

PASO 10: Borrar acrónimos o ALIAS.

Retire cada nombre de la lista de definidos los alias.
    unalias

a) Ayuda.
    unalias --help
    man unalias

b) Borrar por defecto.
    unalias fichero
    unalias busca

Los alias prevalecen durante el tiempo que la sesión esta activa.

Para usar siempre hay que definir los alias en el fichero personal de secuencia de arranque.

> **unalias**
> **Sintaxis:** unalias [-a] nombre [nombre ...]
> **-a** Especifica el nombre del alias que desea eliminar

Ejercicios Unidad de Trabajo 5

1. Comprobar los dispositivos que se encuentran montados y lista los dispositivos usb, reconocidos o montados.
2. Montar un en /mnt/discoWin (sino existe crear el directorio), montar el contenido de una partición Windows identificada como /dev/sdb1, acceder y comprobar los atributos que tiene los ficheros de la partición. Desmontar el disco y la partición, explicar cómo se realiza.
3. Ahora de formato a un disquete utilizando su nuevo dispositivo. Use el sistema de archivos ext2.
4. ¿Cuál de los dos nuevos nombres de dispositivos creados utilizaría usted para llevar la operación acabo?
5. ¿Puede usted escribir archivos al disquete recién formateado?
6. Explicar los resultados obtenidos al ejecutar las siguientes ordenes de calendario:
    cal -3
    cal -A 2
    cal -B 2
    cal -j
    cal -m1
    cal -m1 1980
    cal -3 -m1
    ncal -w
    ncal -M
    ncal -p
    ncal -j
    ncal -e
    ncal -o
    ncal -y 2010
    ncal 2010
7. Visualizar la hora del sistema operativo, actualizar la hora del sistema operativo con la de la BIOS. Volver a modificar la hora del sistema estableciendo de nuevo la hora al sistema, y posteriormente actualizar la hora de la BIOS (Hardware).
8. Visualizar los alias del sistema, establecer un alias nuevo solo para esta sesión y realizar la definición de un nuevo alias, que permanezca siempre en el sistema, es decir, que este vigente siempre que se arranque el sistema.
9. Fijar una orden que se ejecute cada 5 minutos, para comprobar que usuarios se encuentran conectados.
10. Visualizar todos los enlaces que se encuentran en el directorio /usr/sbin, utilizando tuberías, la orden ls con find y el tipo de fichero.
11. Crear un fichero con direccionamiento que contenga la salida del directorio /etc, en el fichero SalidaEtc, posteriormente ordenar el contenido del fichero SalidaEtc en la consola, salida de la ordenación creciente a SalidaEtcCreciente, y la salida ordenada decrecientemente al fichero SaldiaEtcDecrece.
12. Crear 4 ficheros de texto, de 30 líneas, con diferencias y establecer las diferentes comparaciones entre los cuatro ficheros.
13. Comprimir uno a uno los 4 ficheros del ejercicio anterior, comprobar el tamaño, visualizar el contenido de los ficheros comprimidos, comparar los ficheros comprimidos.
14. Compactar el directorio /home y consultar el contenido de la compactación. Descompactar en /pruebas.
15. Visualizar las variables del entorno y las variables del Shell.
16. Definir variables temporales y variables fijas, que se encuentren siempre que se abra un nuevo shell.
17. Explicar cómo borro y el motivo de: un enlace duro MioDuro y un enlace MioBlando.
18. Explicar y ejecutar estas órdenes:
    date --set "2015-01-27 19:03"
    hwclock --set --date="2015-01-27 19:03"
    hwclock --set --date="`date '+%D %H:%M:%S'`"
    date +%F -s 2013-06-02
    ls -l [^{ep}]*

UNIDAD DE TRABAJO VI: Operaciones generales sobre sistemas operativos Linux.

PRÁCTICA 30: Arranque y parada de Linux.

PRÁCTICA 31: Niveles de Arranque, runlevel en Linux.

PRÁCTICA 32: Configurar la red en Linux.

PRÁCTICA 33: Agregar aplicaciones o repositorios en Linux.

PRÁCTICA 34: Configurar los datos básicos de un servidor UBUNTU.

PRÁCTICA 35: Información de dispositivos en Linux.

Órdenes

chkconfig, uname, login, exit, logout, logname, last, lastb, lastlog, init, halt, poweroff, shutdown, sync, startx, /etc/resolv.conf /etc/networks/interfaces /etc/hostname /etc/apt/sources.list ifconfig, reboot, apt-get, yum, ping, hostname, w, tty, stty, who, whois, whoami, hostid.

Contenidos
- **Configuración inicio y cierre de sesión.**
- **Gestión de discos en Linux.**
- **Actualización del sistema operativo.**
- **Gestionar hardware del sistema operativo.**
- **Monitorización y rendimiento del sistema.**
- **Agregar/Eliminar/Actualizar software en el sistema operativo.**
- **Programación de tareas en Linux.**

PRÁCTICA 30: Arranque y parada de Linux.
DESCRIPCIÓN:
Obtener información de la máquina y sistema Linux, a nivel de la secuencia de arranque.

El proceso de arranque en GNU/Linux es la forma en la cual los sistemas operativos basados en el núcleo Linux se inicializan. Es similar a la forma en que arranca BSD y otros sistemas Unix.

Todo el proceso de arranque se lleva a cabo en 4 etapas reconocidas por el código que en ese momento tiene control sobre la CPU; al inicio solo el BIOS tiene control, después será el cargador de arranque quien tenga en control, más adelante el control pasa al propio kernel Linux, y en la última etapa será cuando tengamos en memoria los programas de usuario conviviendo junto con el propio sistema operativo y serán ellos quienes tengan el control del CPU.

La etapa del cargador de arranque no es totalmente necesaria, determinadas BIOS pueden cargar y pasar el control a GNU/Linux sin hacer uso del cargador de arranque, usar un cargador de arranque facilita al usuario la forma en que el kernel será cargado.

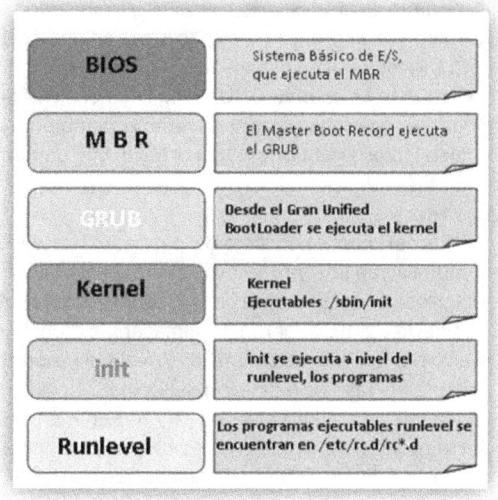

1. BIOS.
Al encender la computadora las primeras operaciones las realiza el BIOS. En esta etapa se realizan operaciones básicas de hardware. El proceso de arranque será diferente dependiendo de la arquitectura del procesador y el BIOS.

Una vez reconocido y listo el hardware, el BIOS carga en memoria el código ejecutable del cargador de arranque y le pasa el control. Hay variedad de BIOS que permiten al usuario definir en qué dispositivo/partición se encuentra dicho cargador de arranque.

2. Cargador de arranque.
Un cargador de arranque (boot loader en inglés) es un programa diseñado exclusivamente para cargar un sistema operativo en memoria. La etapa del cargador de arranque es diferente de una plataforma a otra.

Como en la mayoría de arquitecturas, este programa se encuentra en el MBR, el cual es de 512 bytes, no es suficiente para cargar en su totalidad un sistema operativo. Por eso, el cargador de arranque consta de varias etapas.

Para las plataformas x86, el BIOS carga la primera etapa del cargador de arranque (típicamente una parte de LILO o GRUB). El código de esta primera etapa se encuentra en el sector de arranque (o MBR). La primera etapa del cargador de arranque carga el resto del cargador de arranque.

Los cargadores de arranque modernos típicamente preguntan al usuario cual sistema operativo (o tipo de sesión) desea inicializar.

2.1. GRUB
GRUB se carga y se ejecuta en 4 etapas:
1. La primera etapa del cargador la lee el BIOS desde el MBR.
2. La primera etapa carga el resto del cargador (segunda etapa). Si la segunda etapa está en un dispositivo grande, se carga una etapa intermedia (llamada etapa 1.5), la cual contiene código extra que permite leer cilindros mayores que 1024 o dispositivos tipo LBA.
3. La segunda etapa ejecuta el cargador y muestra el menú de inicio de GRUB. Aquí se permite elegir un sistema operativo junto con parámetros del sistema.
4. Cuando se elige un sistema operativo, se carga en memoria y se pasa el control.

GRUB soporta métodos de arranque directo, arranque chain-loading, LBA, ext2 y hasta "un pre-sistema operativo totalmente basado en comandos". Tiene tres interfaces: un menú de selección, un editor de configuración y una consola de línea de comandos.

Dado que GRUB entiende los sistemas de archivos ext2 y ext3 y además provee una interfaz de línea de comandos, es más fácil rectificar o modificar cuando se malconfigura o se corrompe. La nueva versión 2 de GRUB, soporta sistema de archivos ext4.

2.2. LILO
LILO es más antiguo, es casi idéntico a GRUB en su proceso, excepto que no contiene una interfaz de línea de comandos. Por lo tanto todos los cambios en su configuración deben ser escritos en el MBR, y reiniciar el sistema. Un error en la configuración puede arruinar el proceso de arranque a tal grado de que sea necesario usar otro dispositivo que contenga un programa que sea capaz de arreglar ese defecto.

De forma adicional, LILO no entiende sistema de archivos, por lo tanto no hay archivos y todo se almacena en el MBR directamente. Cuando el usuario selecciona una opción del menú de carga de LILO, dependiendo de la respuesta, carga los 512 bytes del MBR para sistemas como Microsoft Windows, o la imagen del kernel Linux.

Loadlin

Otra forma de cargar GNU/Linux es desde DOS o Windows 9x, dado que ambos sistemas permiten ser reemplazados, se puede reemplazar por el kernel Linux sobre el sistema operativo ya cargado. Esto puede ser útil en el caso en que el hardware está solo disponible para DOS y no para GNU/Linux, dado a cuestiones de secretos industriales y código propietario. Sin embargo, esta tediosa forma de arranque ya no es necesaria en la actualidad ya que GNU/Linux tiene drivers para multitud de dispositivos hardware, aun así, esto fue muy útil en el pasado.

Otro caso es cuando GNU/Linux se encuentra en un dispositivo que el BIOS no lo tiene disponible para el arranque. Entonces, DOS o Windows pueden cargar el driver apropiado para dicho dispositivo superando dicha limitación del BIOS, y a partir de entonces cargar el núcleo Linux. Si se dispone del fichero .img que arranque el siguiente sistema operativo.

Kernel

El kernel Linux se encarga de lo principal del sistema operativo, como el manejo de memoria, planificador de tareas, entradas y salidas, comunicación interprocesos, y demás sistemas de control.

El proceso del kernel se lleva en dos etapas; la etapa de carga y la etapa de ejecución.

El kernel generalmente se almacena en un archivo comprimido con zlib. Este archivo comprimido se carga y se descomprime en memoria, también se cargan los drivers necesarios por medio de un disco RAM (initrd). El disco RAM es un sistema de archivos temporal usado en la fase de ejecución del kernel.

Una vez que el kernel se ha cargado en memoria y está listo, se lleva a cabo su ejecución. Esto se realiza llamando la función startup del kernel (en los procesadores x86, se encuentra en la función startup_32() del archivo /arch/i386/boot/head), esta función establece el manejo de memoria (tablas de paginación y paginación de memoria), detecta el tipo del CPU y funcionalidad adicional como capacidades de punto flotante. Después cambia a funcionalidades que no dependen del hardware por medio de la llamada a la función start_kernel().

El proceso de arranque en GNU/Linux monta el disco RAM que fue cargado anteriormente como un sistema de archivos temporal. Esto permite que los módulos que contienen drivers puedan ser cargados sin depender de otros drivers de dispositivos físicos, y además mantiene el kernel más pequeño.

Se inicializan dispositivos virtuales con la intención de ser usados para crear sistemas de archivos, como LVM o software RAID antes de desmontar la imagen initrd. El sistema de archivos es cambiado por medio de la función pivot_root() la cual desmonta el sistema de archivos temporal y lo reemplaza con el real, el cual más tarde estará totalmente disponible liberando la memoria que ocupaba el temporal.

Una vez listo el manejador de excepciones, el planificador de tareas y demás, por fin el sistema se considera totalmente operacional a nivel de procesos, por lo tanto se ejecuta el proceso init (el primer proceso en espacio de usuario), y luego inicia una tarea de inactividad por medio de cpu_idle().

Proceso init

El proceso init establece el entorno de usuario. Verifica y monta los sistemas de archivos, inicia servicios de usuario necesarios y cambia a un entorno basado en usuario cuando el proceso de inicio termina.

Es similar a los procesos init de Unix y BSD del cual deriva, pero en algunos casos tiene diferencias y personalizaciones. En un sistema GNU/Linux estándar, init se ejecuta con un parámetro, conocido como runlevel, que toma un valor de 0 a 6, y que determina cuales subsistemas serán operacionales.

Cada runlevel tiene sus propios scripts los cuales involucran un conjunto de programas. Estos scripts se guardan en directorios con nombres como "/etc/rc...". El archivo de configuración de init es /etc/inittab.

Cuando el sistema se arranca, se verifica si existe un runlevel predeterminado en el archivo /etc/inittab, si no, se debe introducir por medio de la consola del sistema. Después se procede a ejecutar todos los scripts relativos al runlevel especificado.

PASO 1: Información del S.O.

      uname

a) Ayuda.

      uname --help

b) Por defecto.

      uname

¿Qué manejas?

c) Visualizar toda la información del S.O.

      uname -a

d) Versión del sistema operativo y sistema del kernel.

      uname -s

e) Última revisión de la versión.

      uname -r

f) Kernel y la revisión.

      uname -r -s

g) Versión del sistema operativo.

      uname -v

uname

Sintaxis: **uname [opción] ...**

OPCIÓN	DESCRIPCIÓN
-a	Visualizar toda la información, en orden:
-s	Visualizar el nombre del núcleo, igual que sin la opción por defecto.
-n	Visualizar el nombre de host del nodo de red.
r	Visualizar la versión del núcleo.
v	Visualizar la versión del núcleo.
-m	Visualizar el nombre de hardware de la máquina.
p	Visualizar el tipo de procesador.
i	Visualizar la plataforma de hardware.
-o	Visualizar el sistema operativo.

h) El nodo dentro de una red o sino el nombre de la máquina.
    uname -n
i) Tipo de microprocesador hay en esta máquina.
    uname -m
j) Tipo de procesador dentro de la familia.
    uname -p

PASO 2: Establecer la conexión de un usuario.
La conexión puede realizarse:
    login
    su
a) En una consola de texto.
    login
a.1) Ayuda.
    login --help
a.2) Conexión por defecto.
    login
a.3) Conexión conservando el entorno.
    login -p
a.4) Conexión con el nombre de un equipo remoto (nombre equipo: puesto-01).
    login -h puesto-01   -f alumno
a.5) Conectar un usuario preservando el entorno.
    login -p -f alumno
b) Conectar con una aplicación ej. Putty, utilizando el servicio SSH.

login	
Sintaxis:	login [opciones] usuario
OPCIÓN	**DESCRIPCIÓN**
-p	Conservar el entorno.
-h host	Conexión equipo remoto login.
-r host	Conexión equipo remoto rlogin.
-f user	El usuario esta preautoconfigurado.

Para poder manejar una aplicación, que utilice el protocolo SSH, previamente hay que configurar el servicio SSH, su configuración se encuentra en la práctica.

Dirección de descarga del **PUTTY**
http://www.putty.org/

c) Conectar con la aplicación.
Inicialmente es a nivel de una cuenta de usuario ej.: alumno, no debe ser a nivel de root. Esto lo tiene bien definido Ubuntu, no permite realizar la conexión a nivel de root, sino de usuario, una vez realizada la conexión puedes cambiar de usuario a root u otro.

PASO 3: Cerrar una conexión.
    exit
a) Ayuda.
    exit --help
    Salir, ha salido sin mostrar la ayuda,...
b) Ayuda con man.
    man exit

PASO 4: Salir con logout abierta.
    logout
a) Pertenece a la **capa 6: SESION.**
    logout Cerrar la conexión
    login   establecer una nueva conexión
b) Cerrar conexión.
    logout

El primer usuario que realiza la conexión a un Linux por ssh, a partir de kernel 2.6 no puede ser el root. La conexión inicial es con usuario normal y una vez dentro se puede cambiar el usuario de conexión, a root.

c) Abrir una conexión nueva.
    login   -->nombre y passwd
d) Solicitar solo la passwd de un usuario de conexión.
    login alumno3
e) Se abre una nueva sesión.
    exit
    login alumno3
    logname
    logout --> no permite en este caso cerrar la conexión
    exit
    logout --> última conexión la que cierra.
f) ¿Se puede considerar que su es abrir una nueva conexión?
    su   alumno10

PASO 5: Mostrar los últimos usuarios conectados al sistema.
    last

a) Ayuda.
    last --help
b) Por defecto.
    last
    last > usuarios5
c) Visualiza el número de líneas a mostrar 5.
    last -n
d) No visualizar el campo del hostname.
    last -R
e) Muestra las entradas realizadas durante el apagado del sistema y los cambios de ejecución de nivel.
    last -x
f) Visualiza el hostname en la última columna.
    last -a

last
Sintaxis: **last [opciones]**

OPCIÓN	DESCRIPCIÓN
-n	Especifica cuántas líneas mostrar.
-R	No muestra el campo del hostname.
-x	Muestra las entradas de apagado del sistema y los cambios en los niveles de ejecución.
-a	Muestra el hostname en la última columna. Útil en combinación con la siguiente bandera.

PASO 6: Mostar los últimos usuarios que han intentado conectarse.
    lastb

a) Ayuda.
    lastb --help
b) Por defecto.
    lastb
    lastb -d
    lastb -f
    lastb -oar

PASO 6: Fecha y hora del último login realizado por el usuario activo.
El comando lastlog se usa para mostrar la última hora de conexión de las cuentas del sistema. La información de acceso se lee del archivo /var/log/lastlog.
    lastlog

a) Ayuda.
    lastlog --help
b) Por defecto.
    lastlog
c) Visualizar el registro lastlog con los valores de los últimos 5 días.
    lastlog -b 5
d) Información más reciente.
    lastlog -t 10
e) Login de un usuario concreto.
    lastlog -u root
    lastlog -u alumno10
    lastlog -u alumno3

Nota: Fichero de base de datos de tiempos de conexión **/var/log/lastlog**

lastlog
Sintaxis: **lastlog [opciones]**

OPCIÓN	DESCRIPCIÓN
-t n	Muestra sólo los accesos desde hace menos de "n" días...
-u nombre_usuario	Muestra sólo la información de acceso para el nombre de usuario.

PRÁCTICA 31: Niveles de Arranque, runlevel en Linux
DESCRIPCION:

Runlevel
El **runlevel** (del inglés, **nivel de ejecución**) es cada uno de los estados de ejecución en que se puede encontrar el sistema Linux. Existen 7 niveles de ejecución en total: (Máximo 9, de los cuales se encuentran definidos 7).

- **Nivel de ejecución 0:** Apagado.
- **Nivel de ejecución 1:** Monousuario (sólo usuario root; no es necesaria la contraseña). Se suele usar para analizar y reparar problemas. (boot: init 1).
- **Nivel de ejecución 2:** Multiusuario sin soporte de red.
- **Nivel de ejecución 3:** Multiusuario con soporte de red.
- **Nivel de ejecución 4:** Como el runlevel 3, pero no se suele usar.
- **Nivel de ejecución 5:** Multiusuario en modo gráfico (X Windows).
- **Nivel de ejecución 6:** Reinicio.

> Ubuntu es distinto. El archivo **/etc/inittab** fue sustituido a partir de la versión 6.10 por **/etc/upstart**
> El cual ahora también ha cambiado. Y los niveles de ejecución son los siguientes:
>   **0 - shutdown**
>   **1 - modo monousuario**
>   **2 - modo gráfico monousuario**
>   **6 - reboot**
> En /etc/init/rc.conf (ver. Ubuntu 14.04)

Este sistema de niveles de ejecución lo proporciona el sistema de arranque por defecto de la mayoría de distribuciones GNU/Linux (init). Sin embargo, Canonical ha estado desarrollando un nuevo sistema de arranque llamado upstart para sustituir a init, ya que init no se adapta a las necesidades actuales.

Modificar el runlevel por defecto
Por defecto, el sistema suele arrancar en el nivel de ejecución 5 (modo gráfico). Si se quisiera modificar este comportamiento, habría que editar el fichero */etc/inittab*.

    id:niveles_ejecución:acción:proceso

Más concretamente, habría que modificar en el fichero */etc/inittab* la línea.

    id:5:initdefault:

Donde el número 5 indica que el nivel de ejecución por defecto es el 5. Este número es el que hay que modificar para cambiar el nivel de ejecución en el que arranca el sistema por defecto.

    cat   /etc/inittab

¿Comprobar el nivel de ejecución actual?
    who -r

    `run-level' 2 2014-09-08 12:12`

    runlevel

    N 2

PASO 1: Apagar el equipo.
Existen diferentes formas de apagar el sistema Linux, pero todas hacen referencia a init 0.
    init 0
    halt
    poweroff
    shutdown

a) Ayuda.
    halt --help
b) Aconsejable.
    halt -p
c) Temporizar el apagado y mandar mensajes a los usuarios conectados shutdown.
c.1.) Ayuda.
    shutdown --help
c.2.) Apagar con el envío previo de un mensaje, de notificación "El equipo se apagará en breve".
    shutdown -k   El equipo se apagará en breve -c 30 –h

PASO 2: Reiniciar el sistema.
Existen diferentes formas de reiniciar el sistema Linux, pero todas hacen referencia a init 6.
    init 6
    reset
    halt -w
    shutdown -r
    reboot

PASO 3: Sincronización de unidad unidades de almacenamiento y buffer.

La **sincronización** escribe los datos almacenados temporalmente en la memoria al disco. Esto puede incluir (pero no se limitan a) superbloques modificados, inodos modificados, y el retraso en las lecturas y escrituras.

    sync

a) Ayuda.

    sync --help

b) Por defecto.

    sync

> Obligatorio utilizarlo en disco raid, particiones LVM.

PASO 4: Arrancar en modo texto y pasar al entorno gráfico.

Si el sistema se arrancó en runlevel 3, y deseamos pasar a modo runlevel 5.

    startx

Para iniciar o levantar el modo gráfico (xinit).

ORDEN	DESCRIPCIÓN
startx -- :DISPLAY	Arrancar el servidor gráfico indicándole el DISPLAY, por defecto el primer DISPLAY es 0 (al cual accedemos con Cntrl+Alt+F7).
startx -- :1	Iniciamos el servidor gráfico en el DISPLAY 1, es decir en la consola que se accede mediante Control+ALT+F2, en la cual luego de presionar esa combinación de teclas (Control+ALT+F2) e iniciar cesión podremos ejecutar aplicaciones gráficas.
X :DISPLAY	Si no queremos arrancar ningún escritorio y queremos hacer uso de las X (ejecutar aplicaciones gráficas sin levantar GNOME).
X :3	Arranca el cuarto servidor gráfico. La mayoría de los programas gráficos en GNU/Linux soportan la opción -display o --display con la que se le indica el servidor gráfico donde queremos que se ejecute.

De haber arrancado las X en un display :3 nos puede ser útil sacar una consola en el para poder ejecutar cosas como: gnome-terminal --display :3.

Ir al DISPLAY :3 mediante la combinación de teclas Cntrl+Alt+F10 veremos una Xterm donde poder ejecutar comandos, ya sea para arrancar un escritorio o bien otra aplicación como puede ser un juego.

Si queremos arrancar las X junto con una consola podemos hacer uso del comando xinit, el cual por defecto arranca una Xterm.

PASO 5: Visualizar o cambiar información runlevel.

Se usa para cambiar, actualizar y consultar información de runlevel para los servicios del sistema. La orden chkconfig, es de administrador.

    chkconfig

d) Listar los niveles de ejecución y el estado de servicio.

    chkconfig --list

El comando de configuración anterior lista los los niveles de ejecución y el estado del servicio (si está activo o no).

    chkconfig tomcat5 off

El comando anterior se usa para establecer el estado para el servicio tomcat5. Ahora el estado del servicio tomcat5 es inactivo.

    chkconfig --list tomcat5

PRÁCTICA 32: Configurar la red en Linux.
DESCRIPCION:
Configurar la tarjeta de red. Se puede realizar:
- e) En entorno gráfico.
- f) Desde la consola de texto.
  - Ficheros de configuración.
  - Línea de orden.

Se explica la configuración desde la consola, en los ficheros de configuración, puede cambiar de una versión a otra.

Al fichero de configuración de la tarjeta de red.

/etc/init/networking.conf --> iniciar los parámetros de arranque.

/etc/resolv.conf --> Resolución de los DNS (PRIMARIO, SECUNDARIO)
/etc/network/interfaces --> Configuración de tarjetas de red.

auto lo
iface lo inet loopback

auto eth0
iface eth0 inet static
    address   192.168.0.170
    netmask   255.255.255.0
    network   192.168.0.0
    broadcast   192.168.0.255
    gateway   192.168.0.100f

> La configuración de la tarjeta de red es obligatoria si deseamos que se puedan descargar, las aplicaciones y actualizar los repositorios, así como la configuración del servicio SSH, para poder utilizar la administración remota.

cat /etc/resolv.conf
ifconfig
cat /etc/network/intefaces

PASO 1: Modificar el fichero /etc/network/interfaces.
nano /etc/network/interfaces
ctrl+x --> grabar
¿ sí ?   S [enter]

PASO 2: Nombre del equipo.
/etc/hostname
nano /etc/hostname
ctrl+x

grabar si
con el nombre hostname [enter].

PASO 3: Modificar el fichero de resolución de DNS.
/etc/resolv.conf
nano /etc/resolv.conf

PASO 4: Configurar en la línea de orden o PROMPT.
Se utilizar la orden ifconfig, se asigna dispositivo de red una dirección y una máscara.
    ifconfig eth0   192.168.2.197   netmask 255.255.255.0
Asignar un alias a una tarjeta de red.
    ifconfig eth0:1   192.168.2.198   netmask 255.255.255.0

PASO 5: Reiniciar los cambios /etc/init.d/
Fichero a ejecutar networking
    cd /etc/init.d
    ls –l networking
Ejecutar el fichero.
    ./networking   restart
    . networking   restart
Si estoy en modo root, me expulsa a modo usuario.

PRÁCTICA 33: Agregar aplicaciones o repositorios en Linux en Debian o Ubuntu.

DESCRIPCIÓN:

¿En qué consiste un repositorio de aplicaciones Linux Debian o Ubuntu?

Un repositorio consiste en al menos un directorio con algunos paquetes DEB en él, y dos ficheros especiales que son el **Packages.gz** para los paquetes binarios y el **Sources.gz** para los paquetes de las fuentes.

Una vez que tu repositorio esté listado correctamente en el **sources.list**, si los paquetes binarios son listados con la palabra clave **deb** al principio, apt buscará en el fichero índice Packages.gz, y si las fuentes son listadas con las palabras claves **deb-src** al principio, éste buscará en el fichero índice Sources.gz.

Esto se debe a que en el fichero **Packages.gz** se encuentra toda la información de todos los paquetes, como nombre, versión, tamaño, descripción corta y larga, las dependencias y alguna información adicional que no es de nuestro interés. Toda la información es listada y usada por los Administradores de Paquetes del sistema tales como dselect o aptitude.

Sin embargo, en el fichero **Sources.gz** se encuentran listados todos los nombres, versiones y las dependencias de desarrollo (son los paquetes necesitados para compilar) de todos los paquetes, cuya información es usada por **apt-get source** o herramientas similares.

Una vez que hayas establecido tus repositorios, serás capaz de listar e instalar todos sus paquetes junto a los que vienen en los discos de instalación Debian; una vez que hayas añadido el repositorio deberás ejecutar en la consola:

> **# aptitude update**

Esto es con el fin de actualizar la base de datos de nuestro APT y así el podrá "decirnos" cuales paquetes disponemos con nuestro nuevo repositorio. Los paquetes serán actualizados cuando ejecutemos en consola.

> **# aptitude upgrade**

Usaremos apt-get para agregar paquetes.

Existe un repositorio se encuentra.   /etc/apt
> ls -l /etc/apt

sources.list

Contiene las referencias de los servidores de repositorio, es un fichero de texto.

Notificación en la conexión o acceso al terminal de consola.

```
Welcome to Ubuntu 15.04 (GNU/Linux 3.19.0-15-generic x86_64)

 * Documentation:  https://help.ubuntu.com/

7 packages can be updated.
7 updates are security updates.
```

PASO 1: Editar el fichero /etc/apt/sources.list
a) Acceder al directorio
> cd   etc/apt
> ls -l sources.list

b) Editar el fichero sources.list, para agregar la actualización de los repositorios:
- Los ficheros especiales: **deb**
- Los paquetes binarios: **deb-src**
> # nano sources.list

PASO 2: Agregar ciertas ordenes, aplicaciones...
a) Agregar la orden tree.
> apt-get   install   tree

Sino no funciona se necesitan revisar los pasos siguientes:

a.1) Paso previo para instalar, hay que resolver DNS.
> nano /etc/resolv.conf
> search 192.168.0.100   80.58.61.250   80.58.61.254   8.8.8.8
> nameserver 80.58.61.250
> nameserver 80.58.61.254
> nameserver 8.8.8.8
> cd /etc/init.d

a.2) Reiniciar el servicio de red, para cargar los nuevos valores.
> ./networking restart

a.3) Comprobar la configuración e instalar.
> ifconfig
> apt-get   install   tree

b) Agregar un núcleo de GNOME.
> apt-get install xorg gnome-core

c) Instalar aplicaciones de lenguaje (español):

> **Nota:** La ayuda man puede aparecen en español en muchos órdenes.

apt-get install language-pack-es
apt-get install language-pack-es-base
d) Instalar el paquete de lenguajes para el gnome.
apt-get install language-pack-gnome-es
apt-get install language-pack-gnome-es-base
e) Instalar un selector.
apt-get install language-selector
apt-get install language-support-es

PASO 3: Actualizar versiones.
a) Realizar una actualización de la versión de nuestro sistema, para asegurarnos que se encuentra en la más reciente, empleando la siguiente línea de orden:
sudo do-release-upgrade
do-release-upgrade
b) Es aconsejae o conveniente actualizar a la última los distintos paquetes que se encuentren instalados:
sudo apt-get update && sudo apt-get -y dist-upgrade
apt-get update && sudo apt-get -y dist-upgrade

PASO 4: Instalar el entorno gráfico en UBUNTU SERVER.
sudo apt-get install Ubuntu-desktop
a) Tras la ejecución de esta instrucción habremos instalado el entorno gráfico Gnome al completo, lo cual incluye bastantes herramientas de escritorio que normalmente no son necesarias en un servidor, como Libre Office, y que además consumen recursos. Para evitar esto, es posible utilizar una segunda alternativa, que tan solo instala una configuración mínima de escritorio:
sudo apt-get install x-window-system-core gnome-core
b) Después de la instalación, para arrancar el entorno gráfico, ejecutar lo siguiente:
startx
c) Para configurar el idioma en español será necesario instalar los siguientes paquetes:
sudo apt-get install language-pack-es
sudo apt-get install language-pack-es-base
sudo apt-get install language-pack-gnome-es
sudo apt-get install language-pack-gnome-es-base
sudo apt-get install language-selector-gnome

APLICACIÓN	CONFIGURACIÓN REPOSITORIO
Medibuntu	deb http://packages.medibuntu.org/ intrepid free non-free Instala los paquetes medibuntu-keyring y app-install-data-medibuntu.
Wine	deb http://wine.budgetdedicated.com/apt intrepid main el paquete wine
OpenOffice.org 3.0	deb http://ppa.launchpad.net/openoffice-pkgs/ubuntu intrepid main
Opera	deb http://deb.opera.com/opera/ stable non-free e instala el paquete opera.
Banshee	deb http://ppa.launchpad.net/banshee-team/ubuntu intrepid main e instalaremos el paquete banshee
VideoLAN Client (VLC)	deb http://ppa.launchpad.net/c-korn/ubuntu intrepid main Una vez actualizada la lista de fuentes sólo tenemos que instalar el paquete vlc
Boxee	deb http://apt.boxee.tv intrepid main El paquete a instalar, boxee
Elisa	deb http://ppa.launchpad.net/elisa-developers/ppa/ubuntu intrepid main y el paquete a instalar, como era de esperar, elisa
Netbook Remix	deb http://ppa.launchpad.net/netbook-remix-team/ubuntu intrepid main Para poder disfrutar de UNR es necesario instalar los paquetes go-home-applet, human-netbook-theme, maximus, netbook-launcher y window-picker-applet y ejecutar al inicio netbook-launcher y maximus
Gnome Do	deb http://ppa.launchpad.net/do-core/ppa/ubuntu intrepid main
Deluge	deb http://ppa.launchpad.net/deluge-team/ubuntu intrepid main y el nombre del paquete a instalar, deluge
Google Gadget	deb http://ppa.launchpad.net/googlegadgets/ppa/ubuntu hardy main El paquete que nos interesa es google-gadgets
Mythbuntu	deb http://ppa.launchpad.net/mythbuntu/ubuntu hardy main
Compiz	deb http://ppa.launchpad.net/compiz/ubuntu intrepid main y actualiza el sistema.
Miro	deb http://ftp.osuosl.org/pub/pculture.org/miro/linux/repositories/ubuntu intrepid/ y el paquete a instalar, miro
Mundo geek	deb http://ppa.launchpad.net/zootropo/ppa/ubuntu intrepid main

Firmas GPG

Las firmas GPG de los repositorios que las requieren, para el caso de que el gestor de paquetes se queje:

Aplicación	URL de las firmas GPG para los repositorios
OpenOffice	http://keyserver.ubuntu.com:11371/pks/lookup?op=get&search=0x60D11217247D1CFF
Gnome-DO	http://keyserver.ubuntu.com:11371/pks/lookup?op=get&search=0x28A8205077558DD0
Deluge	http://keyserver.ubuntu.com:11371/pks/lookup?op=get&search=0xC5E6A5ED249AD24C
Google	https://dl-ssl.google.com/linux/linux_signing_key.pub
WineHQ	http://wine.budgetdedicated.com/apt/Scott%20Ritchie.gpg

PRÁCTICA 34: Configurar los datos básicos de un servidor UBUNTU.

DESCRIPCIÓN:

Configuración de la tarjeta de red.
 ifconfig --> Permite ver datos de la configuración y establecer datos de configuración.
  eth0: Tarjeta de red, la primera de las tarjetas de red. Ethernet.
  lo: localhost, 127.0.0.1
 ping localhost
 ping 127.0.0.1

PASO 1: Ver la configuración de red.
 ifconfig
 192.168.2.245

Según CIDR el número de bits que forman las máscaras se indican ir/n_bits el n_bits depende de las categorías de las máscaras: a, b, c y otras.
 8 -> a
 16-> b
 24 ->c

a) Ayuda.
 ifconfig --help
b) Defecto, muestra la información de las tarjetas de red.
 ifconfig
c) Establecer una dirección IP y la máscara, pruebas o de forma temporal.
 ifconfig eth0 192.168.0.150 netmask 255.255.255.0
 ifconfig
 ifconfig eth0:1 192.168.0.180 netmask 255.255.255.0
 ifconfig

> Nota: se utiliza con la orden route, para realizar tablas de enrutamientos.

PASO 2: Nombre del equipo.
 hostname
a) Ayuda.
 hostname --help
b) Por defecto.
 hostname
c) Visualizar el dominio al que pertenece.
 hostname -d
d) Ver todas las direcciona IPs.
 hostname -I
e) Ver la dirección IP asignada.
 hostname -i
f) Ver el servidor asignado por defecto, arranque.
 hostname -b (boot)

hostname
Sintaxis: **hostname [Opciones]**

OPCIÓN	DESCRIPCIÓN
-a	Muestra el alias del host, si existe.
-d	Muestra el nombre de dominio DNS
-f	Muestra el fully qualified nombre de dominio.
-h	Muestra mensajes de ayuda.
-i	Muestra la dirección IP del host.
-s	No muestra el nombre de dominio.

> NOTA: El resto de las opciones se utilizan con los servidores de dominio, especialmente con el protocolo LDAP--> Active Directory.

PASO 3: Ver la configuración de la Equipo a nivel de versión y núcleo del S.O.
 w
a) Ayuda.
 man w
 w --help
b) Por defecto.
 w
c) Visualizar versión.
 w -V
d) Eliminar el título de la cabecera.
 w -h
e) Ignorar la identificación de procesos por su UID.
 w -u

w
Sintaxis: w [-husfV] [usuario]

OPCIÓN	DESCRIPCIÓN
-h	No escribe la cabecera.
-u	No tiene en cuenta el nombre de usuario cuando se comprueba el tiempo del proceso actual y de CPU. Para mostrar esto, haga un "su" y haga un "w" y un "w -u".
-s	Usa el formato corto. No escribe el tiempo de conexión, ni JCPU, ni PCPU.
f	Cambia la escritura del campo from (nombre del nodo remoto). Por defecto es que el campo from no se escribe, pero el administrador de su sistema o el supervisor de la distribución puede haber compilado una versión en la que el campo from se muestre por defecto.
-V	Muestra información sobre la versión.
usuario	Muestra solamente información sobre los usuarios especificado.

PASO 4: Ver los terminales conectados.
Visualiza los dispositivos serie, terminales virtuales (accesibles por orden con las pulsaciones Alt-F1 a Alt-F*nn* en la consola local), " /dev/pts/0 ", que designa que el usuario está utilizando el dispositivo " /pts /0 ", pero no muestra ninguna información sobre este dispositivo
 tty

stty

a) Ayuda.
    tty –help
b) Por defecto.
    tty
    a
c) Ayuda.
    stty --help   //Terminales serie
d) Por defecto.
    stty

> **tty**
> Sintaxis: tty [opciones]
> -s   No muestra nada
>
> /etc/utmp información sobre quien está conectado en el momento
> /proc información sobre procesos

PASO 5: Quien soy.
    who a im
    whoami
a) Ayuda .
    whoami --help
b) Nombre de usuario.
    whoami

PASO 6: Visualizar información de los usuarios que están actualmente conectados.

El comando who puede listar los nombres de los usuarios conectados actualmente, su terminal, el tiempo que han estado conectados, y el nombre del host desde el que se han conectado.

    who
a) Ayuda.
    who --help
    man who
b) Por defecto.
    who
c) Fecha y hora de arranque del sistema.
    who -b
d) Nivel de ejecución.
    runlevel 0-6   --->   init <runlevel>
    who -r
e) Visualizar los procesos muertos.
    who -d
f) Visualizar los procesos de inicio de conexión.
    who -l
g) Visualizar toda la información.
    who –a

> **who**
> Sintaxis: who [opciones] [archivo]
>
> | OPCIÓN | DESCRIPCIÓN |
> |---|---|
> | am i | Muestra el nombre de usuario de quien lo invoca. El "am" y el "i" deben ir separados. |
> | -b | Muestra la hora del último arranque del sistema. |
> | -d | Muestra los procesos muertos. |
> | -H | Muestra los encabezados de columna encima de la salida. |
> | -i | Incluye el tiempo parado como HORAS:MINUTOS. Un tiempo parado e indica actividad en el último minuto. |
> | -m | Igual que who am i. |
> | -q | Muestra sólo los nombres de usuario y la cuenta de usuarios activos. |
> | -T,-w | Incluir el mensaje de estado del usuario en la salida. |

PASO 7: Muestra el identificador numérico del host actual en hexadecimal.
    hostid
    root@192:~# hostid
    0000c000

Ejercicios Unidad de Trabajo VI.

1. Visualizar quién soy en una conexión y cuantas conexiones se encuentran activas como terminal o terminales serie.
2. Visualizar toda la información de los usuarios que están actualmente conectados y del tiempo que llevan conectados.
3. Ver el nombre del equipo la dirección IP que tiene asignada. Asignar un alias a la dirección IP del dispositivo eth0:2, alias 2, con la dirección 192.168.14.191/24. Reiniciar el servicio de red de nuevo.
4. Extraer toda la información del Sistema Operativo, versión S.O,. kernel y revisión del Sistema Operativo, nodo de una red o nombre de máquina tipo de procesador de la máquina y dentro de la familia.
5. Cerrar una conexión.
6. Salir de la conexión, pero no apagar la consola.
7. Mostrar los últimos usuarios conectados al sistema.
8. Mostrar los últimos usuarios que han intentado conectarse al sistema.
9. Comprobar el nivel de ejecución.
10. Reiniciar el equipo con un nivel runlevel prestablecido consta anterioridad, localizar el fichero que contiene el modo de ejecución de arranque runlevel.
11. Apagar el aquí, con su nivel de ejecución correspondiente.
12. Ver la configuración de red.
13. Ver el nombre del equipo, ver todas las IP's.
14. Ver la configuración del equipo Linux, su versión, nucleo ignorar la identificación del UID por proceso.
15. Ver los terminales conectados y sus opciones.
16. Comprobar quien soy.
17. Visualizar toda la información de los usuarios conectados actualmente.

UNIDAD DE TRABAJO VII: Administración del sistema I. Configuración de red. Administración de usuarios y grupos

PRÁCTICA 35: Administrar grupos en Linux.

PRÁCTICA 36: Administrar usuarios en Linux con órdenes.

PRÁCTICA 37: Administrar usuarios y grupos en Linux con scripts Perl.

Contenidos
- **Administración del sistema.**
- **Grupos en Linux.**
- **Usuarios en Linux.**

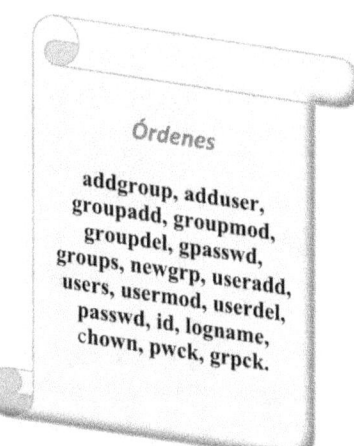

Órdenes

addgroup, adduser, groupadd, groupmod, groupdel, gpasswd, groups, newgrp, useradd, users, usermod, userdel, passwd, id, logname, chown, pwck, grpck.

PRÁCTICA 35: Administrar grupos en Linux.

DESCRIPCIÓN:

La administración de un sistema operativo Linux, precisa previamente una instalación y configuración correcta, posteriormente el sistema debe arrancar sin errores.

A partir de este punto comienza las tareas de planificación del arranque y parada del sistema, monitorización sistema, copias de seguridad, opciones sobre grupos y usuarios: crear, modificar y borrar, etc...

PASO 1: Crear nuevas cuentas de grupo.
    groupadd
a) Ayuda.
    groupadd --help
b) Crear un grupo sin especificaciones.
    groupadd   toreros
c) Crear un grupo asignándole una identificación.
    groupadd -g 1300 cuadrilla
    es /etc/grupo
    root:x:0:
    root--> nombre del grupo
    x   --> la clave se encuentra en el fichero /etc/gshadow
    0   --> GID o GUID
    Blanco -> usuarios que forman parte del grupo.
    groupadd   prensa
d) Crear un grupo de dispositivos (-r).
    groupadd -r -g 197 usbdata
e) Crear un grupo con el mismo id de otro grupo (-o).
    groupadd -o -g 1300 ciclos

groupadd
Sintaxis: **groupadd [opciones] nombre_de_grupo**

OPCIÓN	DESCRIPCIÓN
-f	Termina si el grupo ya existe, y cancela.
-g	Si el GID ya se está en uso.
-g	Utiliza GID para el nuevo grupo.
-h	Muestra este mensaje de ayuda y termina.
-K CLAVE=VALOR	Sobrescribe los valores predeterminados de /etc/login.def
-o	Permite crear grupos con GID (no únicos) duplicados.
-p CONTRASEÑA	Utiliza esta contraseña cifrada para el nuevo grupo.
-r	Crea una cuenta del sistema.
-R CHROOT_DIR	Directorio en el que hacer chroot.

La siguiente GUID es a partir del último número asignado, previamente, inicialmente es 1000.

PASO 2: Modificar los parámetros de un grupo.
    groupmod
a) Ayuda.
    groupmod --help
b) Modificar la identificación de un grupo.
    groupmod -g 1350 toreros
c) Modificar o cambiar la identificación para coincida con otro grupo.
    groupmod -o -g 1350 ciclos
d) Modificar la gid de un dispositivo.
    groupmod   -g 297 ciclos
e) Cambiar el nombre a un grupo.
    groupmod -n ies ciclos

groupmod
Sintaxis: **groupadd [opciones] nombre_de_grupo**

OPCIÓN	DESCRIPCIÓN
-g GID	Cambia el identificador del grupo a GID.
-n GRUPO_NUEVO	Cambia el nombre a GRUPO_NUEVO.
-o	Permite utilizar un GID duplicado (no único).
-p CONTRASEÑA	Cambia la contraseña a CONTRASEÑA (cifrada).
-R CHROOT_DIR	Directorio en el que hacer chroot.

PASO 3: Borrar grupos.
    groupdel
a) Ayuda.
    groupdel --help
b) Borrar por defecto.
    groupadd   nuevo
    cat /etc/group
    groupdel   nuevo
    cat /etc/group
c) Borrar el directorio.
    groupdel -R

groupdel
Sintaxis: **groupdel [opciones] GRUPO**

OPCIÓN	DESCRIPCIÓN
-R ROOT_DIR	Directorio en el que hacer chroot

PASO 4: Establecer el password a un grupo.
    gpasswd
a) Ayuda.
    gpasswd --help
b) Establecer password a un grupo por defecto.
    groupadd -g 1350   torero
    groupadd -g 1400 informatica

gpasswd
Sintaxis: **groupadd [opciones] nombre_de_grup**

OPCIÓN	DESCRIPCIÓN
-a USUARIO	Añade USUARIO al GRUPO.
-d USUARIO	Elimina USUARIO del GRUPO.
-Q CHROOT_DIR	En el Directorio de chroot.
-r	Elimina la contraseña de GRUPO.
-R	Restringe el acceso a GRUPO a sus miembros.
-M USUARIO,...	Establece la lista de miembros de GRUPO.
-A ADMIN,...	Establece la lista de administradores de GRUPO.

Excepto las opciones -A y -M, las opciones no se pueden combinar.

```
          groupadd  -g 1500  bachillerato
          groupadd  -g 1600  eso


          gpasswd   torero
            passwd...:
            repetir....:
          useradd   -m -d /home/user1   user1
          useradd   -m -d /home/user2   user2
          useradd   -m -d /home/user3   user3
c)  Añadir usuarios a un grupo.
          gpasswd  -a user1  torero
          gpasswd  -a user2  torero
          gpasswd  -a user3  torero
          cat  /etc/group
d)  Borrar usuarios de un grupo.
          gpasswd -d user3  torero
          cat  /etc/group
          gpasswd -d user2  torero
          gpasswd -d user1  torero
          cat  /etc/group
e)  Agregar una lista de miembros a un grupo.
          gpasswd  -M  user1,user2,user3  torero
          cat /etc/passwd
f)  Asignar a un usuario como administrador del grupo.
          gpasswd -A  user1  torero
g)  Borrar la clave de un grupo.
          gpasswd –r   torero
```

> La contraseña de un grupo sirve para, establecer cambios de grupos a un usuario. Pide la contraseña.

Grupos preconfigurados

Group ID	GID
bin	1
sys	3
adm	4
tty	5
disk	6
lp	7
mem	8
kmem	9
wheel	10
mail	12
man	15
floppy	19
named	25
rpm	37
xfs	43
apache	48
ftp	50
lock	54
sshd	74
nobody	99
users	100

PASO 5: Ver el grupo al que pertenece un miembro, usuario.

Muestra la pertenencia a grupo de cada NOMBREUSUARIO, o, si no se especifica NOMBREUSUARIO, el proceso actual (que puede ser distinto si la base de datos de grupos ha cambiado).
```
          groups
```
a) Ayuda.
```
          groups –help
```
b) Defecto.
```
          groups  user1
```

PASO 6: Especificar el grupo por defecto de un usuario.

Especifica cuál es el grupo por defecto de un usuario, el grupo por defecto se usa por ejemplo para especificar el grupo de un nuevo fichero creado.
```
          newgrp
```
a) Ayuda.
```
          newgrp --help
```
b) Asignación por defecto.

Grupos del sistema

root	Dueño de la mayoría de ficheros del sistema.
daemon	Dueño del correo, impresora y otro software del sistema y directorios.
kmem	Gestiona el acceso directo a la memoria del kernel.
sys	Dueño de ficheros del sistema, ficheros de intercambio, e imágenes de memoria.
nobody	Dueño de software sin permisos especiales.
tty	Ficheros de dispositivos que controlan las terminales.
users	Usuarios del sistema.

PRÁCTICA 36: Administrar usuarios en Linux con órdenes.

DESCRIPCIÓN:

Qué es lo que podemos hacer con los usuarios:
- Dar de alta usuarios.
- Modificar usuarios.
- Borrar usuarios.
- Ver el fichero de claves y restricciones.
- Establecer password.
- Visualizar la identificación de un usuario.
- Bloquear cuentas de usuarios.
- Desbloquear cuentas de usuarios.

PERMISO	DESCRIPCIÓN
r	El permiso para leer un archivo. El permiso para leer un directorio (también requiere "x").
w	El permiso para borrar o modificar un archivo. El permiso para borrar o modificar archivos en un directorio.
x	El permiso para ejecutar un archivo / script. El permiso para leer un directorio (también requiere "r").
s	ID de usuario o grupo en la ejecución Set.
u	Permisos concedidos al usuario propietario del archivo.
t	Ajuste "sticky bit. Ejecutar fichero / script como usuario root para el usuario normal.

Tipos de Usuarios

Usuario root
- También llamado supe usuario o administrador.
- Su UID (User ID) es 0 (cero).
- Es la única cuenta de usuario con privilegios sobre todo el sistema.
- Acceso total a todos los archivos y directorios con independencia de propietarios y permisos.
- Controla la administración de cuentas de usuarios.
- Ejecuta tareas de mantenimiento del sistema.
- Puede detener el sistema.
- Instala software en el sistema.
- Puede modificar o reconfigurar el kernel, controladores, etc.

Usuarios especiales
- Ejemplos: bin, daemon, adm, lp, sync, shutdown, mail, operator, squid, apache, etc.
- Se les llama también cuentas del sistema.
- No tiene todos los privilegios del usuario root, pero dependiendo de la cuenta asumen distintos privilegios de root.
- Lo anterior para proteger al sistema de posibles formas de vulnerar la seguridad.
- No tienen contraseñas pues son cuentas que no están diseñadas para iniciar sesiones con ellas.
- También se les conoce como cuentas de "no inicio de sesión" (nologin).
- Se crean (generalmente) automáticamente al momento de la instalación de Linux o de la aplicación.
- Generalmente se les asigna un UID entre 1 y 100 (definifo en /etc/login.defs)

Usuarios normales
- Se usan para usuarios individuales.
- Cada usuario dispone de un directorio de trabajo, ubicado generalmente en /home.
- Cada usuario puede personalizar su entorno de trabajo.
- Tienen solo privilegios completos en su directorio de trabajo o HOME.
- Por seguridad, es siempre mejor trabajar como un usuario normal en vez del usuario root, y cuando se requiera hacer uso de comandos solo de root, utilizar el comando su.
- En las distros actuales de Linux se les asigna generalmente un UID superior a 1000, a partir del kernel 2.6.
- Cada vez que se crea un usuario se crea un grupo con el mismo nombre y coinciden el UID, con el GUID.

Archivos de configuración

Los usuarios normales y root en sus directorios de inicio tienen varios archivos que comienzan con "." es decir están ocultos. Varían mucho dependiendo de la distribución de Linux que se tenga, pero seguramente se encontrarán los siguientes o similares:

.bash_profile aquí podremos indicar alias, variables, configuración del entorno, etc. que deseamos iniciar al principio de la sesión.
.bash_logout aquí podremos indicar acciones, programas, scripts, etc., que deseemos ejecutar al salirnos de la sesión.
.bashrc es igual que **.bash_profile**, se ejecuta al principio de la sesión, tradicionalmente en este archivo se indican los programas o scripts a ejecutar, a diferencia de .bash_profile que configura el entorno.

PASO 1: Dar de alta usuarios.

Añadir nuevos usuarios o crear nuevas cuentas en Linux.
    useradd
a) Ayuda.
    man useradd
    useradd --help
b) Dar de alta un usuario por defecto.
    No se establece el directorio de trabajo.
    Hay que definir el directorio de trabajo con mkdir.
    ls

```
mkdir   /home/user4
useradd  user4
cat   /etc/passwd
useradd  user5
passwd user5
ctrl+alt+F3
pwd  --> /
mkdir user5
```

c) Desconectar al usuario:
```
logout
exit
login
```
Dar de alta un usuario y crear al mismo tiempo un directorio.

c.1) Dar de alta y asignar directorio de trabajo. Debería de estar creado antes el directorio.
```
useradd  -d /PRÁCTICA/alumno  alumno
mkdir  /PRÁCTICA
mkdir  /PRÁCTICA/alumno
```
c.2) Dar de alta un usuario y crear el directorio
```
useradd   -m -d /PRÁCTICA/alumno1   alumno1
```
d) Crear un usuario asignando un grupo principal.
```
useradd  -m –d /PRÁCTICA/alumno2   -g torero   alumno2
passwd  alumno2
passwd     --> cambio el password al usuario con el que trabajo.
```
e) Asignar a un usuario a diferentes grupos, sea miembro secundario de diferentes grupos.
```
useradd  -m -d /PRÁCTICA/alumno3 -g torero –G bachillerato,eso   alumno3.
passwd  alumno3
groups  alumno3
gpasswd -A alumno3  eso
groups  alumno3
```
f) Establecer la identificación de usuario -u número.
```
useradd  -m –d /PRÁCTICA/alumno4  -g eso  -u 1500  alumno4
passwd  alumno4
groups  alumno4
id  alumno4
```
g) Asignar la misma identificación a otro usuario, es la opción -o.
```
id  root
id
useradd  –m –d /PRÁCTICA/picador  -g root  -G torero –u 0  -o  picador
passwd picador
id picador
```
h) Agregar una línea de comentario al fichero /etc/passwd.
```
useradd  -m –d /PRÁCTICA/alumno6  -g torero  -c "alumno perezoso, si ilusión"  alumno6
cat /etc/passwd
```
i) Asignar el tipo de intérprete de comandos (SHELL).
```
useradd  -m –d /PRÁCTICA/alumno7  -g torero  -c "alumno perezoso, si ilusión"  -s /bin/sh  alumno7
```
j) Establecer restricciones de la asignación de la fecha de expiración de la clave.
```
useradd –m –d /PRÁCTICAs/alumno8  -e  04/06/2014 alumno8
```
k) Establecer el número de días que la cuenta de un usuario va a estar habilitada después de la fecha de expiración o caducidad ("7 días").
```
useradd -m -d /PRÁCTICAs/alumno9  -e 05/06/2014 –f 12  alumno9
```
-f 12   es el número de días, que se puede acceder con el usuario después de caducada la clave o la cuenta.

l) Notificación, previa a la caducidad de una cuenta -W número de días.
```
useradd –m –d /PRÁCTICAs/alumno10 –e 05/07/2014 –f 12 –W 20  alumno10
```

---

useradd
Sintaxis: useradd [opciones] nombre_usuario

OPCIÓN	DESCRIPCIÓN
-b	Directorio base para el directorio personal de la nueva cuenta.
-c COMENTARIO	Campo GECOS de la nueva cuenta.
-d DIR_PERSONAL	Directorio personal de la nueva cuenta.
-D	Imprime o cambia la configuración predeterminada de useradd.
-e	Fecha de caducidad de la nueva cuenta.
-f	Periodo de inactividad de la contraseña de la nueva cuenta.
-g GRUPO	Nombre o identificador del grupo primario de la nueva cuenta.
-G GRUPOS	Lista de grupos suplementarios de la nueva cuenta.
-k DIR_SKEL	Utiliza este directorio skeleton alternativo.
-K	Sobrescribe los valores predeterminados de /etc/login.defs.
-l	No añade el usuario a las bases de datos de lastlog y faillog.
-m	Crea el directorio personal del usuario.
-M	No crea el directorio personal del usuario.
-N	No crea un grupo con el mismo nombre que el usuario.
-o	Permite crear usuarios con identificadores (UID) duplicados (no únicos).
-p CONTRASEÑA	Contraseña cifrada de la nueva cuenta.
-r	Crea una cuenta del sistema.
-R CHROOT_DIR	Directorio en el que hacer chroot.
-s CONSOLA	Consola de acceso de la nueva cuenta.
-u UID	Identificador del usuario de la nueva cuenta.
-U	Crea un grupo con el mismo nombre que el usuario.
-Z USUARIO_SE	Utiliza el usuario indicado para el usuario de SELinux.

Al crear un usuario por defecto se asigna en el directorio /home un directorio con el mismo nombre, que deberíamos tener creado previamente (mkdir). Si el directorio no está creado previamente, el usuario está asignado a un directorio de trabajo que no existe.
Para que el directorio se cree al mismo tiempo deben utilizarse las opciones:

      useradd -m   -d   /home/mialumno

> Se puede especificar la clave con –p, pero hay que darla encriptada. ---> usar passwd

20 días antes de la caducidad de la cuenta, cada vez que se acceda se comunica que la cuenta caducada, en un periodo de tiempo.
useradd -m –d /PRÁCTICAs/alumno10 –e 05/07/2014 –f 12 –W 35 alumno10

PASO 2: Modificar la cuenta de un usuario usermod.
Todas opciones de useradd se utilizan igual además incorpora dos opciones [-L|-U] permite bloquear o desbloquear la cuenta de un usuario, igual que con la orden passwd, cuyas opciones son en minúsculas.
usermod

a) Bloquear y desbloquear una cuenta de usuario.
a.1) Bloquear una cuenta de usuario.
usermod -L alumno10
a.2) Desbloquear una cuenta de usuario.
usermod -U   alumno10
b) Acceder desde consola.
login
passwd
c) Visualizar procesos activos.
ps -aux
d) Matar un proceso.
kill -9 1926

Nota: Si el usuario está conectado hay que matar el proceso para expulsar al usuario.

PASO 3: Borrar una cuenta de usuario.
Borra la cuenta de un usuario /etc/passwd, permite borrar el usuario y todos sus datos o solo el usuario.
userdel

a) Ayuda.
userdel --help
b) Borrar solo el usuario.
userdel   alumno10
c) Borrar toda la información respecto al usuario.
/etc/passwd
/etc/shadow
/etc/group
/PRÁCTICA/alumno10 (borrar el vínculo), no se borra la información ni la carpeta.
d) Borrar el usuario y todo el contenido de su trabajo.
userdel –r alumno9
Borrar los ficheros + directorios que referencie este usuario, como propietario en su directorio de trabajo (defecto /home/alumno9).

userdel
Sintaxis: userdel [opciones] usuario

OPCIÓN	DESCRIPCIÓN
-a	Informa del estado de las contraseñas de todas las cuentas.
-d	Borra la contraseña para la cuenta indicada -e -expire fuerza a que la contraseña de la cuenta caduque.
-f	Forzar la eliminación de los ficheros, incluso si no pertenecen al usuario.
-h	Muestra este mensaje de ayuda y termina.
-k	Cambia la contraseña sólo si ha caducado.
-i	Establece la contraseña inactiva después de caducar a INACTIVO.
-l	Establece el número máximo de días AS_MIN.
-q	Modo silencioso de la contraseña a.
-r	Cambia la contraseña en el repositorio REP.
-R	Directorio en el que hacer chroot.
-S	Informa del estado de la contraseña la cuenta AS_MAX establece el número máxima AS_MAX antes de cambiar la contraseña a vida indicada.
-Z	Eliminar cualquier asignación de usuario SELinux para el usuario.

PASO 4: Establecer la clave aun usuario.
Solicita la clave de un usuario dado de alta, permite bloquear/desbloquear la cuenta de un usuario, deben de estar creados.
passwd

a) Ayuda.
passwd –help
b) Establecer la clave a un usuario.
passwd   user4
c) Bloquear una cuenta.
passwd –l alumno8
d) Desbloquear una cuenta.
passwd -u alumno8
e) Borrar un password o clave.
passwd -d alumno8
f) Informar del estado de la contraseña de todas las cuentas.
passwd -a
g) Informa del estado de la contraseña.
passwd -S
root P 05/20/2014 0 99999 7 -1

PASO 5: Identificación de usuarios y grupos a los que pertenecen.

Muestra la información de usuario y grupo para el NOMBRE USUARIO especificado, o (cuando se omite NOMBRE DE USUARIO) para el usuario actual.

   id

a) Ayuda.
   id --help
b) Por defecto.
   id
   Asumen que lo que preguntamos es por el usuario con el que trabajamos.
c) Preguntar por un usuario concreto.
   id alumno8
   id root
   uid=0(root) gid=0(root) grupos=0(root)
d) Visualizar el grupo principal al que pertenece el usuario.
   id -g alumno4
e) Visualizar los grupos secundarios a los pertenece.
   id -G alumno3
f) Identificar los permisos reales.
   id -r
   id -r alumno3
g) Identificar un usuario.
   id -u
   id -u alumno3
h) Visualizar el nombre del usuario.
   id -n
   id -n -g
   id -n -G
   id -n -u
   id -n -g alumno3
   id -n -G alumno3
   id -n -u alumno3

id
Sintaxis: id [opciones] usuario

OPCIÓN	DESCRIPCIÓN
-a	Sin efecto, para compatibilidad con otras versiones.
-Z	Muestra sólo el contexto de seguridad del usuario actual.
-g	Muestra sólo el ID de grupo principal.
-G	Muestra sólo los grupos suplementarios, secundarios.
-n	Muestra un nombre en lugar de un número, para -ugG.
-r	Muestra el ID real en lugar del ID efectivo, para -ugG.
-u	Muestra sólo el ID efectivo del usuario.

chown
Sintaxis: chown [opcion] nuevo_usuario nom_archivo/directorio

OPCIÓN	DESCRIPCIÓN
-R	Cambia el permiso en archivos que estén en subdirectorios del directorio en el que estés en ese momento.
-c	Cambia el permiso para cada archivo.
-f	Previene a chown de mostrar mensajes de error cuando es incapaz de cambiar la titularidad de un archivo.

PASO 6: Identificar el nombre del grupo(s) a que pertenece un usuario.

Muestra la pertenencia al grupo de cada USUARIO, o, si no se especifica el nombre del usuario, el proceso actual (que puede ser distinto si la base de datos de grupos ha cambiado).
   groups

a) Ayuda.
   groups --help
b) Por defecto.
   groups alumno
   alumno : alumno adm cdrom sudo dip plugdev lpadmin sambashare

groups
Sintaxis: groups usuario

PASO 7: Muestra el nombre del usuario actual.
   logname

a) Ayuda.
   logname --help
b) Por defecto.
   logname
c) Versión de la orden.
   logname --version

logname
Muestra el nombre del usuario actual.

PASO 8: Establecer o cambiar el propietario de un fichero o directorio.

Se usa para cambiar el propietario / usuario del archivo o directorio. Es un comando de administrador, sólo el usuario root puede cambiar el propietario de un archivo o directorio.
   chown

a) Ayuda.
   chown --help
b) Establece el usuario y el grupo solamente al usuario root para el directorio /backup:
   chown root:root /backup
c) El dueño del archivo "testo.txt" es root, cambia al nuevo usuario baldo.
   chown baldo testo.txt

d) El dueño del directorio "testo01.txt" es root, con la opción -R el usuario de los archivos y subdirectorios también se cambia.
   chown -R   baldo   testo01.txt
e) Aquí cambia el dueño sólo para el archivo "textp02.txt".
   chown -c   baldo   texto02.txt
f) Establecer como propietario al usuario root y permitir cualquier miembro del grupo ftp que tenga acceso al archivo cosa.txt (verificar que se tenga suficientes permisos de escritura/lectura).
   chown root:ftp /home/data/cosa.txt
g) Establecer el propietario al nombre de cualquier usuario y un grupo.
   chown root:ftp /home/data/cosa.txt
h) Establecer el propietario al nombre de un usuario en cualquier grupo.
   chown root:ftp /home/data/cosa.txt
i) Establecer el propietario sea ningún usuario de ningún grupo.
   chown root:ftp /home/data/cosa.txt

> **SUID**
> Permite ejecutar un fichero, y se ejecuta como si el que lo ejecuta fuera el dueño del Fichero.
> chmod o+s   fichero

PASO 9: Verificar la integridad de los archivos de contraseñas.
   pwck
a) Ayuda.
   pwck --help
b) Verificar la integridad sin opciones.
   pwck /etc/passwd
   user 'lp': directory '/var/spool/lpd' does not exist
   user 'news': directory '/var/spool/news' does not exist
   user 'uucp': directory '/var/spool/uucp' does not exist
   user 'www-data': directory '/var/www' does not exist
   user 'list': directory '/var/list' does not exist
   user 'irc': directory '/var/run/ircd' does not exist
   user 'gnats': directory '/var/lib/gnats' does not exist
   user 'nobody': directory '/nonexistent' does not exist
   user 'syslog': directory '/home/syslog' does not exist
   user 'whoopsie': directory '/nonexistent' does not exist

> **pwck**
> Sintaxis: pwck [Opción] [passwd [shadow]]
>
> | OPCIÓN | DESCRIPCIÓN |
> |---|---|
> | -q | Informa solo de los Errores. |
> | -r | Ejecute el comando pwck en modo de sólo lectura. |
> | -s | Ordenar las entradas en /etc/passwd y /etc/shadow por UID. |

c) Visualizar la salida solo con los informes de error.
   pwck -q /etc/passwd
d) Ejecutar en modo solo de lectura.
   pwck -r /etc/passwd
e) Ordenar las entradas por UID en el fichero passwd y shadow.
   pwck -s /etc/passwd

PASO 10: Verificar la integridad de los archivos del grupo.
   grpck
a) Ayuda.
   grpck   --help
b) Información por defecto.
   grpck
c) Ejecutar solo en modo lectura.
   grpck -r /etc/group
d) Ejecuta las entradas en /etc/group y las ordena por GID y las compara con gshadow.

> **grpck**
> Sintaxis: grpck [-r] [-s] [group [gshadow]]
>
> | OPCIÓN | DESCRIPCIÓN |
> |---|---|
> | -r | Ejecute en modo de sólo lectura. Esto hace que todo preguntas con respecto a los cambios que hay que responder sin ningún usuario intervención. |
> | -s | Escribe texto o la dirección de un sitio web, o bien, traduce un documento. Ordenar las entradas en /etc/group y /etc/gshadow por GID. |

PRÁCTICA 37: Administrar usuarios y grupos en Linux con scripts Perl.

DESCRIPCIÓN:

Perl fue creado por Larry Wall para simplificar tareas de administración de un sistema Unix, aunque hoy en día se ha convertido en una de las mejores herramientas para creación de scripts o de construcción de sitios Web.

Perl es un lenguaje rápido pese a ser interpretado, multiplataforma y dispone de una gran cantidad de bibliotecas para el desarrollo de casi cualquier tipo de aplicación. Es software libre, no hay que pagarlo.

El ejemplo más sencillo de un programa en Perl, sería en Linux:

```
#!/bin/perl
print "Hola Mundo\n";
```

Ahora, cogemos el anterior programa y lo guardamos en un fichero con extensión .pl que es la extensión de los scripts en Perl. Para ejecutarlo, basta con llamarlo por su nombre (si se tiene los permisos de ejecución adecuados):

```
./hola.pl
```

Como se puede deducir, con la primera línea indicamos donde está el intérprete de Perl, después de #!. Esto no haría falta si, al ejecutar el script, lo hacemos usando el intérprete. Por ejemplo:

```
/usr/bin/perl hola.pl
```

Las ordenes adduser y addgroup añaden usuarios al sistema de acuerdo a las opciones de la línea de órdenes y a la configuración en /etc/adduser.conf. Proporcionan una interfaz más amigable para los programas useradd y groupadd, eligen valores para UID y GID conformes con las normas de Linux, crean un directorio personal con la configuración predeterminada.

> **CUÁL ES LA DIFERENCIA ENTRE EJECUTAR UN SCRIPT BASH USANDO SH Y ./**
> a) Cuando ejecutas un script pasando el nombre de archivo del script a un intérprete (sh, python, perl, etc.), en realidad estás ejecutando el intérprete pasándole como argumento el programa, todo en forma automática y sin que el usuario que ejecutó el script se entere.
> **# sh /home/user1/prueba003.sh**
> b) Para poder ejecutar un script por sí solo deben cumplirse 2 condiciones:
> 1. El script debe incluir un "bang line". Se trata de la primera línea de un script, que debe comenzar con los caracteres #! y que debe especificar la ruta en la que se encuentra el intérprete. Es importante notar que esta condición se cumple para cualquier tipo de script (python, perl, etc.), no sólo los de bash.
> **#!/bin/bash**
> **#!/bin/perl**
> 2. El archivo debe tener permisos de ejecución.
> **chmod 744 prueba003.sh**
> **./prueba003.sh**
> **. prueba003.sh**

PASO 1: Dar de alta un grupo.

El script que permite crear un grupo en la línea de órdenes.

```
addgroup
```

a) Ayuda.
```
addgroup --help
```
b) Por defecto nos da una error, que faltan parámetros
```
root@profesor:/home/alumno# addgroup
addgroup: Sólo se permiten uno o dos nombres.
```
c) Crear un grupo estableciendo solo el nombre, se le asigna por defecto el gid del grupo según el contador.
```
root@profesor:/home/alumno# addgroup nuevo
Añadiendo el grupo `nuevo' (GID 1006) ...
Hecho.
```
d) Crear un grupo estableciendo el **gid** del grupo y el nombre.
```
root@profesor:/home/alumno# addgroup --gid 1400  fiestas
Añadiendo el grupo `fiestas' (GID 1400) ...
Hecho.
```

PASO 2: Dar de alta un usuario normal en UBUNTU.

Añadir un usuario del sistema.

```
adduser
```

a) Ayuda.
```
adduser --help
```

> **Dar de alta un usuario normal**
> adduser [--home DIR] [--shell SHELL] [--no-create-home] [--uid ID] [--firstuid ID] [--lastuid ID] [--gecos GECOS] [--ingroup GRUPO | --gid ID] [--disabled-password] [--disabled-login] [--encrypt-home] USUARIO

b) Por defecto.
```
root@profesor:/home/alumno# adduser
adduser: Sólo se permiten uno o dos nombres.
root@profesor:/home/alumno# adduser alumno00
Añadiendo el usuario `alumno00' ...
Añadiendo el nuevo grupo `alumno00' (1007) ...
Añadiendo el nuevo usuario `alumno00' (1004) con grupo `alumno00' ...
Creando el directorio personal `/home/alumno00' ...
Copiando los ficheros desde `/etc/skel' ...
Introduzca la nueva contraseña de UNIX:
Vuelva a escribir la nueva contraseña de UNIX:
passwd: contraseña actualizada correctamente
Cambiando la información de usuario para alumno00
Introduzca el nuevo valor, o presione INTRO para el predeterminado
        Nombre completo []: primer alumno
        Número de habitación []: 00
        Teléfono del trabajo []: 034910000001
        Teléfono de casa []: 034910000002
```

```
             Otro []:
       ¿Es correcta la información? [S/n] S
```

PASO 3: Dar de alta un usuario del sistema en UBUNTU.

a) Añadir un usuario más por defecto al sistema.
```
root@profesor:/home/alumno# adduser --system alumno12
Añadiendo el usuario del sistema `alumno12' (UID 121) ...
Añadiendo un nuevo usuario `alumno12' (UID 121) con grupo `nogroup' ...
Creando el directorio personal `/home/alumno12' ...
```
> Añadir un usuario del sistema
> adduser --system [--home DIR] [--shell SHELL] [--no-create-home] [--uid ID] [--gecos GECOS] [--group | --ingroup GRUPO | --gid ID] [--disabled-password] [--disabled-login] USUARIO

b) Añadir el nombre de usuario y el directorio asociado a él.
   adduser   --system --home /home/alumno02 alumno02
c) Añadir un usuario y su identificación numérica.
   adduser   --system --home /home/alumno03 alumno03
d) Añadir un usuario y su identificación numérica.
   adduser   --system --no-create-home --uid 1200 alumno030
e) Añadir un usuario y su identificación numérica.
   adduser   --system --home /home/alumno04 --uid 1250 alumno04
f) Añadir un usuario y su identificación numérica y la identificación del grupo.
   adduser   --system --home /home/alumno05 --ingroup fiestas alumno05
   adduser   --system --home /home/alumno06 --gid 1400 alumno06
   adduser   --system --home /home/alumno07 --ingroup users alumno07
```
Añadiendo el usuario del sistema `alumno07' (UID 123) ...
Añadiendo un nuevo usuario `alumno07' (UID 123) con grupo `users' ...
Creando el directorio personal `/home/alumno07' ...
```
   adduser   --system --home /home/alumno08 --gid 1400 alumno08
```
Añadiendo el usuario del sistema `alumno08' (UID 122) ...
Añadiendo un nuevo usuario `alumno08' (UID 122) con grupo `fiestas' ...
Creando el directorio personal `/home/alumno08' ...
```
g) Añadir un usuario y su identificación numérica, grupo de trabajo principal, grupo principal y Shell.
   adduser   --system --home /home/alumno09 --shell /bin/csh --uid 1410 --ingroup fiestas alumno09
```
Añadiendo el usuario del sistema `alumno09' (UID 1410) ...
Añadiendo un nuevo usuario `alumno09' (UID 1410) con grupo `fiestas' ...
Creando el directorio personal `/home/alumno09' ...
```
h) Añadir un usuario y su identificación numérica, y desactivar el password.
   adduser   --system --home /home/alumno10 --uid 1300 --disabled-password alumno10
```
Añadiendo el usuario del sistema `alumno10' (UID 1300) ...
Añadiendo un nuevo usuario `alumno10' (UID 1300) con grupo `nogroup' ...
Creando el directorio personal `/home/alumno10' ...
```
i) Añadir un usuario y desactivar la cuenta.
   adduser   --system --home /home/alumno11 --disabled-password --disabled-login alumno11
```
Añadiendo el usuario del sistema `alumno11' (UID 124) ...
Añadiendo un nuevo usuario `alumno11' (UID 124) con grupo `nogroup' ...
Creando el directorio personal `/home/alumno11' ...
```

PASO 4: Dar de alta un usuario normal en Slackware 14.1

```
root@192:~# adduser

Login name for new user []: alumno020

User ID ('UID') [ defaults to next available ]: 1800

Initial group [ users ]:
Additional UNIX groups:

Users can belong to additional UNIX groups on the system.
For local users using graphical desktop login managers such
as XDM/KDM, users may need to be members of additional groups
to access the full functionality of removable media devices.

* Security implications *
Please be aware that by adding users to additional groups may
potentially give access to the removable media of other users.

If you are creating a new user for remote shell access only,
users do not need to belong to any additional groups as standard,
so you may press ENTER at the next prompt.

Press ENTER to continue without adding any additional groups
Or press the UP arrow key to add/select/edit additional groups
```

```
        :

        Home directory [ /home/alumno020 ]

        Shell [ /bin/bash ]

        Expiry date (YYYY-MM-DD) []:

        New account will be created as follows:

        ---------------------------------------
        Login name.......:  alumno020
        UID..............:  1800
        Initial group....:  users
        Additional groups:  [ None ]
        Home directory...:  /home/alumno020
        Shell............:  /bin/bash
        Expiry date......:  [ Never ]

        This is it... if you want to bail out, hit Control-C.  Otherwise, press
        ENTER to go ahead and make the account.


        Creating new account...


        Changing the user information for alumno020
        Enter the new value, or press ENTER for the default
                Full Name []: alumno creado en Slackware 14.1
                Room Number []: 1000
                Work Phone []: 910000001
                Home Phone []: 910000002
                Other []:
        Changing password for alumno020
        Enter the new password (minimum of 5 characters)
        Please use a combination of upper and lower case letters and numbers.
        New password:
        Re-enter new password:
        passwd: password changed.


        Account setup complete.
```

PASO 5: Dar de alta un usuario normal en CentOS 7.0 con adduser.

a) Crear un usuario, y asignar un directorio de trabajo.
   `[root@localhost home]# adduser -m -b /home alumno003`
   `[root@localhost home]# ls -l`
   total 0
   drwx------. 2 alumno   alumno   59 ago 6 01:34 alumno
   drwx------. 2 alumno003 alumno003 59 sep 13 18:41 alumno003

b) No añade el usuario alas base de datos lastlog y faillog.
   `[root@localhost home]# adduser -l -m -b /home alumno004`
   `[root@localhost home]# ls -l`
   total 0
   drwx------. 2 alumno   alumno   59 ago 6 01:34 alumno
   drwx------. 2 alumno003 alumno003 59 sep 13 18:41 alumno003
   drwx------. 2 alumno004 alumno004 59 sep 13 18:44 alumno004

c) No crear un grupo con el mismo nombre que el usuario.
   `[root@localhost home]# adduser -N -m -b /home alumno005`
   `[root@localhost home]# ls -l`
   total 0
   drwx------. 2 alumno   alumno   59 ago 6 01:34 alumno
   drwx------. 2 alumno003 alumno003 59 sep 13 18:41 alumno003
   drwx------. 2 alumno004 alumno004 59 sep 13 18:44 alumno004
   drwx------. 2 alumno005 users   59 sep 13 18:46 alumno005

d) Crear una cuenta de sistema.
   `[root@localhost home]# adduser -r -m -b /home alumno006`
   `[root@localhost home]# ls -l`
   total 0
   drwx------. 2 alumno   alumno   59 ago 6 01:34 alumno
   drwx------. 2 alumno003 alumno003 59 sep 13 18:41 alumno003

```
adduser [opciones] USUARIO
adduser -D
adduser -D [opciones]
```

Opción	Descripción
-b	Directorio base para el directorio personal de la nueva cuenta.
-c	Campo GECOS de la nueva cuenta.
-d	Directorio personal de la nueva cuenta.
-D	Imprime o cambia la configuración predeterminada de useradd.
-e	Fecha de caducidad de la nueva cuenta.
-f	Periodo de inactividad de la contraseña de la nueva cuenta.
-g	Nombre o identificador del grupo primario de la nueva cuenta.
-G	Lista de grupos suplementarios de la nueva cuenta.
-k	Utiliza este directorio «skeleton» alternativo.
-K	Sobrescribe los valores predeterminados de«/etc/login.defs».
-l	No añade el usuario a las bases de datos de lastlog y faillog.
-m	Crea el directorio personal del usuario.
-M	No crea el directorio personal del usuario.
-N	No crea un grupo con el mismo nombre que el usuario.
-o	Permite crear usuarios con identificadores (UID) duplicados (no únicos).
-p	Contraseña cifrada de la nueva cuenta.
-r	Crea una cuenta del sistema.
-R	Entrar en el directorio de chroot.
-s	Consola de acceso de la nueva cuenta.
-u	Identificador del usuario de la nueva cuenta.
-U	Crea un grupo con el mismo nombre que el usuario.
-Z	Utiliza el usuario indicado para el usuario de SELinux.

```
drwx------. 2 alumno004 alumno004 59 sep 13 18:44 alumno004
drwx------. 2 alumno005 users     59 sep 13 18:46 alumno005
drwx------. 2 alumno006 alumno006 59 sep 13 18:47 alumno006
```

e) Crear un usuario con el mismo ID o identificador de usuario que otros.
```
[root@localhost home]# adduser -u 0 -o -m -b /home  alumno007
[root@localhost home]# ls -l
total 0
drwx------. 2 alumno    alumno    59 ago  6 01:34 alumno
drwx------. 2 alumno003 alumno003 59 sep 13 18:41 alumno003
drwx------. 2 alumno004 alumno004 59 sep 13 18:44 alumno004
drwx------. 2 alumno005 users     59 sep 13 18:46 alumno005
drwx------. 2 alumno006 alumno006 59 sep 13 18:47 alumno006
drwx------. 2 root      alumno007 59 sep 13 18:50 alumno007
```

> **Nota:** la ruta de creación del directorio de trabajo solo se escribe el directorio padre /home, (se especifica –m para crear el directorio –b es la ruta del directorio padre), a partir de él, se crea el directorio alumnoXXX, que es el último valor escrito. Sino se asigna la ruta directorio padre.
> **adduser alumno013**
> Se crea por defecto en el directorio **/home**
> /home/alumno013.

f) Crear una nuevo shell de conexión.
```
adduser -s /bin/sh  -m -b /home   alumno008
```

g) Establecer el grupo principal.
```
cat /etc/group
adduser -g root   -m -b /home   alumno009
```

h) Establecer los grupos secundarios y el grupo principal y el directorio a crear el directorio de trabajo
```
adduser -g users   -G alumno001,alumno002,alumno003   -m -b /home   alumno010
```

i) Establecer una línea de comentario
```
adduser -g users   -G alumno001,alumno002,alumno003 -c 'alumno 11 nuevo'  -m -b /home   alumno011
cat /etc/passwd
...
alumno:x:1000:1000:alumno:/home/alumno:/bin/bash
alumno001:x:1001:1001::/home/alumno001/alumno001:/bin/bash
alumno002:x:1002:1002::/home/alumno002/alumno002:/bin/bash
alumno003:x:1003:1003::/home/alumno003:/bin/bash
alumno004:x:1004:1004::/home/alumno004:/bin/bash
alumno005:x:1005:100::/home/alumno005:/bin/bash
alumno006:x:998:997::/home/alumno006:/bin/bash
alumno007:x:0:1005::/home/alumno007:/bin/bash
alumno008:x:1006:1006::/home/alumno008:/bin/sh
alumno009:x:1007:0::/home/alumno009:/bin/bash
alumno010:x:1008:100::/home/alumno010:/bin/bash
alumno011:x:1009:100:alumno 11 nuevo:/home/alumno011:/bin/bash
```

j) Añadir un usuario con restricciones de fecha de caducidad y fecha de inactivación.
```
adduser  -c 'alumno 12 con restricciona acceso 60 dias caducidad 15' -e 13/11/2015 -f 15 -m -b
/home   alumno012
```

k) Comprobar si existen restricciones
```
cat /etc/shadow
...
alumno:$6$XI3WRSkTGwx6Z1.D$HazdTO2MJqMrbvgt01N1LSTYkXUN0XQ../6j2vJvmVh7lkrtnwzPE74VvwMTh5vThToN
PnCVCwCd1uD0mDwOB/:16652:0:99999:7:::
alumno001:!!:16691:0:99999:7:::
alumno002:!!:16691:0:99999:7:::
alumno003:!!:16691:0:99999:7:::
alumno004:!!:16691:0:99999:7:::
alumno005:!!:16691:0:99999:7:::
alumno006:!!:16691::::::
alumno007:!!:16691:0:99999:7:::
alumno008:!!:16691:0:99999:7:::
alumno009:!!:16691:0:99999:7:::
alumno010:!!:16691:0:99999:7:::
alumno011:!!:16691:0:99999:7:::
alumno012:!!:16691:0:99999:7:15:16811:
```

l) Asignar passwords a los alumnos
```
passwd  alumno001
...
passwd  alumno012
cat /etc/shadown
...
alumno010:$6$0UMfiYjt$a2tW5f0avkh7gaEJsoPnIm3jzAyQZ5cEgzvLKGRoca9/WaeiE7U9Qwi7dzbiScrBCzrnYlVnJ
Rq7b3NRWcxsX/:16691:0:99999:7:::
alumno011:$6$Ru0AEBpG$pTQkt0rUfs3kmS6GCC4krgjSl8rVwsjgk9ifCFiK0Y22pdHpqs28OSnSdLBlSkr1.uMqsdQsy
uASx6bgTS/9E/:16691:0:99999:7:::
alumno012:$6$yx3XY0e3$r.wFDcUYL70DgAVUoZegdBAvjvrKoE/pXV7ASJ5N51/1tO.8ujMITdCmF6xo.WaEnEXd.i1Y8
FLihbqo7Y26o0:16691:0:99999:7:15:16811:
```

Ejercicios de la Unidad de Trabajo 7

1. Comprobar la identificación del usuario en el sistema.
2. Crear 5 grupos, (clase, aula, eso, bachillerato, ciclo)
3. Crear 10 alumnos (user1, ..., user10), establecer las limitaciones de uso a 1 mes y 10 días antes deben notificar que va a cancelar la conexión.
4. Establecer las password de los usuarios.
5. Crear un nuevo usuario delegado con la misma prioridad que root, y debe pertenecer al grupo 0.
6. Visualizar los grupos creados en los ficheros de grupos.
7. Buscar los usuarios dentro del grupo a que pertenecen.
8. Asignar a un usuario como administrador de un grupo y además como miembro de otros grupos, como grupos secundarios.
9. Verificar la integridad de los ficheros de contraseñas y de los archivos de grupos.
10. Arrancar terminales comprobando el acceso de los usuarios creados y su password.
11. Cerrar la consola de prueba de alumnos.
12. Comprobar si existen y en que versión se usan los siguientes comandos: userinfor, groupinfo, user.

ACTIVIDADES AVANZADAS

1. Qué gestiona Nautilus en el gestor gráfico, por ej. ubuntu 15.10.
2. ¿Cómo desactivar nautilus en entorno gráfico? ¿cómo afectaría al Sistema Operativo Ubuntu 15.10?

UNIDAD DE TRABAJO *VIII*: Administración del sistema II. Ajustes del sistema

PRÁCTICA 38: Información de dispositivos en Linux.

PRÁCTICA 39: Procesos y operativa.

PRÁCTICA 40: Requisitos para instalar SAMBA en Linux.

PRÁCTICA 41: Configurar SAMBA.

PRÁCTICA 42: Revisar configuración SAMBA y Servicios en Linux.

Órdenes

free, df, du, file, vmstat, pmap, ps, sar, time lock, pstree, top, kill, sleep, bg, fg, jobs, nice, renice, nohup, stop, init, telinit, service.

Contenido:
- **Gestión de discos en Linux.**
- **Gestión de memoria en Linux.**
- **Actualización del sistema operativo.**
- **Gestionar hardware del sistema operativo.**
- **Monitorización y rendimiento del sistema.**
- **Agregar/Eliminar/Actualizar software en el sistema operativo.**
- **Programación de tareas en Linux.**

PRÁCTICA 38: Información de dispositivos en Linux.

DESCRIPCIÓN:
Memoria.
Espacio de disco.

Memoria Virtual Compartida

Existe la necesidad de compartir la memoria entre procesos. Pueden existir varios procesos corriendo en el sistema, procesos del tipo comando de la Shell de bash, más que múltiples copias de bash, cada una con su propio espacio de direcciones virtuales de memoria, sin duda sería mucho mejor "tener una sola copia en memoria física y que todos los procesos que corran bash la compartiecen".

El espacio de memoria de intercambio o **Swap** es lo que se conoce como **memoria virtual**. La diferencia entre la memoria real y la virtual es que está última utiliza espacio en la unidad de almacenamiento en lugar de un módulo de memoria. Cuando la memoria real se agota, el sistema copia parte del contenido de esta directamente en este espacio de memoria de intercambio a fin de poder realizar otras tareas.

Utilizar memoria virtual tiene como ventaja el proporcionar la memoria adicional necesaria cuando la memoria real se ha agotado y se tiene que continuar un proceso. Como consecuencia de utilizar espacio en la unidad de almacenamiento como memoria es que es considerablemente más lenta.

PASO 1: Disposición de la memoria.

El comando free muestra información sobre la memoria libre y usada del sistema.

    free

a) Ayuda.

    free --help

b) Por defecto.

    free

	total	usado	libre	compart.	búffers	almac.
Mem:	1025940	868832	157108	2272	99188	373444
-/+ buffers/cache:		396200	629740			
Intercambio:	1046524	440	1046084			

c) Visualizar la salida en diferentes formatos de unidades.

    free -b
    free -k
    free -m
    free -g
    free --tera

d) Visualizar con detalles.

    free -l

	total	usado	libre	compart.	búffers	almac.
Mem:	1025940	868836	157104	2272	99188	373444
Bajo:	890828	762136	128692			
Alto:	135112	106700	28412			
-/+ buffers/cache:		396204	629736			
Intercambio:	1046524	440	1046084			

e) Visualizar la totalidad de la memoria.

    free -t

	total	usado	libre	compart.	búffers	almac.
Mem:	1025940	868832	157108	2272	99188	373444
-/+ buffers/cache:		396200	629740			
Intercambio:	1046524	440	1046084			
Total:	2072464	869612	1202852			

f) Usar formato antiguo.

	total	usado	libre	compart.	búffers	almac.
Mem:	1025940	868832	157108	2272	99188	373444
Intercambio:	1046524	440	1046084			

free

Sintaxis:	free [opciones]
Opción	**Descripción**
-b	Mostrar la salida en bytes.
-k	Mostrar la salida en kilobytes.
-m	Mostrar la salida en megabytes.
-g	Mostrar la salida en gigabytes.
--tera	Mostrar la salida en terabytes.
-h	Muestra salida en formato legible por humanos.
--si	Usar potencias de 1000 no de 1024.
-l	Mostrar estadísticas detalladas de memoria baja y alta.
-o	Usar formato antiguo (sin línea -/+buffers/cache).
-t	Mostrar el total para RAM + swap.
-s N	Repetir la salida cada N segundos.
-c N	Repetir la salida N veces y luego terminar.

PASO 2: Espacio del sistema de ficheros.

    df

a) Ayuda.

    df --help

b) Por defecto.

    df

```
Filesystem      1K-blocks    Used Available Use% Mounted on
/dev/sda1        24639868 8349448  15015748  36% /
tmpfs              506240       0    506240   0% /dev/shm
```

c) Incluir sistemas de archivos que tienen los bloques 0

```
root@192:~# df -a
Filesystem      1K-blocks    Used Available Use% Mounted on
/dev/sda1        24639868 8349448  15015748  36% /
```

df

Sintaxis:	df [opción]... [fichero]...
Opción	**DESCRIPCIÓN**
-a	Incluir sistemas de archivos que tienen los bloques 0
-B	TAMAÑO bloques de tamaño bytes
-h	Tamaños de impresión en formato legible por el hombre (por ejemplo, 1K 234m 2G)
-H	De igual modo, pero el uso de poderes de 1000 no 1024
-i	Listar información inodo en lugar del uso de bloque
-k	Como **tamaño --block** = *1K*
-l	Listado límite a los sistemas de archivos locales.
--no-sync	No invocar la sincronización antes de obtener información de uso (por defecto).
-P	Utilizar el formato de salida de POSIX.
-t	Listado límite a los sistemas de archivos de tipo TIPO.
-T	Visualizar el tipo de sistema de archivos
-x	Limitar la lista de sistemas de ficheros no de tipo TIPO.

```
proc                    0          0        0     - /proc
sysfs                   0          0        0     - /sys
tmpfs              506240          0   506240    0% /dev/shm
```

PASO 3: Espacio usado por los ficheros.
   du
a) Ayuda.
   du --help
b) Por defecto.
   du
c) Visualizar toda la información.
   du -a
d) Visualizar toda la información de un directorio
   du -a   alumnos
e) Visualizar solo el total del espacio usado.
   du -s
f) Muestra el tamaño de cada archivo en el directorio especificado.
   du -s curso2014
g) Muestra el espacio total en disco utilizado por el directorio especificado.
   du -h
h) Muestra la capacidad de la carpeta actual.
   du -h practica.doc

du
Sintaxis: **du [opción]... [fichero]**

Opción	Descripción
-a	Escribir el recuento de todos los archivos, no sólo los directorios.
-B	Uso *TAMAÑO* bloques de tamaño bytes.
-b	Tamaño de la impresión en bytes.
-c	Producir un gran total.
-D	Ficheros que son referencia para los enlaces simbólicos.
-h	Tamaños de impresión en formato legible por el hombre (por ejemplo, 1K 234m 2G).
-H	El uso de la unidad de medida es 1000 no 1024.
-k	El tamaño --block = *1K*.
-l	Recuento de los tamaños muchas veces si vinculado duro.
-L	Eliminar la referencia de todos los enlaces simbólicos.
-S	No incluyen el tamaño de subdirectorios.
-s	Mostrar solamente un total para cada argumento.
-x	Saltarse directorios en sistemas de ficheros diferentes.

PASO 4: Infomar si el objeto que ves es un directorio o un archivo.
El comando file te dice si el objeto que ves es un directorio o un archivo.
   file
a) Ayuda.
   file --help
b) Por defecto.
   file /etc/passwd
   file /etc/init.d/networking
c) Visualizar la información de un directorio.
   file *
   Descargas: *directory*
   Documentos: *directory*
   Escritorio: *directory*
   examples.desktop: UTF-8 Unicode text

file
Sintaxis: **file [opciones] nombre_de_archivo/directorio**

Opción	Descripción
-c	Comprobar el archivo mágico para errores de formato. Por razones de eficiencia, esta validación normalmente no se lleva a cabo.
-h	No sigue enlaces simbólicos.
-m	Utiliza mfile como archivo mágico alternativo.
-f	Contiene una lista de los archivos a examinar.

PASO 5: Muestra el estado de la memoria virtual (partición swap).
   vmstat
a) Ayuda.
   vmstat --help
b) Visualizar la memoria virtual por defecto.
   vmstat
c) Si el argumento es un número, éste especifica el intervalo en segundos para que se repita el listado.
   vmstat 5
   Muestra la información cada cinco segundos.

PASO 6: Información del uso de la memoria.
El fichero ubicado en el directorio **/proc/meminfo** contiene toda la información del uso de tu memoria.
   meminfo
a) Listar el contenido del fichero /proc/meminfo
   cat   /proc/meminfo
   less /proc/meninfo

PASO 7: Mostrar o examinar el mapa de memoria y las librerías de un proceso.
En un servidor Linux, puedes listar fácilmente los detalles de un proceso activo y visualizar su consumo real de memoria. A veces vemos que el ordenador se ralentiza y tenemos que ser capaces de **saber cuál es el proceso que está saturando la RAM**. Una vez hecho login como root.
   pmap
a) Ayuda.

pmap
b) Solicitar el mapa de memoria de un proceso (PID).
    ps -aux
    pmap   2281
c) Solicitar el mapa de memoria de un proceso y los detalles.
    pmap   2281 -x

> **pmap**
> **Sintaxis:** pmap [-rslF] [pid | core] ...
> pmap -x [-aslF] [pid | core] ..
>
> | OPCIÓN | DESCRIPCIÓN |
> |---|---|
> | -a | Imprime anónimo y reservas de intercambio para compartir asignaciones. |
> | -F | Agarra el proceso de destino, incluso si otro proceso tiene control. |
> | -l | Muestra nombres del mapa enlazador dinámico no resueltos. |
> | r | Imprime direcciones reservadas del proceso. |
> | -s | Imprime página HAT información del tamaño. |
> | -S | Intercambian información de reserva por la cartografía. |
> | -x | Información adicional por la cartografía |
>
> *Directorio ubicación /usr/bin.*

2281: su

Dirección	Kbytes	RSS	Sucio	Modo	Asignaciones
0008048000	32	28	0	r-x--	su
0008050000	4	4	4	r----	su
0008051000	4	4	4	rw---	su
0008052000	16	12	12	rw---	[anon]
00082cc000	132	76	76	rw---	[anon]
00b70d0000	96	56	0	r-x--	libpthread-2.19.so
00b70e8000	4	4	4	r----	libpthread-2.19.so
00b70e9000	4	4	4	rw---	libpthread-2.19.so

d) Solicitar el mapa de memoria de un proceso y todos los detalles.
    pmap   2281 -X
    2281: su

Dirección	Perm	Desplazamiento	Dispositivo	Inodo	Size	Rss	Pss	Referenced	Anonymous	Swap	Locked	Asignaciones
08048000	r-xp	00000000	08:01	131230	32	28	28	28	0	0	0	su
08050000	r--p	00007000	08:01	131230	4	4	4	0	4	0	0	su
08051000	rw-p	00008000	08:01	131230	4	4	4	4	4	0	0	su
08052000	rw-p	00000000	00:00	0	16	12	12	0	12	0	0	
082cc000	rw-p	00000000	00:00	0	132	76	76	24	76	0	0	[heap]
b70d0000	r-xp	00000000	08:01	918613	96	56	0	56	0	0	0	libpthread-2.19.so
b70e8000	r--p	00017000	08:01	918613	4	4	4	0	4	0	0	libpthread-2.19.so

PASO 8: Muestra estadísticas de paginación.
    sar
a) Ayuda.
    sar

> Instalar los paquetes: sysstat, atsar
> **apt-get   install   sysstat**
> **apt-get   install   atsar**
> Actualización previa
> **apt-get   upgrade**

b) Visualizar la estadística de paginación.
    sar -B

PASO 9: Mostrar información de la página del sistema.
    time
a) Ayuda.
    time --help

> Se debe especificar es path completamente cualificado del comando "**/usr/bin/time**" para evitar el uso del comando "time" de la shell bash.

b) Información de la página por defecto.
    time
    /usr/bin/time
c) Muestra el tamaño de página del sistema, los errores de página, etc de un proceso durante su ejecución.
    time -v
    /usr/bin/time -v

PASO 10: Información de las páginas libres.
El fichero ubicado en **/proc/freepages** contiene información de las "páginas libres" de la memoria virtual.
    cat /proc/sys/vm/freepages
Es posible aumentar/disminuir este límite: echo 300 400 500 > /proc/sys/vm/freepages.

PASO 11: Bloquear un terminal.
Permite bloquear el terminal, para ello pide un password, dos veces.
    lock
a) Ayuda.
    lock --help
b) Bloquear el terminal por defecto.
    lock

PRÁCTICA 39: Procesos y operativa.
DESCRIPCIÓN:
a) Procesos Linux.
a.2) Operaciones con procesos.
- Ver procesos.
- Matar proceso.
- Ejecutar procesos en primer plano.
- Ejecutar procesos en segundo plano.
- Ver la lista de procesos en segundo plano.

b) Gestión de procesos en Android.
b.1) Introducción.

Android OS es un sistema operativo desarrollado por Google para su uso en dispositivos móviles. Esto significa que ha sido diseñado para sistemas con poca memoria y un procesador que no es tan rápido como los procesadores de escritorio. Android está basado en el kernel Linux 2.6. Hay importantes modificaciones que se han hecho en el núcleo, pero tiene el mismo núcleo. El sistema operativo Android está diseñado como un único usuario del sistema operativo, así que Android se aprovecha de esto y se ejecuta cada componente como un usuario distinto. Esto permite Android para usar el modelo de seguridad de Linux y mantener los procesos en su propia caja de arena.

b.2) Descripción de los procesos.

La gestión de procesos en un sistema operativo típico implica muchas estructuras de datos y algoritmos complejos, pero no va mucho más allá del nivel de la gestión del proceso típico de estructura de datos. Android es similar en que en el nivel de base de las estructuras de control tienen el mismo aspecto.

b.3) Estructura de procesos.

Esta estructura de datos es administrada por una gestión de procesos estándar, que es algo como esto:
Android OS termina un proceso cuando no hay suficiente memoria para otros procesos.

Todos los componentes de aplicaciones que se ejecutan en el proceso que se está terminando por el sistema operativo se destruyen.

Un nuevo proceso se iniciará por aquellos componentes cuando estos componentes deben funcionar de nuevo

Android OS decide que procesa a finalizar en función de su importancia relativa para el usuario, por ejemplo, todos los componentes de un proceso no son visibles.

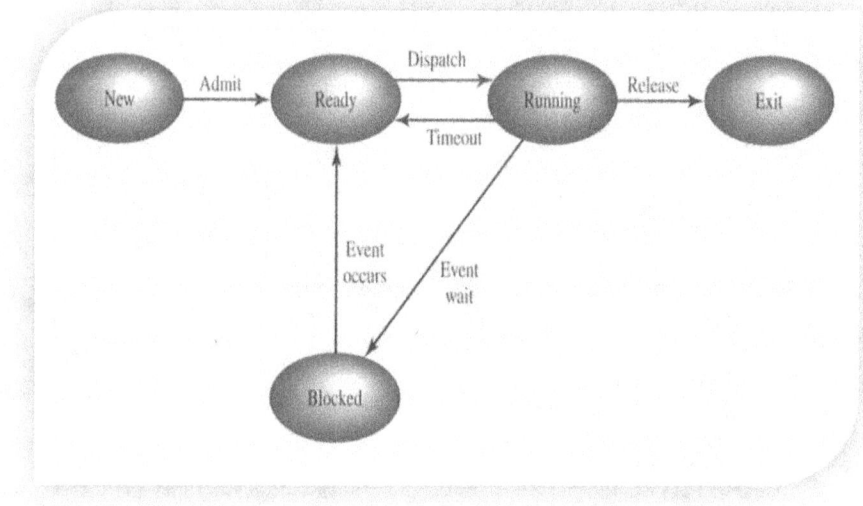

Cuando un componente de aplicación se inicia y la aplicación no tiene ningún otro componente en funcionamiento, el sistema Android inicia un nuevo proceso de Linux para la aplicación con un solo hilo de ejecución. De forma predeterminada, todos los componentes de la misma aplicación se ejecutan en el mismo proceso y subproceso (llamado el "principal" hilo). Si un componente de aplicación se inicia y que ya existe un proceso para dicha aplicación (porque otro componente de la aplicación existe), entonces el componente se inicia dentro de ese proceso y usa el mismo hilo de ejecución. Sin embargo, usted puede hacer arreglos para diferentes componentes de la aplicación se ejecute en procesos separados, y se pueden crear subprocesos adicionales para cualquier proceso.

b.4) Procesos del ciclo de vida.

El sistema Android trata de mantener un proceso de aplicación para el mayor tiempo posible, pero con el tiempo necesario para eliminar los antiguos procesos para reclamar memoria para los procesos nuevos o más importantes. Para determinar qué procesos a seguir y que matar, el sistema coloca cada proceso en una "jerarquía de importancia", basada en los componentes que se ejecutan en el proceso y el estado de los componentes. Los procesos con menor importancia se eliminan primero, luego los que tienen la importancia más baja siguiente, y así sucesivamente, según sea necesario para recuperar los recursos del sistema.

PASO 1: Jerarquía de procesos.
    ps
a) Visualizar procesos ps.
a.1) Ayuda.
    ps -help

a.2) Visualización por defecto.
    ps
a.3) Visualización completa de todos los procesos.
    ps -aux
b) Visualizar el árbol de procesos pstree.
b.1) Estructura del árbol de procesos.
    pstree --help
b.2) Visualizar por defectos la estructura de árbol.
    pstree
b.3) Visualizar con argumentos.
    pstree -a
b.4) Visualizar los procesos de un usuario.
    pstree –u root
b.5) Visualizar los procesos con su PID.
    pstree -p
b.6) Visualizar a partir de un proceso concreto.
    pstree PID
    pstree 0
    pstree 438
b.7) Muestra organizado por PID.
    pstree -n
    pstree -n -p
b.8) Muestra un proceso por PID.
    pstree 1001
    ├─gnome-terminal(1838)─┬─gnome-pty-helpe(1839)
    │   ├─bash(1840)───su(1863)───bash(1872)
    ───pstree(19+
                           └─{gnome-terminal}(1841)

ps [opciones]
-a	Listar información sobre todos los procesos más frecuentemente solicitados: todos excepto los líderes de grupo de procesos y los procesos no asociados con un terminal.
-A ó e	Lista información para todos los procesos.
-d	Lista información sobre todos los procesos excepto los líderes de sesión.
-e	Listar información sobre todos los procesos en ejecución.
-f	Genera un listado completo.
-j	Mostrar identificador de sesión y de grupo de proceso.
-l	Genera un listado largo.

Un **proceso** no es un programa sino un programa en ejecución, la pila del programa, las variables que cambian de valor, etc.
Un **demonio** (daemon) de un sistema multiusuario es el que se está ejecutando siempre en segundo plano, desde que se arranca el sistema hasta que se apaga, por lo que se dice que están vivos.
Algunos demonios son:
- **Cron.** Se encarga de ejecutar los programas que le indiquemos con el comando crontab a determinadas horas.
- **Sendmail.** Empleado para gestionar el correo electrónico.
- **Inetd.** Es el superdemonio de Internet.

c) Visualizar los procesos con una aplicación top.
    top
    ctop   para entorno gráfico
    atop
    mtop

PASO 2: Atributos de un proceso.
    ps
a) Procesos activos en el terminal.
    ps
b) Visualiza todos los procesos que se ejecutan en el terminal.
    ps -a
c) Visualizar todos los procesos que se están ejecutando en el terminal.
    ps -A
    ps -e
d) Visualizar información con formato de control de tareas.
    ps -j
    PID   PGID SID   TTY   TIME   CMD
    1863 1863 1840 pts/0   00:00:00 su
    1872 1872 1840 pts/0   00:00:00 bash
    1950 1950 1840 pts/0   00:00:00 ps
e) Identificación relativa a los procesos que se están en ejecución.
    ps -r
    PID   TTY   STAT   TIME   COMMAND
    1952 pts/0   R+   0:00   ps -r
f) Visualizar todos los procesos que están en ejecución de un propietario o usuario.
    ps -u 0
    ps U root
g) Secuencia más útil.
    ps aux
h) Ver todos los procesos con todas identificaciones además aparece una columna denominada STAT, con el estado de ejecución.
    ps j U root |more
PPID PID PGID SID TTY   TPGID STAT   UID   TIME   COMMAND

Columnas de información orden ps.
PID: número de identificación del proceso.
PGID: Identificación del grupo o grupos a los que pertenece el padre.
SID: Identificación de la sesión (número de proceso de sesión).
TTY: Tipo de dispositivo.
 pts/0   --> dispositivo de entrada/salida.
TIME: tiempo en ejecución.
CMD: orden en ejecución.

STAT: Estado
R: procesos en ejecución.
d: proceso dormido (sueño ininterrumpido).
n: proceso de baja prioridad.
s: dormido o en espera.
t: proceso en seguimiento o detenido.
z: zombie.
w: proceso de intercambio.
x: (dead) Procesos parados (MUERTOS).

Plano de ejecución, prioridad
+ Ejecución en primer plano.
< Alta prioridad.
N baja prioridad.
l existen múltiples hilos.
L bloqueado en Memoria (REAL TIME I/O).
r residente en memoria.

0	1	1	1 ?	-1	Ss	0	0:00	/sbin/init	
0	2	0	0 ?	-1	S<	0	0:00	[kthreadd]	
2	3	0	0 ?	-1	S<	0	0:00	[migration/0]	
2	4	0	0 ?	-1	S<	0	0:00	[ksoftirqd/0]	
2	5	0	0 ?	-1	S<	0	0:00	[watchdog/0]	
2	6	0	0 ?	-1	S<	0	0:00	[events/0]	
2	7	0	0 ?	-1	S<	0	0:00	[cpuset]	
2	8	0	0 ?	-1	S<	0	0:00	[khelper]	
2	9	0	0 ?	-1	S<	0	0:00	[netns]	
2	10	0	0 ?	-1	S<	0	0:00	[async/mgr]	
2	11	0	0 ?	-1	S<	0	0:00	[kintegrityd/0]	
2	12	0	0 ?	-1	S<	0	0:00	[kblockd/0]	
2	13	0	0 ?	-1	S<	0	0:00	[kacpid]	
2	14	0	0 ?	-1	S<	0	0:00	[kacpi_notify]	
2	15	0	0 ?	-1	S<	0	0:00	[kacpi_hotplug]	
2	16	0	0 ?	-1	S<	0	0:00	[ata/0]	
2	17	0	0 ?	-1	S<	0	0:00	[ata_aux]	
2	18	0	0 ?	-1	S<	0	0:00	[ksuspend_usbd]	
2	19	0	0 ?	-1	S<	0	0:00	[khubd]	
2	20	0	0 ?	-1	S<	0	0:00	[kseriod]	
2	21	0	0 ?	-1	S<	0	0:00	[kmmcd]	
2	22	0	0 ?	-1	S<	0	0:00	[bluetooth]	

PPID: Identificación del proceso padre.
SID: Identificación de sesión.
UID: identificación de usuario.
TPGID: id. de grupo de procesos de tareas.

ps -aux

USER	PID	%CPU	%MEM	VSZ	RSS	TTY	STAT	START	TIME	COMMAND
root	1	0.0	0.2	4460	2540	?	Ss	sep10	0:01	/sbin/init
root	2	0.0	0.0	0	0	?	S	sep10	0:00	[kthreadd]
root	3	0.0	0.0	0	0	?	S	sep10	0:06	[ksoftirqd/0]
root	5	0.0	0.0	0	0	?	S<	sep10	0:00	[kworker/0:0H]
root	7	0.0	0.0	0	0	?	S	sep10	0:05	[rcu_sched]
root	8	0.0	0.0	0	0	?	S	sep10	0:00	[rcu_bh]

CAMPO	DESCRIPCION

F	PROCESS FLAGS:
	    1 Bifurcado pero no ejecutado
	    4 Tiene privilegios de root.

USER	Nombre del usuario que lanzó el proceso.
UID	ID de usuario.
PID	ID del proceso padre
PPID	ID del proceso padre.
PGID	ID de grupo de un proceso.
%CPU	Porcentaje de uso de la CPU por este proceso.
%MEM	Porcentaje de ocupación de memoria por el proceso.
PRI	Prioridad del proceso. Este es el campo contador de la estructura de la tarea. Es el tiempo en HZ de la posible rodaja de tiempo del proceso.
NI	Nice, valor nice (prioridad) del proceso, un número positivo significa menos tiempo de procesador y negativo más tiempo (-19 a 19), número más elevado menor prioridad.
VSZ	Tamaño de la memoria virtual del proceso en Kb.
RSS	Tamaño de la parte residente; de la memoria física usada en Kb.
WCHAN	Para los procesos que esperan o dormidos, enumera el evento que espera.

STAT	Estado del proceso:
	    R Ejecutable. (runnable).
	    D Letargo ininterrumpió. (uninterruptible sleep).
	    S Suspendido. (sleeping).
	    s Es el proceso líder de la sesión.
	    T Detenido, parado o trazado (traced).
	    Z Zombie.
	    N Tiene una prioridad menor que lo normal (indicado en el campo NI).
	    < Tiene una prioridad mayor que lo normal.
	    W si el proceso no tiene páginas residentes.

TTY	Nombre de la terminal a la que está asociado al proceso, si no hay terminal aparece entonces un '?'.
START TIME	Tiempo que lleva en ejecución.
COMMAND	Nombre del comando/orden/fichero en ejecución.

PASO 3: Visualizar los estados de los procesos en ejecución en tiempo "real".
Monitorizar los procesos en tiempo de ejecución.
    top
    ctop
    mtop

atop (aplicación a descargar más amplia)
a) Ayuda, ordenes de aplicación de monitorización.
   top --help
b) Visualización por defecto.
   top

```
top - 20:25:56 up 9:12,  3 users,  load average: 0,03, 0,03, 0,05
Tareas: 154 total,   1 ejecutar, 153 hibernar,   0 detener,   0 zombie
%Cpu(s):  4,0 usuario,  0,5 sist,  0,0 adecuado, 95,5 inact,  0,0 en espera,  0,0 hardw int,  0,0 softw int,  0,0 robar tiempo
KiB Mem:   1025940 total,   870288 used,   155652 free,    99296 buffers
KiB Swap:  1046524 total,      440 used,  1046084 free.   374116 cached Mem

  PID USUARIO   PR  NI    VIRT    RES    SHR S  %CPU %MEM    HORA+ ORDEN
 1514 alumno    20   0  321172  87720  35084 S   9,3  8,6 54:24.51 compiz
 1000 root      20   0  126372  26808   8500 S   0,7  2,6  3:52.27 Xorg
    3 root      20   0       0      0      0 S   0,3  0,0  0:07.44 ksoftirqd/0
 2190 root      20   0       0      0      0 S   0,3  0,0  0:06.97 kworker/u4:0
 2229 alumno    20   0   11264   1860   1076 S   0,3  0,2  0:01.22 sshd
    1 root      20   0    4584   2564   1444 S   0,0  0,2  0:01.56 init
    2 root      20   0       0      0      0 S   0,0  0,0  0:00.00 kthreadd
    4 root      20   0       0      0      0 S   0,0  0,0  0:00.00 kworker/0:0
    5 root       0 -20       0      0      0 S   0,0  0,0  0:00.00 kworker/0:0H
    7 root      20   0       0      0      0 S   0,0  0,0  0:01.06 rcu_sched
    8 root      20   0       0      0      0 S   0,0  0,0  0:00.00 rcu_bh
    9 root      rt   0       0      0      0 S   0,0  0,0  0:00.40 migration/0
   10 root      rt   0       0      0      0 S   0,0  0,0  0:01.36 watchdog/0
   11 root      rt   0       0      0      0 S   0,0  0,0  0:01.12 watchdog/1
```

c) Matar un proceso en otra consola.
   CTRL+ALT+F2
   (Acceso con root, visualizar los procesos y matar un proceso luego cambiar de consola)
   ps
   kill -9 numero_proceso
d) Visualizar los procesos.
   ps
   kill -9   1234
   kill SIGKILL   1234
   Lanzar un proceso de dormir en segundo plano.
   sleep 20 &
   Lanzar un proceso en segundo plano, background.
   bg ls -l
   ls -l >/dev/null &
   sleep 100 >/dev/null &
e) Visualizar procesos.
   ps aux

SIGINT	2	Term	Interrupt from keyboard
SIGQUIT	3	Core	Quit from keyboard
SIGILL	4	Core	Illegal Instruction
SIGABRT	6	Core	Abort signal from abort(3)
SIGFPE	8	Core	Floating point exception
SIGKILL	9	Term	Kill signal
SIGSEGV	11	Core	Invalid memory reference
SIGPIPE	13	Term	Broken pipe: write to pipe with no readers
SIGALRM	14	Term	Timer signal from alarm(2)
SIGTERM	15	Term	Termination signal
SIGUSR1	30,10,16	Term	User-defined signal 1
SIGUSR2	31,12,17	Term	User-defined signal 2
SIGCHLD	20,17,18	Ign	Child stopped or terminated
SIGCONT	19,18,25		Continue if stopped
SIGSTOP	17,19,23	Stop	Stop process
SIGTSTP	18,20,24	Stop	Stop typed at tty
SIGTTIN	21,21,26	Stop	tty input for background process
SIGTTOU	22,22,27	Stop	tty output for background process

PASO 4: Matar un proceso.
El comando kill se usa para detener procesos en segundo plano y además, forzar a matar un proceso enviando una señal.
   kill
   killall
   pkill

kill [-s] [-l] %pid
-s Especifica la señal a enviar. La señal puede ser un nombre de señal o un número.
-l Escribe todos los valores de señal soportados por la implementación, si no se da ningún operando.
-pid Identificador de proceso o trabajo.
-9 Fuerza el kill de un proceso.

a) Ayuda.
   kill --help
   kill SIGNAL PID
   kill -numero_señal   PID
b) Matar proceso (-9) número de proceso 1980.
   kill -9 1980
   ps aux
   jobs
c) Mantar un proceso.
   kill SIGKILL 1001

```
        kill -9   1001
```
Terminar un proceso.
```
        kill -15   1002
        kill SIGTERM 1002
```
d) Ayuda.
```
        killall --help
```
e) Listar todas las señales.
```
        killall -l
        HUP INT QUIT ILL TRAP ABRT IOT BUS FPE KILL USR1 SEGV USR2 PIPE ALRM TERM STKFLT CHLD
        CONT STOP TSTP TTIN TTOU URG XCPU XFSZ VTALRM PROF WINCH IO PWR SYS UNUSED
```
f) Envíar una señal a un proceso.
```
        killall  -s   SIGKILL  mio
```
g) Usando el nombre de un proceso. La señal a envía por defecto es SIGTERM.
```
        killall   ejemplo001
        killall   mysqld
```

killall [opciones] nombre_fichero	
-s	Enviar una señal a un proceso.
-l	Lista de las señales.

h) Matar un proceso que no responde, enviando el número de una señal.
```
        killall  9  mio
```
i) Ayuda
```
        pkill --help
```

apt-get install x11-utils
y funciona con htop
apt-get install htop

j) Borrado por defecto
```
        pkill ejemplo02
        pkill mysqld
```
k) Matar un proceso seleccionando la ventana con el ratón, transformado en una calavera.
```
        xkill
```

PASO 5: Identificar/matar el proceso que está accediendo el archivo.

Mostrar que procesa utilizar los llamados archivos, sockets, o sistemas de archivos. Identifica los procesos que hacen uso de un los dispositivos.
```
        fuser
```
a) Ayuda.
```
        fuser --help
```
b) Defecto. PID nos muestra el proceso que muestra que mi propio usuario está usando ese directorio.
```
        fuser .
```
c) Listar el nombre de las señales disponibles.
```
        fuser -l
        HUP INT QUIT ILL TRAP ABRT IOT BUS FPE KILL USR1
        SEGV USR2 PIPE ALRM TERM STKFLT CHLD CONT STOP
        TSTP TTIN TTOU URG XCPU XFSZ VTALRM PROF WINCH IO
        PWR SYS UNUSED
```
d) Mostar los archivos no utilizados.
```
        root@profesor:/home/alumno# fuser -m /run
        /run:           1   191m   221   502
        511   514   531   532   546   581   1032   1038
        1266  1577  1812  2141  3364  3422  3482
```
e) Si lo ejecutamos sobre un socket. Nos dará esta valiosa información. Como por ejemplo en el puerto 80 que arranca.
```
        fuser -v -n tcp 80 webs
        root@profesor:/home/alumno# fuser -v  -4 tcp 80
        El nombre especificado tcp no existe.
        El nombre especificado 80 no existe.
```
f) Matar procesos selectivos de forma interactiva.
```
        fuser -v -i -k webs
```

fuser [-fMuvw] [-a|-s] [-4|-6] [-c|-m|-n SPACE] [-k [-i] [-SIGNAL]] NAME

OPCIÓN	DESCRIPCIÓN
-a	Mostrar los archivos no utilizados también.
-i	Pregunte antes de matar (ignorado sin -k)
-k	Matar a los procesos de acceso a archivo llamado.
-l	Lista de nombres de las señales disponibles.
-m	Montar mostrar todos los procesos mediante los sistemas de archivos con nombre o dispositivo de bloque.
-M	Cumplir solicitud sólo si NAME es un punto de montaje.
-n	Buscar en el espacio de nombres en este espacio de nombres (archivo, udp o tcp).
-s	Funcionamiento silencioso.
-signal	Enviar esta señal es lugar de SIGKILL.
-u	ID del usuario de pantalla.
-v	Salida detallada.
-w	Matar solo los procesos con acceso de escritura.
-V	Información de la versión en pantalla.
-4	Buscar solo en zócalos IPv4
-6	Buscar solo en zócalos IPv6
-	Opciones de reinicio.

PASO 6: Lanzar un proceso de parada.
```
        sleep
```
a) Ayuda.
```
        sleep --help
```
b) Asignar un valor por defecto.
```
        sleep  tiempo
        sleep  1000
```

PASO 7: Lanzar un proceso en segundo plano.

La ejecución en **primer plano** es la ejecución normal, es decir, que el intérprete no admite otro comando hasta que se haya terminado de ejecutar el proceso en curso.

En un terminal **sólo se permite la ejecución de un único proceso en primer plano**.

El intérprete permite ejecutar más de un proceso en segundo plano.

Background, es ejecutar un proceso en segundo plano, existen diferentes formas de lanzar un proceso en segundo plano.

    bg   orden
    orden &

    CTRL+Z

a) Ayuda bg.

    bg --help

b) Lanzar dos procesos en Segundo plano.

    bg sleep 1000
    sleep 1000 &

c) Detener un proceso en ejecución, en primer plano, pasarlo a estado stopped.

    sleep 2000
    pulsamos ^Z y el proceso pasa a estado parado (stopped)

    # jobs
    ....
    [5]+ Detenido   sleep 2000 &

Lo pasamos a segundo plano una vez realizada la parada del proceso, con bg más con **%** y el número del trabajo.

    bg   %5

El proceso [5] que está detenido pasa a ejecutarse en segundo plano.

bg [opciones] [proceso]	
-l	Informa del identificador del grupo de proceso y la carpeta de trabajo de las operaciones.
-p	Informa únicamente del identificador del grupo de proceso de las operaciones.
-x	Sustituye cualquier job_id encontrado en el comando o argumentos con el identificador de grupo de proceso correspondiente, después ejecuta el comando dándole argumentos.
job	Especifica el proceso que quiere ejecutarse en segundo plano.

PASO 8: Visualizar los procesos en segundo plano.

    jobs

a) Ayuda.

    jobs --help

b) Consultar los procesos en ejecución en segundo plano.

    jobs
    [1]+ Ejecutando   sleep 2999 &

jobs [opciones]	
-l	Informa del identificador del grupo de proceso y la carpeta de trabajo de las operaciones.
-n	Muestra sólo los trabajos que se han detenido o cerrado desde la última notificación.
-p	Muestra sólo el identificador de proceso para los líderes de grupo de procesos de los trabajos seleccionados.

PASO 9: Pasar un proceso de segundo plano a primer plano.

    fg

a) Ayuda.

    fg --help

b) Foreground.

    fg (jobs)

c) Visualizar primero los procesos en ejecución en segundo plano, identificar el número [2] de proceso que deseas ejecutar en primer plano.

    jobs
    fg 2

fg [especifica proceso]

PASO 10: Los niveles de ejecución de usuarios.

Los niveles de ejecución se encuentran contemplados entre los siguientes valores: -20....0 ...19   niveles de ejecución el -20 tiene mayor prioridad de ejecución 19 menor prioridad, lo normal es lanzar un proceso con prioridad 0, o superior (0..19), el resto de los niveles, por defecto los controla el planificador de procesos o Shellduler.

    nice   visualizar
    renice reasignar/cambiar

a) Ayuda.

    nice --help
    renice --help

b) Visualizar el nivel de ejecución que tiene un usuario.

    nice

c) Asignar el nivel de ejecución de los procesos de este usuario, el valor por defecto para un usuario es 10.

    nice -n 5

d) Reasignar el nivel de prioridad de ejecución a un proceso.

```
                    renice  -n -2  -p  1834
    e)  Reasignar el nivel de prioridad de ejecución a un usuario.
                    renice  -n  4  -u   alumno3
    f)  Reasignar el nivel de prioridad de ejecución a un grupo.
                    renice  -n -2  -g   smr1
```

renice [-n] <priority> [-p] <pid> [<pid> ...]	
renice [-n] <priority> -g <pgrp> [<pgrp> ...]	
renice [-n] <priority> -u <user> [<user> ...]	
Opción	**Descripción**
-g	Interpretar como grupo de proceso ID.
-n	Establecer el valor mínimo de incremento.
-p	Fuerza para ser interpretado como ID del proceso.
-u	Interpretar como nombre de usuario o ID de usuario.
<name|id>	

PASO 11: Lanzar un proceso y que no termine aunque reinicie el equipo.
```
            nohup
a)  Ayuda.
            nohup --help
b)  Lanzar un proceso y perdure aunque se reinicie el sistema.
            nohup sleep 1000
            nohup
```

PASO 12: Parar un proceso en ejecución.
```
            stop
a)  Ayuda.
            stop   --help
b)  Para un proceso por su PID, por su identificación del proceso. (ej.: PID =4587).
            stop  4587
```

PASO 13: Cambiar al sistema de nivel de ejecución.

El nivel de ejecución argumento debería ser uno de los niveles de ejecución multiusuario **2-5**, **0** para detener el sistema, **6** para reiniciar el sistema o **1** para que el sistema hacia abajo en modo de usuario único.

Normalmente se usaría la herramienta para detener o reiniciar el sistema, o para reducirla a modo de un solo usuario.

El nivel de ejecución también puede ser **S** o **s** que se coloque el sistema directamente en el modo de un solo usuario sin tener que detener los procesos en primer lugar, no suele ser lo deseado.

```
            telinit
a)  Ayuda.
            telinit  --help
b)  Cambiar al modo 5.
            telinit     5
c)  Reiniciar el sistema ("init 6").
            telinit   6
d)  Cambiar en modo usuario.
            telinit  S
            telinit  s
e)  Cambiar  a nivel de ejecución detener equipo.
            init  0
f)  Cambiar a nivel de ejecución de reinicio de equipo.
            init  6
g)  Reiniciar el equipo a nivel de monousuario.
            init  1
h)  Nivel de ejecución multiusuario actualmente, para muchas versiones como Ubuntu el nivel
    que tiene es 5.
            init 5
i)  Comunicar a init quedebe de reexaminar el arcivo /etc/inittab
            telinit  q
            telinit  Q
j)  Realizar la acción transcurridos un númeo de segundos ej.: 30 seg.
            telinit  -t 30   Q
```

init, telinit
Sintaxis: init [-a] [-s] [b] [-z xxx] [0123456Ss]
            telinit [-t seg] [0123456sSQqabcUu]

0, 1, 2, 3, 4, 5 o 6	Niveles init que cambie al nivel de ejecución especificado.
un , b , c	Comunicar a init que procese sólo con aquellos entradas en /etc/inittab que tienen el nivel de ejecución de un , b , o c .
Q o q	Comunicarle a init para reexaminar el archivo /etc/inittab.
S o s	Comunicarle a init que cambie a modo de usuario único.
U o u	Se comunica a init para volver a ejecutarse (preservando el estado). No volver a examinar el archivo /etc/inittab. Nivel de ejecución debe ser uno de S , s , 1 , 2 , 3 , 4 , o 5 , de lo contrario petición sería ignorada en silencio.

Niveles runlevel
Runlevel 0 es detener
Runlevel 1 es monousuario
Runlevel 2-5 son multiusuario
Runlevel 6 es reinicio

PASO 14: Contenido del fichero /etc/inittab.

Al iniciar el sistema o cambiar los niveles de ejecución con el comando **init** o **shutdown**, el daemon **init** inicia los procesos mediante la lectura de la información del archivo **/etc/inittab**. Este archivo define estos puntos importantes para el proceso **init**:

- Que el proceso init se reiniciará.
- Qué procesos se deben iniciar, supervisar e reiniciar si se terminan.
- Qué acciones se deben realizar cuando el sistema ingresa a un nuevo nivel de ejecución.

Cada entrada en el archivo **/etc/inittab** tiene los siguientes campos:

id : *rstate* : *action* : *process*

Descripciones de campos para el archivo inittab.

CAMPO	DESCRIPCIÓN
id	Es un identificador único para la entrada.
rstate	Muestra los niveles de ejecución a los que se aplica esta entrada.
action	Identifica el modo en que el proceso que está especificado en el campo del proceso se ejecutará. Los valores posibles incluyen: sysinit, boot, bootwait, wait y respawn.
process	Define el comando o la secuencia de comandos para ejecutar.

```
[root@localhost ~]# cat /etc/inittab
# inittab is no longer used when using systemd.
#
# ADDING CONFIGURATION HERE WILL HAVE NO EFFECT ON YOUR SYSTEM.
#
# Ctrl-Alt-Delete is handled by /usr/lib/systemd/system/ctrl-alt-del.target
#
# systemd uses 'targets' instead of runlevels. By default, there are two main targets:
#
# multi-user.target: analogous to runlevel 3
# graphical.target: analogous to runlevel 5
#
# To view current default target, run:
# systemctl get-default
#
# To set a default target, run:
# systemctl set-default TARGET.target
#
```

PRÁCTICA 40: Requisitos para instalar SAMBA en Linux
DESCRIPCIÓN:

Samba es una implementación libre del protocolo de archivos compartidos de Microsoft Windows (antiguamente llamado SMB, renombrado recientemente a CIFS) para sistemas de tipo UNIX. De esta forma, es posible que computadoras con GNU/Linux, Mac OS X o Unix en general se vean como servidores o actúen como clientes en redes de Windows. Samba también permite validar usuarios haciendo de Controlador Principal de Dominio (PDC), como miembro de dominio e incluso como un

Protocolo: Es el conjunto de reglas y normas, que permiten establecer una comunicación.
Existe un organismo que establece unas pautas organizativas genéricas para poder establecer una comunicación.
El organismo internacional se denomina I.S.O., "PAUTAS" un sistema abierto de comunicaciones O.S.I. y establece unas CAPAS genéricas, bien definidas en el establecimiento de la comunicación.
Comparativa entre las CAPAS ISO del OSI-RM, en comparación con otros organización de protocolos como es ARPANET, SNA y TCP/IP que son anteriores a las normas ISO y se encuentra superpuestas.
Ubicación del protocolo SMB.

dominio Active Directory para redes basadas en Windows; aparte de ser capaz de servir colas de impresión, directorios compartidos y autentificar con su propio archivo de usuarios.

Es software con licencia GPL, para sistemas operativos multiplaforma, lanzado inicialmente en 1992.

Para que un protocolo funcione en Windows, hay que instalar el servicio, en cambio en Linux hay que instalar aplicaciones.

    SMB: SMB II --> CIFS (SAMBA)

PASO 1: Instalar aplicaciones, para establecer conexiones externas.

Uso de servicios telnet.

    apt-get install telnetd

a) Instalar SAMBA.

    apt-get   install   samba
    apt-get   install   samba-common
    apt-get   install   system-config-samba

o bien:

    apt-get   install   samba   samba-common
    apt-get   install   system-config-samba

b) Instalar SAMBA4.

    apt-get install samba4
    apt-get install samba smbfs

Sistema de ficheros de samba smbfs

PASO 2: Instalar el servicio ssh.

    apt-get   install   ssh

PASO 3: Configurar el servicio ssh.

a) Editar el fichero.

    pico /etc/ssh/sshd_config

Quitar la almohadilla (#) que se cuentra delante de la línea   #   Port 22
    Port 22

Guardar y salir. [^X], Si (guardar).

b) Arrancar el servidor ssh.

    /etc/init.d/ssh start
    * Starting OpenBSD Secure Shell server sshd

c) Parar el servidor.

    /etc/init.d/ssh stop
    * Stopping OpenBSD Secure Shell server sshd

d) Reiniciar el servidor.

    /etc/init.d/ssh restart

PASO 4: Instalar apache.
       apt-get install apache2
       apt-get install libapache2-mod-php2

PASO 5: Instalar mysql.
Instalar el servidor mySQL
       apt-get install mysql-server
Instalar el cliente mySQL
       apt-get install mysql-client

PASO 6: Instalar el php (Lenguaje de programación a nivel server).
       apt-get install php5
       apt-get install libapche2-mod-php5
       apt-get install php5-gd
       apt-get install php5-dom

PASO 7: Instalar ftp virtual.
       apt-get install vsftpd

PRÁCTICA 41: Configurar SAMBA

DESCRIPCIÓN:

La ubicación samba se suele realizar en el siguiente directorio /etc/samba.
Hay que tener en cuenta que existen diferentes versiones de SAMBA, actualmente estamos en la versión CUATRO.
Accedemos al directorio y comprobamos los ficheros que lo forman.

    cd /etc/samba
    ls -l | more

PASO 1: Cambiar la configuración del samba.

a) Visualizar, ficheros .conf.
    ls -l
b) Antes de modificar, hay que dejar una copia del original.
    cp smb.conf smb.conf.old
c) Editar el fichero smb.conf.
    nano smb.conf

PASO 2: Modificar el contenido del fichero smb.conf

a) Hay que cambiar el grupo de trabajo: SMR.
    workgroup = SMR
b) Cambiar el mapeo de búsqueda.
    username map = /etc/samba/datos
c) Asignar el bloque a compartir.
    [datos]
    comment = Carpeta de usuarios de Windows, con acceso a UBUNTU
    path = /etc/samba/datos
    browsable = yes
    guest ok = yes
    read only = no
    create mask = 0755

PASO 3: Crear la carpeta datos.

a) Crear la carpeta.
    mkdir datos
b) Ayuda.
    chown --help
c) Establecer los permisos, de propietario y grupo (cualquiera usuario y cualquier grupo): nobody.nogroup.
    chown nobody.nogroup /etc/samba/datos

PASO 4: Reiniciar samba.

    /etc/samba
    cd /etc/init.d
    smbd -D
    nmbd –D

PRÁCTICA 42: Revisar configuración SAMBA y Servicios en Linux.

DESCRIPCIÓN:

Samba es un software que permite a tu ordenador con por ejemplo con Ubuntu poder compartir archivos e impresoras con otras computadoras en una misma red local. Utiliza para ello un protocolo conocido como SMB/CIFS compatible con sistemas operativos UNIX o Linux, como Ubuntu, pero además con sistemas Windows (XP, NT, 98...), OS/2 o incluso DOS. También se puede conocer como LanManager o NetBIOS.

PASO 1: Compartir directorio de trabajo en Linux y Windows.

Acceder al directorio.
    # cd /etc/samba
    ls –l
    smb.conf-sample

Copiar el fichero de configuración.
    cp smb.conf smb.conf.old
    nano smb.conf

Modificar el WORDGROUP por GRUPO_TRABAJO
    workgroup=WORDGROUP
    workgroup=GRUPO_TRABAJO

Cambiar por el grupo SMR, o el grupo de trabajo de ese aula y agregamos segurity=user
    Workgroup=SMR
    security = user

> **GRUPO POR DEFECTO DE WINDOWS:**
> **WORDGROUP:** Defecto (americano).
> **GRUPO_TRABAJO:** Defecto en Español, para ser compatible, con Windows XP o versiones posteriores; Windows 7 ó Windows 8 y las versiones Server.

PASO 2: Definir un recurso compartido.

[disco]
    path = /etc/samba/disco
    writable=yes

> **NOTA:** Cambiar los permisos del propietario y grupo de trabajo
>   mkdir /etc/samba/disco
>   chown nobody.nogroup /etc/samba/disco

PASO 3: Definir el usuario del S.O.

Definimos inicialmente una carpeta de trabajo con el mismo nombre del usuario /home/usuario
    mkdir /home/usuario

a) Dar de alta el usuario a nivel de seguridad de Linux, (-m, sino existe el directorio usuario lo crea, es equivalente a mkdir).
    useradd -m –d /home/usuario usuario
    passwd usuario
    :usuario

b) Utilizar el usuario dado de alta en Linux para que la seguridad de samba.

b.1.) Establecer el password de usuario definido en Linux, con el password de acceso a samba, -a agregar.
    smbpasswd –a usuario

b.2.) Activar el usuario agregado a samba.
    smbpasswd –e usuario

PASO 4: Arrancar los servicios.

a) El fichero de configuración del servicio.
    /etc/inetd.conf -- > nano /etc/inetd.conf
    Agregamos las siguientes 2 líneas 2 líneas para arrancar el servicio.
        netbios-ssn stream tcp nowait root /usr/sbin/tcpd /usr/sbin/in.telnetd
        netbios-ns   dgram   udp wait   root /usr/sbin/tcpd /usr/sbin/Vd.

b) Reiniciar los servicios.
    inetd restart

c) Error no instalado la aplicación.
    apt-get install openbsd-inetd

d) Reiniciar samba.
    smbd -D
    nmbd –D
    ifconfig

PASO 5: Conectar desde el navegador de un Windows.

Realizamos la prueba desde cualquier máquina virtual que tenga Windows o desde el mismo equipo el Anfitrión de Windows y accedemos al:
    Escritorio
        Inicio
            Ejecutar

Navegador
192.168.0.179

PASO 5: Comprobar los servicios de Linux.
Utilizamos la orden services, permite activar, desactivar y consultar los estados de los servicios.
service
e) Ayuda.
service --help
f) Visualizar todos los estados de todos los procesos.
service --status-all
g) Visualizar el estado de un servicio.
service ssh status
h) Inicializar un servicio.
service ssh start
i) Reiniciar o volver a carga un servicio.
service ssh reload
j) Parar un servicio.
service ssh stop

NOTA: La orden service se encuentra instalada por defecto en la versión: Ubuntu 15.04.
En CentOS 7, necesita instalar el módulo **netconsole.**

UNIDAD DE TRABAJO IX: Administración de otros sistemas operativos, Android.

PRÁCTICA 43: Manejar el sistema operativo Android 4.4.

PRÁCTICA 44: Backup y restore de la carpeta EFS - IMEI corrupt (ROM 4.0.4).

Contenidos
- **Estructura de Android.**
- **Arquitectura de Android.**
- **Acceso al sistema de ficheros Android.**
- **Directorios Android.**
- **Comandos Android.**
- **Copias de seguridad y restauración.**

Órdenes

alias
mount
df
free
ps
pstree
top

PRÁCTICA 42: Manejar el sistema operativo Android 4.4

DESCRIPCIÓN:

Android es un sistema operativo basado en el kernel de Linux diseñado principalmente para dispositivos móviles con pantalla táctil, como teléfonos inteligentes o tabletas, y también para relojes inteligentes, televisores y automóviles, inicialmente desarrollado por Android, Inc. Google respaldó económicamente y más tarde compró esta empresa en 2005.

Estructura Android

La estructura del sistema operativo Android se compone de aplicaciones que se ejecutan en un framework Java de aplicaciones orientadas a objetos sobre el núcleo de las bibliotecas de Java en una máquina virtual Dalvik con compilación en tiempo de ejecución.
Las bibliotecas están escritas en lenguaje C, e incluyen:

- Un administrador de interfaz gráfica (surface manager).
- Un framework OpenCore.
- Una base de datos relacional SQLite.
- Una Interfaz de programación de API gráfica OpenGL ES 2.0 3D.
- Un motor de renderizado WebKit.
- Un motor gráfico SGL.
- SSL.
- Una biblioteca estándar de C Bionic.

> El sistema operativo está compuesto por 12 millones de líneas de código, incluyendo 3 millones de líneas de XML, 2,8 millones de líneas de lenguaje C, 2,1 millones de líneas de Java y 1,75 millones de líneas de C++.

Historial de actualizaciones

Las actualizaciones al sistema operativo base típicamente arreglan bugs y agregan nuevas funciones. Generalmente cada actualización del sistema operativo Android es desarrollada bajo un nombre en código de un elemento relacionado con postres.

Android ha sido criticado muchas veces por la fragmentación que sufren sus terminales al no ser soportado con actualizaciones constantes por los distintos fabricantes.

Versión	Descripción
1.0	Liberado el 23 de septiembre de 2008
1.1	Liberado el 9 de febrero de 2009
1.5	(Cupcake) Basado en el kernel de Linux 2.6.27 El 30 de abril de 2009, la actualización 1.5 (Cupcake) para Android fue liberada. Hubo varias características nuevas y actualizaciones en la interfaz de usuario en la actualización 1.5.
1.6	(Donut) Basado en el kernel de Linux 2.6.29 El 15 de septiembre de 2009, el SDK 1.6 (Donut) fue liberado. Se incluyó en esta actualización.
2.0 / 2.1	(Eclair) Basado en el kernel de Linux 2.6.29 El 26 de octubre de 2009, el SDK 2.0 (Eclair) fue liberado. 46 Los cambios incluyeron. El SDK 2.0.1 fue liberado el 3 de diciembre de 2009. El SDK 2.1' fue liberado el 12 de enero de 2010.
2.2	(Froyo) Basado en el kernel de Linux 2.6.32 El 20 de mayo de 2010, el SDK 2.2 (Froyo) fue liberado.
2.3	(Gingerbread) Basado en el kernel de Linux 2.6.35.7 Actual en smat El 6 de diciembre de 2010, el SDK 2.3 (Gingerbread) fue liberado.
3.0 / 3.1	(Honeycomb)
2.4/4.0	(¿?) (Ice Cream Sandwich)

> **Framework**: "marco de trabajo", es un esquema (un esqueleto, un patrón) para el desarrollo y/o la implementación de una aplicación.
> **API**: Interfaz de programación de aplicaciones (IPA) o API (del inglés Application Programming Interface) es el conjunto de funciones y procedimientos (o métodos, en POO) que ofrece cierta biblioteca para ser utilizado por otro software.
> **WebKit**: Plataforma de aplicaciones, que funciona como base de navegadores, basado originalmente en el motor de renderizado KHTML.
> **WebKit2**: diseñado desde cero para generar un modelo de procesos divididos, donde el contenido de la web (Javascript, HTML, diseño, etc) se ejecuta cada uno en proceso separado. Similar al Google Chrome.
> **SGL**: Es un motor gráfico implementado en C++ y que puede correr en varios entornos y dispositivos como móviles y aparatos de TV.
> SGL es la base de la tecnología de Google para gráficos en móviles.
> **SSL**: Secure Sockets Layer («capa de conexión segura») y su sucesor Transport Layer Security (TLS; en español «seguridad de la capa de transporte») son protocolos criptográficos que proporcionan comunicaciones seguras por una red, comúnmente Internet. Desarrollado originalmente por Netscape.
> **POO**: Programación Orientada a Objetos.
> **BRICK O BRICKEO**: Es la palabra utilizada para describir la rotura total o parcial del teléfono. Proviene del Inglés.
> **Nandroid**: Es el proceso realizado antes modificar algo de sistema, es una copia total de nuestro sistema como lo tenemos en el momento de realizarlo, para poder volver a ese momento en caso de necesitarlo (incluye los mensajes, aplicaciones, configuraciones. En fin, todo lo que tengamos en el en ese momento).

Arquitectura

Los componentes principales del sistema operativo de Android (cada sección se describe en detalle):

- **Aplicaciones:** las aplicaciones base incluyen un cliente de correo electrónico, programa de SMS, calendario, mapas, navegador, contactos y otros. Todas las aplicaciones están escritas en lenguaje de programación Java.
- **Marco de trabajo de aplicaciones:** los desarrolladores tienen acceso completo a los mismos APIs del framework usados por las aplicaciones base. La arquitectura está diseñada para simplificar la reutilización de componentes; cualquier aplicación puede publicar sus capacidades y cualquier otra aplicación puede luego hacer uso de esas capacidades (sujeto a reglas de seguridad del framework). Este mismo mecanismo permite que los componentes sean reemplazados por el usuario.
- **Bibliotecas:** Android incluye un conjunto de bibliotecas de C/C++ usadas por varios componentes del sistema. Estas características se exponen a los desarrolladores a través del marco de trabajo de aplicaciones de Android; algunas son: System C library (implementación biblioteca C estándar), bibliotecas de medios, bibliotecas de gráficos, 3D y SQLite, entre otras.

- **Runtime de Android:** Android incluye un set de bibliotecas base que proporcionan la mayor parte de las funciones disponibles en las bibliotecas base del lenguaje Java. Cada aplicación Android corre su propio proceso, con su propia instancia de la máquina virtual Dalvik. Dalvik ha sido escrito de forma que un dispositivo puede correr múltiples máquinas virtuales de forma eficiente. Dalvik ejecuta archivos en el formato Dalvik Executable (.dex), el cual está optimizado para memoria mínima. La Máquina Virtual está basada en registros y corre clases compiladas por el compilador de Java que han sido transformadas al formato .dex por la herramienta incluida "dx".
- **Núcleo Linux:** Android depende de Linux para los servicios base del sistema como seguridad, gestión de memoria, gestión de procesos, pila de red y modelo de controladores. El núcleo también actúa como una capa de abstracción entre el hardware y el resto de la pila de software.

PASO 1: Acceso a la consola del Sistema Android 4.4

Se puede cambiar de entorno gráfico a entorno de texto, abriendo una consola de texto, para ello utilizamos la tecla ALT+[tecla de función].

    ALT + F1..F6: Abrir consolas de texto.
    ALT + F7: Retornar a la consola gráfica.

Para ver los contenidos, porque puede que estén protegidas u ocultas, hay que utilizar un explorador tipo Root Explorer.

Estructura del directorio raíz

```
A N D R O I D root@x86:/ # ls -l
drwxr-xr-x root    root           2014-08-08 12:00 acct
drwxrwx--- system  cache          2014-08-08 10:00 cache
dr-x------ root    root           2014-08-08 12:00 config
lrwxrwxrwx root    root           2014-08-08 12:00 d -> sys/kernel/debug
drwxrwx--x system  system         2014-08-08 05:11 data
-rw-r--r-- root    root       148 2014-08-08 12:00 default.prop
drwxr-xr-x root    root           2014-08-08 10:00 dev
lrwxrwxrwx root    root           2014-08-08 12:00 etc -> system/etc
-rw-r--r-- root    root      8870 2014-08-08 12:00 file_contexts
-rwxr-x--- root    root    404900 2014-08-08 12:00 init
-rwxr-x--- root    root       935 2014-08-08 12:00 init.environ.rc
-rwxr-x--- root    root     19737 2014-08-08 12:00 init.rc
-rwxr-x--- root    root       301 2014-08-08 12:00 init.superuser.rc
-rwxr-x--- root    root      1795 2014-08-08 12:00 init.trace.rc
-rwxr-x--- root    root      3915 2014-08-08 12:00 init.usb.rc
-rwxr-x--- root    root      5273 2014-08-08 12:00 init.x86.rc
lrwxrwxrwx root    root           2014-08-08 12:00 lib -> system/lib
drwxrwxr-x root    system         2014-08-08 12:00 mnt
dr-xr-xr-x root    root           2014-08-08 12:00 proc
-rw-r--r-- root    root      2161 2014-08-08 12:00 property_contexts
drwxr-x--- root    root           2014-08-08 12:00 sbin
lrwxrwxrwx root    root           2014-08-08 12:00 sdcard -> /storage/emulated/legacy
-rw-r--r-- root    root       656 2014-08-08 12:00 seapp_contexts
-rw-r--r-- root    root     74768 2014-08-08 12:00 sepolicy
drwxr-x--x root    sdcard_r       2014-08-08 12:00 storage
dr-xr-xr-x root    root           2014-08-08 12:00 sys
drwxr-xr-x root    root           2014-08-08 05:20 system
-rw-r--r-- root    root       382 2014-08-08 12:00 ueventd.android_x86.rc
-rw-r--r-- root    root      3874 2014-08-08 12:00 ueventd.rc
lrwxrwxrwx root    root           2014-08-08 12:00 vendor -> system/vendor
-rw-r--r-- root    root        31 2014-08-08 12:00 x86.prop
root@x86:/ #
```

Directorios

Directorio	Descripción
/acct	Almacena los archivos ocultos.
/cache	Almacena memoria caché. (en Linux se utiliza /var/cache).
/config	Vacía en android.
/d	Existe como depuraciones de kernel, de los drivers del hardware del móvil.
/data	Guarda los datos de las aplicaciones. Podéis encontrar los de las aplicaciones en /data/data.
/dev	Este directorio contiene archivos de dispositivos que permiten la comunicación con los distintos elementos hardware que tengamos instalados en nuestro sistema. Entre ellos se encuentran el disco y particiones de los que nuestro dispositivo Android dispone.
/efs	Es una de las carpetas más importantes, y muy recomendable hacer un backup de ella si entras en el mundo de cambiar de ROM, Kernels y demás. En esta carpeta se encuentra los archivos que contienen datos muy importantes de nuestro terminal como por ejemplo IMEI o PRODUCT CODE.
/etc	Este directorio contiene todos los archivos de configuración de nuestro sistema. Enlace simbólico a /system/etc.
/factory	Es un enlace a EFS.Datos tan importantes como MAC Wifi, MAC Bluetooth, IMEI…
/lib	Contiene las bibliotecas (o librerías) del sistema que son necesarias durante el inicio del mismo. Estas bibliotecas son análogas a los archivos DLL de Windows. Su ventaja reside en que no es necesario integrar su código en los programas que las usan, ya que cuando un programa necesita alguna de sus funciones, se carga la biblioteca en la memoria y puede ser usada por cualquier otro programa que la necesite, sin necesidad de volver a cargarla en memoria. Un subdirectorio especial es/lib/modules, que contiene los módulos del núcleo (normalmente se trata de controladores de dispositivos) que se cargan únicamente en caso de que haga falta usar un determinado dispositivo, por lo que no estarán permanentemente ocupando memoria.
/mnt	Este directorio es típico de las distribuciones RedHat, aunque puede no estar presente en otras distribuciones. Su misión consiste en agrupar en un mismo lugar los puntos de montaje de diversas particiones externas, como por ejemplo: sdcard, extSdcard, usb,… Este directorio contiene un subdirectorio adicional para cada una de estas particiones (como /mnt/sdcard, /mnt/UsbDriveA…). Si accedemos a estos subdirectorios estaremos accediendo realmente a esas particiones.
/preload	Vacía en mi android.
/proc	Contiene los archivos del sistema de archivos de proceso. No son verdaderos archivos, sino una forma de acceder a las propiedades de los distintos procesos que se están ejecutando en nuestro sistema. Para cada proceso en marcha existe un subdirectorio /proc/<número de proceso> con información sobre él.
/root	Este es el directorio personal del usuario root o superusuario. Contiene básicamente la misma información que los directorios personales de los distintos usuarios del sistema, pero orientada única y exclusivamente al usuario root. En Android vacío.
/sbin	Contienen programas ejecutables (también llamados binarios) que forman parte del sistema operativo GNU/Linux. Estos comandos son relativos a los sistemas de archivos, particiones e inicio del sistema, y solo pueden ser usados por el administrador. En Android no me queda muy clara su función.
/sdcard	Tarjeta interna, enlace simbólico a /storage/sdcard.
/storage	Directorio donde se montan la tarjeta extern, interna y las conexiones usb como storage del dispositivo.
/sys	Contiene información sobre los dispositivos conectados a nuestro dispositivo.
/system	Si los directorios se valorarían en importancia, éste probablemente sería uno de los más importantes dentro de Android. Alberga los apk de todo el software del sistema en el subdirectorio APP, por ejemplo. Si queréis desinstalar algo de fábrica podéis hacerlo desde aquí (con cuidado). Luego contiene carpetas como bin, lib.
/vendor	Librerías, versión firmware.

Enlaces

d -> sys/kernel/debug
etc -> system/etc

lib -> system/lib
scard -> /storage/emulated/legacy
vendor -> system/vendor

Variables de ambiente

set

```
ANDROID_ASSETS=/system/app
ANDROID_BOOTLOGO=1
ANDROID_DATA=/data
ANDROID_PROPERTY_WORKSPACE=8,0
ANDROID_ROOT=/system
ANDROID_STORAGE=/storage
ASEC_MOUNTPOINT=/mnt/asec
BASHPID=1018
BOOTCLASSPATH=/system/framework/core.jar:/system/framework/conscrypt.jar:/system/framework/okhttp.ja
r:/system/framework/core-junit.jar:/system/framework/bouncycastle.jar:/system/framework/ext.jar:/sys
tem/framework/framework.jar:/system/framework/framework2.jar:/system/framework/telephony-common.jar:
/system/framework/voip-common.jar:/system/framework/mms-common.jar:/system/framework/android.policy.
jar:/system/framework/services.jar:/system/framework/apache-xml.jar:/system/framework/webviewchromiu
m.jar
COLUMNS
EMULATED_STORAGE_SOURCE=/mnt/shell/emulated
EMULATED_STORAGE_TARGET=/storage/emulated
EPOCHREALTIME=1407485218.204736
EXTERNAL_STORAGE=/storage/emulated/legacy
HOME=/data
HOSTNAME=x86
IFS=$' \t\n'
KSHEGID=1007
KSHGID=1007
KSHUID=0
KSH_VERSION='@(#)MIRBSD KSH R48 2013/08/14'
LD_LIBRARY_PATH=/vendor/lib:/system/lib:/system/lib/arm
LINES
LOOP_MOUNTPOINT=/mnt/obb
MKSH=/system/bin/sh
OPTIND=1
PATH=/sbin:/vendor/bin:/system/sbin:/system/bin:/system/xbin
PGRP=1018
PIPESTATUS[0]=0
PPID=1
PS1=$'$(|\n\tlocal e=$?\n\n\t(( e )) && REPLY+="$e|"\n\n\treturn $e\n)$USER@$HOSTNAME:${PWD:-?} # '
PS2='> '
PS3='#? '
PS4='[$EPOCHREALTIME] '
PWD=/
RANDOM=6024
SECONDARY_STORAGE=/storage/usb0:/storage/usb1:/storage/usb2:/storage/usb3:/storage/sdcard1
SECONDS=372
SHELL=/system/bin/sh
TERM=vt100
TMOUT=0
USER=root
USER_ID=0
_=set
force_s3tc_enable=true
root@x86:/ #
```

Alias

alias

```
root@x86:/ # alias
autoload='typeset -fu'
functions='typeset -f'
hash='alias -t'
history='fc -l'
integer='typeset -i'
l=ls
la='l -a'
ll='l -l'
lo='l -a -l'
local=typeset
login='exec login'
nameref='typeset -n'
nohup='nohup '
r='fc -e -'
source='PATH=$PATH:. command .'
type='whence -v'
root@x86:/ #
```

Dispositivos montados

mount

```
root@x86:/ # mount
rootfs / rootfs rw 0 0
proc /proc proc rw,relatime 0 0
sys /sys sysfs rw,relatime 0 0
tmpfs / tmpfs ro,relatime 0 0
/dev/block/sda1 /mnt ext2 rw,relatime,errors=continue 0 0
/dev/block/sda1 /system ext2 rw,relatime,errors=continue 0 0
tmpfs /cache tmpfs rw,relatime 0 0
/dev/block/sda1 /data ext2 rw,relatime,errors=continue 0 0
tmpfs /dev tmpfs rw,nosuid,relatime,mode=755 0 0
devpts /dev/pts devpts rw,relatime,mode=600 0 0
proc /proc proc rw,relatime 0 0
sysfs /sys sysfs rw,relatime 0 0
debugfs /sys/kernel/debug debugfs rw,relatime 0 0
none /acct cgroup rw,relatime,cpuacct 0 0
none /sys/fs/cgroup tmpfs rw,relatime,mode=750,gid=1000 0 0
tmpfs /mnt/asec tmpfs rw,relatime,mode=755,gid=1000 0 0
tmpfs /mnt/obb tmpfs rw,relatime,mode=755,gid=1000 0 0
none /dev/cpuctl cgroup rw,relatime,cpu 0 0
/dev/fuse /mnt/shell/emulated fuse rw,nosuid,nodev,relatime,user_id=1023,group_id=1023,default_permi
ssions,allow_other 0 0
none /proc/sys/fs/binfmt_misc binfmt_misc rw,relatime 0 0
root@x86:/ #
```

```
df
Filesystem            Size     Used     Free    Blksize
/                    503.5M    1.1M    502.4M    4096
/                    503.5M    1.1M    502.4M    4096
/mnt                 503.5M    1.1M    502.4M    4096
/system               6.9G    803.6M    6.1G     4096
/cache               503.5M    0.0K    503.5M    4096
/data                 6.9G    803.6M    6.1G     4096
/dev                 503.5M   128.0K   503.4M    4096
/sys/fs/cgroup       503.5M    12.0K   503.5M    4096
/mnt/asec            503.5M    0.0K    503.5M    4096
/mnt/obb             503.5M    0.0K    503.5M    4096
/mnt/shell/emulated   6.9G    803.6M    6.1G     4096
```

```
free
              total      used      free    shared   buffers
Mem:        1031172    518588    512584        0      3140
-/+ buffers:           515448    515724
Swap:             0         0         0
```

PASO 2: Visualizar los procesos en Android.

```
ps
USER     PID   PPID   VSIZE    RSS    WCHAN       PC        NAME
root      1      0     800    508    c10ca767  08062dd6  S /init
root      2      0      0      0     c1042f2f  00000000  S kthreadd
root      3      2      0      0     c10480bd  00000000  S ksoftirqd/0
root      5      2      0      0     c103f182  00000000  S kworker/0:0H
root      6      2      0      0     c103f182  00000000  S kworker/u2:0
root      7      2      0      0     c10480bd  00000000  S migration/0
```

```
pstree
             |-ndroid.settings-+-{Binder_1}
             |                 |-{Binder_2}
             |                 |-{Compiler}
             |                 |-{FinalizerDaemo}
             |                 |-{FinalizerWatch}
             |                 |-{GC}
             |                 |-{JDWP}
             |                 |-{ReferenceQueue}
             |                 |-{Signal Catcher}
```

top

```
1005  0  0% S   1    1572K      4K  fg root      /sbin/healthd
1006  0  0% S   1    1468K    192K     system    /system/bin/servicemanager
1007  0  0% S   3    5480K    836K     root      /system/bin/vold
1008  0  0% S   8   11204K   1240K     root      /system/bin/netd
1009  0  0% S   1    1664K    520K     root      /system/bin/debuggerd
1010  0  0% S   1    2252K    776K     root      /system/bin/rild
1011  0  0% S  10   43416K  13128K  fg root      /system/bin/surfaceflinger
1012  0  0% S   4  921256K  69180K     root      zygote
1013  0  0% S   2   10668K   2916K  fg drm       /system/bin/drmserver
1014  0  0% S   8   48300K  18380K  fg media     /system/bin/mediaserver
1015  0  0% S   1    1564K    496K     install   /system/bin/installd
1016  0  0% S   1    4732K   1360K  fg keystore  /system/bin/keystore
1018  0  0% S   1    1548K    720K     root      /system/bin/sh
1029  0  0% S   1    1200K      4K     root      /system/xbin/su
1030  0  0% S   2    1692K      4K     shell     /sbin/adbd
1275  0  0% S  63  999104K  68796K  fg system    system_server
1386  0  0% S  19  954016K  65788K  fg u0_a11    com.android.systemui
1460  0  0% S  17  941672K  50728K  fg u0_a47    com.android.inputmethod.latin
1473  0  0% S  22 1078084K  60440K  bg u0_a8     com.google.android.gms
1480  0  0% S  25  949268K  51176K  fg radio     com.android.phone
1488  0  0% S  12 1004416K  74892K  fg u0_a12    com.android.launcher3
1630  0  0% S  29  970848K  57928K  fg u0_a8     com.google.process.location
1637  0  0% S  18  966120K  57856K  bg u0_a8     com.google.process.gapps
1792  0  0% S  10  930144K  46268K  bg u0_a1     com.android.providers.calendar
1893  0  0% S  15  936480K  46304K  bg u0_a13    com.android.mms
1939  0  0% S  28  955720K  50492K  bg u0_a16    com.android.vending
1985  0  0% S  20  955160K  52584K  bg u0_a20    com.google.android.googlequicksearchbox:search
2020  0  0% S  16  937592K  45520K  bg u0_a29    com.android.calendar
2056  0  0% S  12  933240K  45616K  bg u0_a33    com.android.deskclock
2072  0  0% S  15  942024K  49836K  bg u0_a37    com.android.email
2107  0  0% S  16  941032K  48668K  bg u0_a43    com.google.android.gm
2136  0  0% S  47  977716K  55172K  bg u0_a65    com.google.android.youtube
2184  0  0% S  11  940856K  45212K  bg system    com.android.settings
2202  0  0% S  21  950180K  54552K  bg u0_a53    com.google.android.music:main
 730  0  0% S   1       0K      0K     root      kpsmoused
   2  0  0% S   1       0K      0K     root      kthreadd
```

PRÁCTICA 43: Backup y restore de la carpeta EFS - IMEI corrupt (ROM 4.0.4)

DESCRIPCIÓN:

Esta práctica está realizada con un Galaxy III, es posible que la estructura de la carpeta EFS haya cambiado ya no sea efectivo.

En esta práctica se pretende ver la importancia de la carpeta EFS, como hacer un BackUp y también como restaurarlo, usando distintas herramientas.

¿Qué es la carpeta EFS?

En este tutorial vamos a ver cómo hacer un Backup a la carpeta EFS. En esta carpeta se encuentra los archivos que contienen datos muy importantes de nuestro terminal como por ejemplo IMEI o PRODUCT CODE. En muchas ocasiones, al flashear una nueva ROM el proceso sobre-escribe esta carpeta y la terminal perderá conexión, ya que no podrá registrar el IMEI en la red. Los datos de la carpeta EFS contienen información vital y única de la terminal. Para prevenir la perdida de los mismos, les enseñaremos a realizar copia de seguridad y a restaurarlos, aun cuando no haya una copia de la carpeta EFS.

Aclaramos que estos datos son intransferibles, es decir, no podemos restaurar a partir de una copia que no haya sido creada en nuestra terminal.

Contenido de la Carpeta EFS

- **nv_data.bak:** El más importante contiene información de IMEI, PRODUCTCODE, SIM UNLOCK.
- **nv_data.bak.md5:** Checksum del anterior Muy importante.
- **nv_ta.bin da:** Copia funcional de él .nv.data.bak debería ser igual al .bak en tamaño.
- **nv_data.bin.md5:** Checksum del fichero anterior, si lo borras, al arrancar de Nuevo te lo crea.
- **nv_sate t:** No se sabe para qué es solo que si lo borras al reiniciar se crea automáticamente.
- **nv2.bak:** SOLO FROYO Este archivo es el encargado en Froyo de gestionar todos estos datos.
- **nv2.bak.md5:** SOLO FROYO Checksum del anterior.

Carpeta ANDROID

Está Vacía

Carpeta IMEI

bt.txt: No se sabe para qué es.
mps_code.dat: Contiene la información referente al SALES CODE (Configuración regional).

Importancia de los archivos NV_DATA.BSK y NV_DATA.BAK.MD5

El archivo nv_data.bak contiene entre otra información el IMEI, PRODUCT CODE, CÓDIGOS DE DESBLOQUEO, etc,

El archivo nv_data.bak.md5 es el Cheksum del archivo anterior, en caso de modificar el primero, el Cheksum es incorrecto por lo que no hará su función.

Nuestro SGS2 siempre funciona con el nv_data.bin (Una copia que crea automáticamente del nv_data.bak.

Diferencias entre PRODUCT CODE y SALESCODE.

SALESCODE: Nos indica la configuración regional que tenemos seleccionada.
PRODUCTCODE: Nos indica para que País se ha fabricado y a que operadora está asociado.

PASO 1: Restaurar un IMEI corrupto sin backup previo

Elementos necesarios:
- Root Explorer o similar (ES Explorer).
- Carpeta EFS (no hace falta tener un backup de esta carpeta anterior a la desaparición del IMEI, pero sí tiene que existir esta carpeta en el teléfono.
- Terminal con acceso root.

Restaurar IMEI corrupto en 9 pasos:
1. Con el Root Explorer realizar una copia de la carpeta EFS a la tarjeta SD.
   Para más seguridad, se recomienda hacer una segunda copia de dicha carpeta a la PC, en el caso de que alguna vez formateen la tarjeta de memoria.
   Una vez hechas ambas copias proceder a borrar la carpeta EFS original en el teléfono usando root Explorer.
2. Reiniciar el celular, luego ir a la raíz del teléfono nuevamente y verán que la carpeta EFS nuevamente se ha creado, no es que hayan cometido algún error, simplemente el Sistema Operativo Android la ha creado nuevamente.
   Con el Root Explorer borrar los archivos nv_data.bin y nv_data.bin.md5 que se encuentran adentro de la nueva carpeta EFS.
3. Ir a la copia de seguridad de la carpeta EFS que hicimos en la SD Card.
4. Copiar la carpeta "IMEI" y pegarla en la carpeta "/EFS.
5. Ir a la copia de seguridad de la carpeta EFS que hicimos en la SD Card nuevamente.

6. Copiar " .nv_data " a la carpeta "/EFS" usando root explorer.
   Importante: "el punto" del archivo " .nv_data " no es un error, copiar el archivo " .nv_data".
7. Hacer otra copia del archivo ".nv_data" en la carpeta EFS del teléfono, así tendremos 2 copias del archivo ".nv_data" en la carpeta "/EFS"
8. Renombrar uno de los ".nv_data" a "nv_data.bin" y el otro a "nv_data.bin. Bak".
9. En la PC abrir CMD en el directorio de trabajo de ADB (Hay que tener instalado Android-SDK), o ejecutar Android Terminal Emulador en el teléfono e ingresar los siguientes comandos:
   adb shell   (Usar este comando solo si usan ADB desde la PC, Si usan Terminal Emulator lo pueden saltear)
   su   (Para dar acceso Super User)
   chown 1001:radio /efs/nv_data.bin

También se puede hacer con Root Explorer:
Con el Root Explorer cambiar el owner del archivo /efs/nv_data.bin para que sea 1001 – radio.

Reiniciar el teléfono.
Si todo salió bien el IMEI debería haberse recuperado, pueden chequear si se recuperó ingresando *#06# en el Dial Pad del teléfono.
Para más info y referencias pueden ver el hilo original sobre el tema en XDA (Gracias vaskodogamagmail!).
http://forum.xda-developers.com/showthread.php?t=1264021

PASO 2: Como hacer una copia de la Carpeta EFS.
La copia de seguridad así como la restauración se puede hacer de 2 maneras, el método manual, y a través de una aplicación que lo realice en forma automática. Ambos métodos son muy confiables.
IMPORTANTE: Antes de flashear una ROM/Costo ROM por primera vez, debes hacer copia de la carpeta EFS Nuestros terminales tienen un "partición" /efs donde se guardan los datos encriptados relativos al IMEI, así como la Mac del WIFI y bluetooth, product code, etc.
El acceso a esa partición en un principio no está disponible fácilmente, pero dar por seguro que hay veces que se corrompe, ya sea al flashear sobretodo custom ROMs o manipular indebidamente ODIN. Incluso hay veces que ocurre de forma inexplicable, doy fe.
Una vez ocurre esto, se pierde el IMEI siendo imposible recuperarlo si no se cuenta con un backup.

Método 1: MANUAL
Para crear un Backup usaremos ROOTEXPLORER.
Comprimir carpeta en zip (recomendado).
Mantén pulsado encima de la carpeta /efs y le dan a "Zip this folder".
La copia estará en /sdcard/SpeedSoftware/Zip - Luego cópienla a la PC.

> Mantén la pantalla de tu móvil encendida durante el proceso; es posible que te pida permisos de superusuario durante la copia y/o restauración.
> Asegúrate de que tú móvil está en modo MTP al conectarlo por USB al PC.

Método 2: Mediante una Aplicación - Recomendado
EFS Pro - Aplicación Recomendada.
Requisitos:
Microsoft .NET Framework 4.0 instalado en PC.
App Busybox instalada en tu móvil, después abre la app y dale a Install.
Los drivers del teléfono correctamente instalados, por supuesto.
Descarga EFS PRO desde aquí.
https://mega.co.nz/#!H9pmlYZC!lLAXayPAGxiqJjwOvU9ShQ5IyeeD6_CU3cAfQR9BdKg

PASO 3: Creando la copia
Descarga y descomprime la última.
Versión de EFS Pro en una carpeta.

Conecta el móvil al PC con el cable USB, recuerda tener Ajustes > Opciones de desarrollador > Depuración de USB activada.
Abre EFS Pro y espera a que cargue.

Backup Options > Data Backup Method: Create Partition Image (*.img).
Marca "Save Backup To Device Storage (/sdcard)" y "Save Backup To PC Storage" (la guardará en el móvil y en el PC, en la carpeta donde estés ejecutando EFSPro.
Marca "Verify Partition Image MD5 Hash"
Click Backup EFS y espera a que diga "Operation Finished!". FIN.

Aqui les dejo un Video que encontré en YouTube que les muestra todo lo anterior.
link: http://www.youtube.com/watch?v=pifiDNB_0Bw

PASO 4: Restaurando la copia.

Descarga y descomprime la última versión de EFS Pro en una carpeta.
Conecta el móvil al PC con el cable USB, recuerda tener:
> Ajustes
>> Opciones de desarrollador
>>> Depuración de USB activada.

Abre EFS Pro y espera a que cargue. Darle a Device Info para verificar la conexión.

Restore Options
> Backup Data to restore
>> Elegir la imagen (.img) a restaurar

Click Restore EFS y espera a que diga "Operation Finished!". FIN.

Otra OPCION puede ser:

GSII_Repair (de Helroz): Disponible GRATIS en el Android Market.

Es simple, pero una aplicación efectiva que permite hacer COPIA y RESTAURACION de la carpeta EFS. Vamos a Save/ Restore y elegimos SAVE.

Luego vamos a Save/ Restore y elegimos Restore, si es que necesitamos restaurar la carpeta EFS.

UNIDAD DE TRABAJO X: Crear ficheros Shell-Script.

PRÁCTICA 45: Introducción a los ficheros Shell Script o ficheros de guion.

PRÁCTICA 46: Crear mis primeros Shell-Script.

```
#!/bin/bash
read a
read b
c=`expr $a \* $b`
echo $c
```

Órdenes

break, case, continue, echo, exit, for, if, read, set, sleep, test, trap, wait, while, until

Contenidos
- Estructuras básicas de un script.
- Órdenes de un Shell script.
- Primero ejemplos de ficheros de guion.
- Manejar funciones.

PRÁCTICA 45: Introducción a los ficheros Shell Script o ficheros de guion.

DESCRIPCIÓN:
Bash (y otros shells) permiten programar scripts:

Script o programa shell:
- Es un fichero de texto que contiene órdenes externas e internas.
- Se ejecutan línea por línea, secuencialmente.
- El programa puede contener, además de órdenes:
    - Variables.
    - Constructores lógicos (if...then, AND, OR, etc.) y lazos (while, for, etc.).
    - Funciones.
    - Comentarios.

Los scripts deben empezar por el número mágico #! seguido del programa a usar para interpretar el script.

    #!/bin/bash   script de bash
    #!/bin/sh   script de shell
    #!/usr/bin/perl   script de perl

Las formas usuales de ejecutar un script es.

Primero hay que darle permiso de ejecución al fichero y posteriormente ejecutarlo como una orden:
    chmod +x   pruebaShell
    ./pruebaShell
Ejecutar una shell poniendo como argumento el nombre del script (sólo necesita permiso de lectura).
    bash pruebaShell
Ejecutarlo en la shell actual.
    . PruebaShell
O bien:
    source PruebaShell

Paso de parámetros.

Es posible pasar parámetros a un scripts: los parámetros se recogen en las variables $1 a $9

Variable	Uso
$0	El nombre del script.
$1 a $9	Parámetros del 1 al 9.
${10}, ${11},...	Parámetros por encima del 10.
$#	Número de parámetros.
$*, $@	Todos los parámetros.

Entrada/salida

Es posible leer desde la entrada estándar o desde fichero usando read y redirecciones:
```
#!/bin/bash
echo -n "Escribe un valor: "
read x
echo -n "Escribe dos valor: "
read  x  y
echo "Primera palabra $x; Segunda palabra $y"
```
Si queremos leer o escribir a un fichero utilizamos redirecciones:
```
echo $a > fichero
read   a < fichero
```

Redirecciones

Las redirecciones y pipes pueden usarse en otras estructuras de control.

Analizar: tests

Los comandos que se ejecutan en un shell tienen un código de salida, que se almacena en la variable $?
- Si $? es 0 el comando terminó bien.
- Si $? es > 0 el comando terminó mal.

Podemos chequear la salida de dos comandos mediante los operadores && (AND) y || (OR) estos operadores actúan en cortocircuito:
- comando1 && comando2

El comando2 sólo se ejecuta si comando1 acaba bien.
- comando1 || comando2

El comando2 sólo se ejecuta si comando1 falla.
- comandos true y false: devuelven 0 y 1, respectivamente.

Estructura if...then...else

Podemos usar el estado de salida de uno o varios comandos para tomar decisiones:
```
if comando1
then
    ejecuta otros comandos
```

```
    elif comando2
    then
        ejecuta otros comandos
    else
        ejecuta otros comandos
    fi
```

Debe respetarse la colocación de los then, else y fi también puede escribirse if comando1 ; then el elif y el else son opcionales, no así el fi.

Comando test

Notar que if sólo chequea el código de salida de un comando, no puede usarse para comparar valores: para eso se usa el comando test
El comando test permite:
- Chequear la longitud de un string.
- Comparar dos strings o dos números.
- Chequear el tipo de un fichero.
- Chequear los permisos de un fichero.
- Combinar condiciones juntas.
- test puede usarse de dos formas:
  a) test expresión
  b) [expresión]

Si la expresión es correcta test devuelve un código de salida 0, si es falsa, devuelve 1. Este código puede usarse para tomar decisiones:

```
    if [ "$1" = "hola" ]
    then
        echo "Hola a ti también"
    else
        echo "No te digo hola"
    fi
    if [ $2 ]
    then
        echo "El segundo parámetro es $2"
    else
        echo "No hay segundo parámetro"
    fi
    En el segundo if la expresión es correcta si $2 tiene algún valor; falsa si la variable no está
    definida o contiene null ("")
```

Expresiones

Existen expresiones para chequear strings, números o ficheros.

Chequeo de strings

Expresión	Verdadero sí
string	El string es no nulo ("").
-z string	la longitud del string es 0
-n string	la longitud del string no es 0
string1 = string2	Los strings son iguales.
string1 != string2	Los strings son distintos.

Chequeo de enteros

Expresión	Verdadero sí
int1 -eq int2	Los enteros son iguales.
int1 -ne int2	Los enteros son distintos.
int1 -gt int2	int1 mayor que int2
int1 -ge int2	int1 mayor o igual que int2
int1 -lt int2	int1 menor que int2
int1 -le int2	int1 menor o igual que int2

Chequeo de ficheros

Expresión	Verdadero sí
-e file	file existe
-r file	file existe y es legible
-w file	file existe y se puede escribir.
-x file	file existe y es ejecutable.
-f file	file existe y es de tipo regular.
-d file	file existe y es un directorio.
-c file	file existe y es un dispositivo de caracteres.
-b file	file existe y es un dispositivo de bloques.
-p file	file existe y es un pipe.
-S file	file existe y es un socket.
-L file	file existe y es un enlace simbólico.
-u file	file existe y es setuid.
-g file	file existe y es setgid.
-k file	file existe y tiene activo el sticky bit.
-s file	file existe y tiene tamaño mayor que 0.

Operadores lógicos con test

Expresión	Propósito
!	Invierte el resultado de una expresión
-a	operador AND
-o	operador OR
(expr)	Agrupación de expresiones; los paréntesis tienen un significado especial para el shell, por lo que hay que *escaparlos*

Control de flujo

Además del if bash permite otras estructuras de control de flujo: case, for, while y until.

Estructura case

```
case valor in
    patrón_1)
        comandos si value = patrón_1
        comandos si value = patrón_1 ;;
    patrón_2)
        comandos si value = patrón_2 ;;
    *)
        comandos por defecto ;;
esac
```

- Si valor no coincide con ningún patrón se ejecutan los comandos después del *) esta entrada es opcional.
- El patrón puede incluir comodines y usar el símbolo | como operador OR.

Lazos for

```
for var in lista
do
    comandos
done
```

- var toma los valores de la lista.
- Puede usarse globbing para recorrer los ficheros.

Bucle while

```
while comando
do
    comandos
done
```

Se ejecuta mientras que el código de salida de comando sea cierto.

Bucle until

```
until comando
do
    comandos
done
```

Se ejecuta hasta que el código de salida de comando sea hace cierto.

break y continue

Permiten salir de un lazo (break) o saltar a la siguiente iteración (continue). La orden break permite especificar el número de lazos de los que queremos salir (break n)

Funciones

Podemos definir funciones en un script de shell:

```
funcion() {
    comandos
}
```

Y para llamarla:

```
funcion p1 p2 p3
```

Siempre tenemos que definir la función antes de llamarla:

```
#!/bin/bash
# Definición de funciones
funcion1() {
    comandos
}
funcion2() {
    comandos
}
# Programa principal
funcion1 p1 p2 p3
```

Paso de parámetros

La función referencia los parámetros pasados por posición, es decir, $1, $2, ..., y $* para la lista completa.

Después de llamar a una función, $? tiene el código se salida del último comando ejecutado: podemos ponerlo de forma explícita usando return.

```
exit 1
```

Otros comandos

```
wait
```

Permite esperar a que un proceso lanzado en background termine.

```
sort $ficherouno > $nuevofichero &
```

Ejecuta comandos

```
wait
```

Usa $nuevofichero

Si lanzamos varios procesos en background podemos usar $!

```
$! devuelve el PID del último proceso lanzado
sort $largefile1 > $newfile1 &
SortPID1=$!
sort $largefile2 > $newfile2 &
SortPID2=$!
ejecuta comandos
wait $SortPID1
usa $newfile1
wait $SortPID2
usa $newfile2
```

trap

Permite atrapar las señales del sistema operativo. Permite hacer que el programa termine limpiamente (p.e. borrando ficheros temporales, etc.) aún en el evento de un error.

prac01.sh
```
#!/bin/bash
# capturar la interrupción # 2 (SIGINT)
trap '' 2
# lectura de teclado espera 50 segundos  sino CTRL+C
read -t 30 -p  "Se esperan 50 segundos y puede pulsar CTRL+C para salir..."
```

PRÁCTICA 46: Crear mis primeros Shell-Script.
DESCRIPCIÓN:
PASO 1: Script básicos.

a) Visualizar el mensaje de salida hola sin tabuladores y sin espacios.

eje001.sh
```
#!/bin/bash
echo -e     hola
echo "      Hola"
```

b) Ejecutar en Segundo plano el ejercicio, establecer tiempo de retardo de 400 milisegundos, comprobar los trabajos como se ejecutan en segundo plano y se repite la ejecución de eje001.sh en segundo plano y se lanza un retardo de 500 milisegundos y visualizar los procesos en ejecución.

eje002.sh
```
#!/bin/bash
clear
./eje001.sh &
sleep 400 &
jobs
./eje001.sh &
sleep 500 &
jobs
```

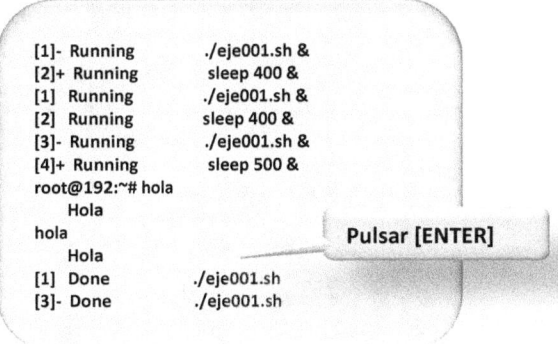

c) Ejecutar en Segundo plano un retardo de tiempo de 500 segundos.

eje003.sh
```
#!/bin/bash
sleep 500 &
```

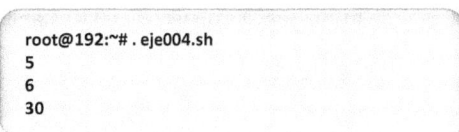

d) Lee desde teclado un valor para la variable a, otro valor para la variable b, y realiza la expresión de multiplicación *, el resultado lo asigna a la variable c, se visualiza el resultado de la variable.

eje004.sh
```
#!/bin/bash
read a
read b
c=`expr $a \* $b`
echo $c
```

```
root@192:~# . eje004.sh
5
6
30
```

e) Lee desde teclado un valor para la variable a, otro valor para la variable b, y realiza la expresión de división, el resultado lo asigna a la variable c, se visualiza el resultado de la variable.

eje005.sh
```
#!/bin/bash
read a
read b
c=`expr $a / $b`
echo El resultado de dividir $a / $b = $c
```

```
root@192:~# . eje005.sh
10
5
El resultado de dividir 10 / 5 = 2
```

f) Se especifica el tipo de Shell que se va a utilizar, se borra la pantalla y visualizar la configuración del interfaz wifi y direccionarlo al fichero red.txt, se visualiza la configuración de dispositivos de red al fichero ya creado red.txt, visualizar el contenido del directorio raíz y depositar el resultado en el fichero de resultado.txt. Visualizar el contenido de los ficheros red.txt y resultado.txt y mostrar el mensaje en la consola o pantalla y redireccionar su contenido al fichero fin.txt.

eje006.sh
```
#!/bin/bash
clear
iwfi > red.txt
ifconfig >> red.txt
ls / > resultado.txt
cat red.txt
cat resultado.txt
cat red.txt resultado.txt > fin.txt
```

```
eth0      no wireless extensions.

eth1      no wireless extensions.

lo        no wireless extensions.

eth0: flags=4163<UP,BROADCAST,RUNNING,MULTICAST>  mtu 1500
        inet 192.168.2.80  netmask 255.255.255.0  broadcast 192.168.2.255
        inet6 fe80::a00:27ff:feb2:6dfb  prefixlen 64  scopeid 0x20<link>
        ether 08:00:27:b2:6d:fb  txqueuelen 1000  (Ethernet)
        RX packets 223490  bytes 228643005 (218.0 MiB)
        RX errors 0  dropped 0  overruns 0  frame 0
        TX packets 163062  bytes 18057585 (17.2 MiB)
        TX errors 0  dropped 0 overruns 0  carrier 0  collisions 0

lo: flags=73<UP,LOOPBACK,RUNNING>  mtu 65536
        inet 127.0.0.1  netmask 255.0.0.0
        inet6 ::1  prefixlen 128  scopeid 0x10<host>
        loop  txqueuelen 0  (Local Loopback)
        RX packets 11  bytes 644 (644.0 B)
        RX errors 0  dropped 0  overruns 0  frame 0
        TX packets 11  bytes 644 (644.0 B)
        TX errors 0  dropped 0 overruns 0  carrier 0  collisions 0

bin
boot
dev
etc
home
lib
lib64
lost+found
media
mnt
opt
proc
root
run
sbin
srv
sys
tmp
usr
var
```

g) Borrar la pantalla y visualizer en consola el contenido del fichero /etc/passwd agregar de forma sencilla un usuario00 y establecer el password.

eje007.sh
```
#!/bin/bash
clear
cat /etc/passwd
useradd usuario00
passwd usuario00
```

root:x:0:0::/root:/bin/bash
bin:x:1:1:bin:/bin/bin/false
games:x:12:100:games:/usr/games:/bin/false
....
Changing password for usuario01
Enter the new password (minimum of 5 characters)
Please use a combination of upper and lower case letters and numbers.
New password:
Re-enter new password:
passwd: password changed.

h) Visualizar el mensaje de introduce el nombre completo. Lee tres cadenas una en cada variable, (se considera que cada espacio el valor introducido o cadena forma parte de la siguiente variable). Posteriormente se visualiza el contenido de cada variable, comenzando por el primer apellido ($AP1), segunda variable ($AP2) y el nombre ($NOMBRE).

eje008.sh
```
#!/bin/bash
echo Introduce tu nombre completo
read NOMBRE AP1 AP2
echo Su nombre es $AP1 $AP2, $NOMBRE
```

root@192:~# . eje008.sh
Introduce tu nombre completo
BALDOMERO SANCHEZ PEREZ
Su nombre es SANCHEZ PEREZ. BALDOMERO

PASO 2: Condiciones simples y compuestos.

a) Lee por teclado el nombre de un fichero y comprueba si existe en el directorio y muestra un mensaje si existe o no.

eje009.sh
```
#!/bin/bash -x
clear
echo -n "Dame el nombre de un fichero : "
read lee
if  test -f $lee
       then
            echo existe el fichero.
       else
```

Dame el nombre de un fichero : eje008.sh
existe el fichero.

```
            echo no existe.
    fi
```
b) Ejecutar el Shell script utilizando bash y pasando un parámetro que reemplazable.

eje010.sh
```
#!/bin/bash
clear
if [ $# -eq 0 ]
   then
      echo "Error: Falta el parámetro"
      exit
fi
```

> Error: Falta el parámetro
> root@192:~#

c) Comprueba si se ha pasado un parámetro sino nos da un mensaje y sale del fichero Shell. Si se ha pasado un parámetro numérico comprueba si es igual a cero muestra un mensaje y si es distinto de cero muestra un mensaje.

eje011.sh
```
#!/bin/bash
if [ $# -eq 0 ]
    then
        echo  "Error: Falta el parámetro"
        exit
fi
if [ $1 = "0" ]
   then
      echo "Cierto: el parámetro es 0."
   else
      echo "Falso: el parámetro no es 0."
fi
```

> root@192:~# . eje010.sh
> Falso: el parámetro no es 0.
> root@192:~# . eje010.sh 0
> Cierto: el parámetro es 0.
> root@192:~# . eje010.sh 88
> Falso: el parámetro no es 0.

d) Se utiliza un shell diferentes ksh, con dos funciones y en el programa principal echo Comienzo, se analiza que el primer parámetro si el valor es uno, se llama a la función uno, si es otro valor o no se pasa el valor se llama a la función dos. Se definen las funciones de las dos formas con () ó function nombre_funcion.

eje012.sh
```
#!/usr/bin/ksh
uno()
{
       Echo  El valor es uno.
       exit 0
}

function dos
{
       echo El valor es dos.
       exit 0
}

echo  Comienzo
if [[ $1 = uno ]] ; then
        uno
        echo Salida de la función
uno.
else
        dos
        echo Salida de la función dos.
fi
```

> root@192:~# . eje012.sh dos
> Comienzo
> El valor es uno.
> Salida de la funcion uno.
> root@192:~# . eje012.sh dos
> Comienzo
> El valor es dos.
> Salida de la funcion dos.
> root@192:~# . eje012.sh
> Comienzo
> El valor es dos.
> Salida de la funcion dos.

> exit [número]
> número   Está comprendido entre 0-256, el valor por defecto es 0.
>   0   El comando se ejecutó correctamente.
>   1-256 Valores reservados.

```
                    exit 0
```

e) Se llama al fichero eje013 con dos parámetros **aquí estoy** se analizan los valores pasados, pero el primero y luego el segundo en cascada y en una doble comparación utilizado el operadores relaciones. Posteriormente se lista el contenido del directorio raíz.

```
eje013.sh
#!/bin/bash
clear
if   test $1 =  "aqui"
    then
            if  test $2 =  "estoy"
                then
                        echo "correcto"
                else
                        echo "incorrecto el segundo"
            fi
    else
            echo "incorrecto el primero"
fi

if   test  $1 =  "aqui"    &&    [ $2 =  "estoy" ]
    then
            echo "correcto"
    else
            echo "incorrecto"
fi

for i in $( ls / ); do
        echo $i
done
```

```
root@192:~# . eje013.sh  aquí estoy
correcto
correcto
bin/
boot/
dev/
etc/
home/
lib/
lib64/
lost+found/
media/
mnt/
opt/
proc/
root/
run/
sbin/
srv/
sys/
tmp/
usr/
```

f) Se introduce un valor entre 1 y 4 se analiza el valor con una condición multiple, además de analiza el efecto de retorno de carro echo –n, y el final de la condición con ;; y con ;& que continua con el análisis del siguiente valor al analizado.

```
eje014.sh
#!/bin/bash
clear
echo  -n Introduce un valor entre 1 y 4 :
read NUM
echo  -n   El valor introducido es :
case $NUM in
        1)echo 1;&
        2)echo 2;;
        3)echo 3;&
        4)echo 4;;
esac
```

```
root@192:~# . eje014.sh
Introduce un valor entre 1 y 4 :3
El valor introducido es :3
4
root@192:~# . eje014.sh
Introduce un valor entre 1 y 4 :2
El valor introducido es :2
```

PASO 3: Manejar bucles básicos.

a) Definir una variable de contador e inicializarla a CERO, crear un contador while que compruebe si la variable CONTADOR es menor o igual a 10000, cuando tenga el valor sale y vuelve a escribir el valor de salida del bucle de la varialbe CONTADOR.

```
eje015.sh
#!/bin/bash
CONTADOR=0
while [ $CONTADOR -lt 10000 ]; do
        let CONTADOR=CONTADOR+1
        echo $CONTADOR
done
echo   $CONTADOR
```

```
9991
9992
9993
9994
9995
9996
9997
9998
9999
10000
```

b) Se piden dos operandos para realizar la suma sucesiva del segundo operando el número de veces que indica el primer operando, se comprueba si el número de veces a sumar es distinto de 0, si es distinto de CERO se termina el script, sino se definen dos variables una para la suma y otra que indica el primer operando la potencia del segundo operando y se realiza utilizando un bucle for desde 0 hasta el número del primer operando, con un incremento de uno en uno.

```
eje016.sh
#!/bin/bash
clear
```

```
Escribe el primer operando
5
Escribe el segundo operando
4
el producto es: 20
```

```
echo Escribe el primer operando
read A
echo Escribe el segundo operando
read B
if [ $A -le 0 ]; then
     echo Los dos operandos deben ser mayores a cero
        exit
fi
SUMA=0
PROD=0
for (( C=0; C<A; C++ )); do
          SUMA=`expr $SUMA + $B`
          PROD=`expr $PROD \* $B`
done
echo el producto es: $SUMA
echo el producto es: $PROD
```

c) Crear cinco directorios desde el 20 al 24 y posteriormente borrarlos de forma interactiva preguntado si se desea borrar uno a uno.

eje017.sh
```
#!/bin/bash
clear
for (( i=0; i<=4; i++ )) do
        mkdir 2$i
done
for (( i=0; i<=4; i++ )) do
        rm -rid 2$i
done
```

```
rm: remove directory '20'? y
rm: remove directory '21'? y
rm: remove directory '22'? y
rm: remove directory '23'? y
rm: remove directory '24'? y
```

d) Visualizar el nombre de todos los ficheros que se encuentran en el directorio actual.

eje018.sh
```
#!/bin/bash
clear
for i in *
do
   echo $i
done
```

```
eje001.sh
eje002.sh
eje004.sh
eje005.sh
eje006.sh
eje007.sh
eje008.sh
eje009.sh
eje010.sh
eje012.sh
eje012.sh.save
eje013.sh
eje014.sh
eje015.sh
eje016.sh
eje017.sh
eje017.sh.save
eje018.sh
```

e) Crear un Contador decreciente desde 15 a 10, utilizando el Contador **until**.

eje019.sh
```
#!/bin/bash
CONTADOR=15
until [ $CONTADOR -lt 10 ]; do
          echo CONTADOR $CONTADOR
          let CONTADOR-=1
done
```

```
root@192:~# . eje019.sh
CONTADOR 15
CONTADOR 14
CONTADOR 13
CONTADOR 12
CONTADOR 11
CONTADOR 10
```

g) Crear un Contador creciente con la indicación de la secuencia y dónde comienza la secuencia 1 y finaliza en 10.

eje020.sh
```
#!/bin/bash
clear
for i in `seq 1 10`;
do
        echo $i
done
```

```
root@192:~# . eje020.sh
1
2
3
4
5
6
7
8
9
10
```

PASO 4: Shell script más complejos.

a) Visualizar el contenido de los ficheros /etc/passwd por la primera columna y de forma ordenada y después visualizar el contenido del fichero /etc/group por la primera columna y de forma ordenada.

eje021.sh
```
#!/bin/bash
clear
echo Visualizar el nombre los usuarios dados de alta.
echo ----------------------------------------------
echo
read
cat /etc/passwd |cut  -d: -f 1 >usuarios
sort usuarios >ordenaUser
more ordenaUser
echo -n pulse una tecla para continuar
read
clear
echo Visualizar los nombres de los grupos de usuarios.
echo .................................................
read
cat /etc/group |cut -d: -f 1 > grupo
sort grupo > ordenaGrupo
more ordenaGrupo
```

Resultado:

Visualizar el nombre los usuarios dados de alta.
----

adm
alumno020
amigo
apache
bin
daemon
ftp
games
gdm
haldaemon
halt
lp
mail
messagebus
mysql
news
nobody
operator
oprofile
pop
root
rpc
shutdown
smmsp
sshd
sync
usuario00
usuario01
uucp
pulse una tecla para continuar
Visualizar los nombres de los grupos de usuarios.
....

adm
apache
audio
bin
cdrom

console
daemon
dialout
disk
floppy
ftp
games
gdm
haldaemon
kmem
lp
mail
man
mem
messagebus
mysql
netdev
news
nobody
nogroup
oprofile
plugdev
pop
power
root
rpc
scanner
shadow
slocate
smmsp
sshd
sys
tape
tty
users
usuario00
usuario01
utmp
uucp
video
wheel

b) Se crea el fichero por lotes utilizando cuatro funciones. Cada función va a analizar el contenido de los ficheros de claves de usuarios y el de grupos /etc/shadow y /etc/group, se visualizan y luego se extrae de la primera o de la primera y la tercera columna o de la segunda columna el valor del campo y se direcciona a un fichero grupo, que se ordenará y se direcciona a otro fichero ordenuser y posteriormente se visualiza pantalla a pantalla, se muestra un mensaje de ENTER para continuar, y se lee cualquier valor más ENTER, se retorna al menú principal.

En veruser se utiliza un bucle que analiza el resultado y se analiza el valor de la variable j utilizando condiciones.

eje022.sh
```
#!/bin/bash -x
function grupo(){
        cat /etc/group |cut -d: -f1 >grupo
        sort grupo >ordenagrupo
        more ordenagrupo
        echo pulsa ENTER para continuar
        read
}
function grupodispo(){
        cat /etc/group |cut -d: -f1,3 >grupo
        sort grupo >ordenagrupo
        more ordenagrupo
        echo pulsa ENTER para continuar
        read
}
function grupouser(){
        cat /etc/group |cut -d: -f1,3 >grupo
        sort grupo >ordenagrupo
        more ordenagrupo
        echo pulsa ENTER para continuar
        read
}
function vergrupo(){
        for j in `cat /etc/group|cut -d: -f3`
          do
            if [ $j -ge 100 ]
            then
                echo   valor $j
                cat /etc/group |egrep -a $j |cut -d: -f1,3 >>salida
            fi
          done
          more salida
          echo -n "Pulsa ENTER para continuar"
          read
}
control=9
while [ $control != 0 ]
do
   clear
   echo
   echo                   Menu de seleccion
   echo                   -----------------
   echo
   echo
   echo                   1. Ver grupos
   echo
   echo                   2. Ver nombre y numero de grupo de dispositivos
   echo
   echo                   3. Ver grupos de usuarios.
   echo
   echo                   4. Ver los ficheros de grupos
   echo
   echo
   echo                   0. Salir
   echo
   echo -n "               Elija una opcion [1..0]"
   read control
   case $control in
        1) grupo
        ;;
        2) grupodispo
        ;;
        3) grupouser
        ;;
        4) vergrupo
        ;;
   esac
done
```

```
Menu de seleccion
-----------------

1. Ver grupos

2. Ver nombre y numero de grupo de dispositivos

3. Ver grupos de usuarios.

4. Ver los ficheros de grupos

0. Salir
                        Elija una opcion [1..0]
```

Elije la opción 1
utmp
uucp
video
wheel
pulsa ENTER para continuar

Elige la opción 2
utmp:22
uucp:14
video:18
wheel:10
pulsa ENTER para continuar

Elige la opción 3
......
usuario00:1801
usuario01:1802
utmp:22
uucp:14
video:18
wheel:10
pulsa ENTER para continuar

Elige la opción 4
valor 100
valor 101
valor 1801
valor 1802
users:100
console:101
users:100
console:101
usuario00:1801
usuario01:1802
users:100

c) Se crea el fichero por lotes utilizando cuatro funciones. Cada función va a analizar el contenido de los ficheros de claves de usuarios y el de usuarios /etc/shadow y /etc/passwd, se visualizan y luego se extrae de la primera o de la primera y segunda columna o de la segunda columna el valor del campo y se direcciona a un fichero usuario, usuario1, saluser, que se ordenará y se direcciona a otro fichero ordenuser y posteriormente se visualiza pantalla a pantalla, se muestra un mensaje de ENTER para continuar, y se lee cualquier valor más ENTER, se retorna al menú principal.

En veruser se utiliza un bucle que analiza el resultado y se analiza el valor de la variable j utilizando condiciones.

eje023.sh
```
#!/bin/bash
function user(){
        cat /etc/passwd |cut -d: -f1 >usuario
        sort usuario >ordenuser
        more ordenuser
        echo pulsa ENTER para continuar
        read
}
function userdispo(){
        cat /etc/passwd |cut -d: -f1,2 >usuario1
        sort usuario1 >ordenuser
        more ordenuser
        echo pulsa ENTER para continuar
        read
}
function useruser(){
        cat /etc/shadow |cut -d: -f1,2 >saluser
        sort saluser >ordenuser
        more ordenuser
        echo pulsa ENTER para continuar
        read
}
function veruser(){
    for j in `cat /etc/shadow|cut -d: -f2`
      do
        if [ $j -ne "**" || $j -ne "!!" ]
        then
             echo ninguna
        else
            echo valor $j
            cat /etc/shadow |egrep -a $j |cut -d:  -f2 >salida
        fi
      done
      more salida
      echo -n "Pulsa ENTER para continuar"
      read
}
control=9
while [ $control != 0 ]
do
   clear
   echo
   echo                  Menu de seleccion
   echo                  ----------------
   echo
   echo
   echo                  1. Ver grupos
   echo
   echo                  2. Ver nombre y numero de grupo de dispositivos
   echo
   echo                  3. Ver grupos de usuarios.
   echo
   echo                  4. Ver los ficheros de grupos
   echo
   echo
   echo                  0. Salir
   echo
   echo -n "              Elija una opcion [1..0]"
   read control
   case $control in
         1) user
         ;;
         2) userdispo
         ;;
         3) useruser
         ;;
         4) veruser
         ;;
```

```
Menu de seleccion
-----------------

1. Ver grupos

2. Ver nombre y numero de grupo de dispositivos

3. Ver grupos de usuarios.

4. Ver los ficheros de grupos

0. Salir

        Elija una opcion [1..0]
```

```
              Elige la opción 1
......
usuario01
utmp
uucp
video
wheel
pulsa ENTER para continuar
```

```
              Elige la opción 2
......
utmp:22
uucp:14
video:18
wheel:10
pulsa ENTER para continuar
```

```
              Elige la opción 3
......
smmsp:*
sshd:*
sync:*
usuario00:$5$QbSRE/IG$XMkiDA6aBoaZTA3oOFP1Z2L.6
SiOCliDXPtrGI8qIf9
usuario01:$5$.dAoX5YJbC/tWf$TdLzTYcwe.pF23vjqYRQ
mfAFxs3buLtS4yRlE1o6jH/
uucp:*
pulsa ENTER para continuar
```

```
              Elige la opción 4
 -bash:
$5$D03wu/szboW/a2y$Ez1pX/2Fy06XYLfiQ239u4x4A
7Zpcv3BxjAtAKrIP93: No such file or directory
 -bash:
$5$D03wu/szboW/a2y$Ez1pX/2Fy06XYLfiQ239u4x4A
7Zpcv3BxjAtAKrIP93: No such file or directory
valor
$5$D03wu/szboW/a2y$Ez1pX/2Fy06XYLfiQ239u4x4A
7Zpcv3BxjAtAKrIP93
-bash: =: command not found
-bash: =: command not found
valor =
-bash: adios.txt: command not fo
........
uucp
video
wheel
pulsa ENTER para continuar
```

```
    esac
done
```

d) Se llama a la función clave, que realiza un for dentro de otro for. El primer for extrae el nombre del usuario y el segundo recorre el fichero de claves de usuario, para comprobar si se encuentra con el mismo nombre y no visualiza equ el nombre del usuario definido en /etc/passwd es igual al definido en /etc/shadow.

eje024.sh
```
#!/bin/bash
clear
function clave(){
        for i in `cat /etc/passwd|cut -d: -f1`
        do
            for j in `cat /etc/shadow|cut -d: -f1`
              do
                if [ $i = $j ]
                  then
                     echo "son iguales $i  =  $j"
                  fi
              done
        done
}
clave
```

```
son iguales root = root
son iguales bin = bin
son iguales daemon = daemon
son iguales adm = adm
son iguales lp = lp
son iguales sync = sync
son iguales shutdown = shutdown
son iguales halt = halt
son iguales mail = mail
son iguales news = news
son iguales uucp = uucp
son iguales operator = operator
son iguales games = games
son iguales ftp = ftp
son iguales smmsp = smmsp
son iguales mysql = mysql
son iguales rpc = rpc
son iguales sshd = sshd
son iguales gdm = gdm
son iguales oprofile = oprofile
son iguales apache = apache
son iguales messagebus = messagebus
son iguales haldaemon = haldaemon
son iguales pop = pop
son iguales nobody = nobody
son iguales amigo = amigo
son iguales alumno020 = alumno020
son iguales usuario00 = usuario00
```

e) Este fichero lee el año actual de la fecha del Sistema fragmentando en columnas los valores de date utilizando como limitador de campo un espacio " ". Lee de teclado una fecha y realiza la expresión de resta entre la fecha actual y la fecha de nacimiento, se ejecuta en la comparación si el valor de la expresión es mayor o igual que 18 entonces "Eres mayor de Edad,…", sino "Eres menor de Edad,…".

eje025.sh
```
#!/bin/bash
FECHA=`date | cut -d " " -f 7`

echo -n ¿En que año naciste?
read A1

RES=`expr $FECHA - $A1`

if [ "$RES" -ge "18" ] ; then
        echo Eres mayor de Edad, tienes $RES años, puedes pasar.
else
        echo Eres un chavalin, tienes $RES años, no puedes pasar.
fi
echo Contesta el portero del CAMELOT.
```

```
root@192:~# . eje025.sh
¿En que año naciste?1990
Eres mayor de Edad, tienes 25 años, puedes pasar.
Contesta el portero del CAMELOT.
root@192:~# . eje025.sh
¿En que año naciste?2001
Eres un chavalin, tienes 14 años, no puedes pasar.
Contesta el portero del CAMELOT.
```

f) Lee desde teclado un número de usuarios que pueden estar conectados y se procede a entrar en un bucle en el que se establece el número de usuarios que se encuentran conectados, primero se extrae el número de conexiones con **who**, y posteriormente se cuentas el número de líneas que ha dado de salida el comando who. Se comprueba si el número de conexiones sea igual o mayor que la variable $AVISO, este comando hasta que el número de conexiones sea mayor o igual a 2 segundos.
El último comando echo visualiza un mensaje que si da error se envía al dispositivo nulo /dev/null, esta orden se ejecuta en segundo plano.

eje026.sh
```
#!/bin/bash

read -p "¿Con cuantos usuarios te aviso?: " AVISO
NUMUSER=-1
until [ $NUMUSER -ge $AVISO ]; do
        NUMUSER=$(who | wc -l)
        sleep 2s
        echo Hay $NUMUSER usuarios ahora mismo.
done
echo  Conectados $NUMUSER usuarios 2> /dev/null &
```

```
¿Con cuantos usuarios te aviso?: 3

Hay 2 usuarios ahora mismo.
Hay 2 usuarios ahora mismo.
Hay 2 usuarios ahora mismo.
Hay 2 usuarios ahora mismo.
Hay 2 usuarios ahora mismo.
Hay 2 usuarios ahora mismo.
Hay 2 usuarios ahora mismo.
Hay 3 usuarios ahora mismo.
root@192:~# Conectados 3 usuarios
```

g) Lee la fecha del sistema y se divide por 4 si el resultado es 0 es año olímpico sino no es año olímpico.

```
eje027.sh
#!/bin/bash

if [ `expr $(date +%Y) % 4` -eq 0 ]; then
        echo $(date +%Y) es año olimpico
else
        echo $(date +%Y) no es año olimpico
fi
```

```
root@192:~# . eje027.sh
2015 no es año olimpico
```

h) Asignar a una variable el código de identificación del proceso sshd, y posteriormente matar el proceso, enviando el mensaje de ejecución kill a un dispositivo nulo, si se produce un error STDERR (2) el mensaje se envía STDOUT (1), que es la consola. Se analiza el código de error o éxito de kill (si es 0), el comando anterior se ejecutó correctamente.

```
eje028.sh
#!/bin/bash

KILL="$( ps aux | grep -e sshd$ | grep -v "grep" | grep -v "ps aux" | tr -s " " | cut -d " " -f 2)"
kill -9 $KILL > /dev/null 2>&1

if [ "$?" -eq 0 ]; then
        echo "Procesos aniquilados correctamente"
else
        echo "No se han podido matar los procesos"
fi
```

```
root@192:~# . eje028.sh
Procesos aniquilados correctamente
```

i) Analiza los parámetros reemplazadas pasados al eje029.sh, si se han pasado el primero se asigna a la variable NOMUSU, sino se han pasado parámetros solicita desde teclado el nombre de un usuario, que se va a buscar dentro del fichero /etc/passwd, utilizando el separador : y la columna 2, si es nulo el resultado el usuario no existe sino se muestra el nombre de usuario definido en el sistema.

```
eje029.sh
#!/bin/bash

if [ "$#" -ne 0 ]; then
        NOMUSU="$1"
else
        read -p "Dime el nombre del usuario: " NOMUSU
fi

NUMUSU="$(cat /etc/passwd | cut -d : -f 1,3 | grep ^"$NOMUSU:" | cut -d : -f 2)"

if [ "$NUMUSU" = "" ]; then
        echo "El usuario $NOMUSU no existe"
else
        echo "El usuario $NOMUSU existe, y su numero de usuario es $NUMUSU"
fi
```

```
root@192:~# . eje029.sh
Dime el nombre del usuario: root
El usuario root existe, y su numero de usuario es 0
root@192:~# . eje029.sh daemon
El usuario daemon existe, y su numero de usuario es 2
```

j) Se asigna el correo a una variable EMAIL, el ASUNTO una cadena, se buscan para ver si existe más de 120 procesos abiertos y se sale del bucle, creando un mensaje que se enviará por email a la cuenta del usuario dentro del sistema.

```
eje030.sh
#!/bin/bash
clear
EMAIL=baldosan@hostpropio.com
ASUNTO="ALERTA DE CARGA DEL SISTEMA"

until [ $(expr $(ps aux | wc -l) - 1) -ge 120 ]; do
        sleep 2000s
done
    echo "SE ESTAN EJECUTANDO $(expr $(ps aux | wc -l) - 1) PROCESOS" > /tmp/mensaje.txt
    echo "EQUIPO: $(hostname)" >> /tmp/mensaje.txt
    echo "FECHA: $(date)" >> /tmp/mensaje.txt
    mail -s "$ASUNTO" $EMAIL < /tmp/mensaje.txt
```

```
root@192:~# sleep 1000s &
[34] 8330
root@192:~# ps aux | wc -l
133
root@192:~# . eje030.sh
```

ANEXOS

- *Resumen de comandos y archivos de administración de usuarios en Linux.*
- *El proceso de arranque en Linux.*
- *Prueba final de adquisición de conocimientos.*
- *BiblioWeb.*
- *Recopilación de algunos de los comandos Linux más usados.*
- *Acrónimos.*

Resumen de comandos y archivos de administración de usuarios en Linux.

DESCRIPCIÓN:

Existen varios comandos más que se usan muy poco en la administración de usuarios, que sin embargo permiten administrar aún más a detalle a tus usuarios de Linux. Algunos de estos comandos permiten hacer lo mismo que los comandos previamente vistos, solo que de otra manera, y otros como 'chpasswd' y 'newusers' resultan muy útiles y prácticos cuando de dar de alta a múltiples usuarios se trata.

A continuación te presento un resumen de los comandos y archivos vistos en este tutorial más otros que un poco de investigación.

Comandos de administración y control de usuarios	
adduser	Ver useradd
chage	Permite cambiar o establecer parámetros de las fechas de control de la contraseña.
chpasswd	Actualiza o establece contraseñas en modo batch, múltiples usuarios a la vez. (se usa junto con newusers)
id	Muestra la identidad del usuario (UID) y los grupos a los que pertenece.
gpasswd	Administra las contraseñas de grupos (/etc/group y /etc/gshadow).
groupadd	Añade grupos al sistema (/etc/group).
groupdel	Elimina grupos del sistema.
groupmod	Modifica grupos del sistema.
groups	Muestra los grupos a los que pertenece el usuario.
newusers	Actualiza o crea usuarios en modo batch, múltiples usuarios a la vez. (se usa junto chpasswd)
pwconv	Establece la protección shadow (/etc/shadow) al archivo /etc/passwd.
pwunconv	Elimina la protección shadow (/etc/shadow) al archivo /etc/passwd.
useradd	Añade usuarios al sistema (/etc/passwd).
userdel	Elimina usuarios del sistema.
usermod	Modifica usuarios.

Archivos de administración y control de usuarios	
.bash_logout	Se ejecuta cuando el usuario abandona la sesión.
.bash_profile	Se ejecuta cuando el usuario inicia la sesión.
.bashrc	Se ejecuta cuando el usuario inicia la sesión.
/etc/group	Usuarios y sus grupos.
/etc/gshadow	Contraseñas encriptadas de los grupos.
/etc/login.defs	Variables que controlan los aspectos de la creación de usuarios.
/etc/passwd	Usuarios del sistema.
/etc/shadow	Contraseñas encriptadas y control de fechas de usuarios del sistema.
/etc/inittab	Este archivo define estos puntos importantes para el proceso init.
/etc/fstab	Lista de discos y particiones disponibles, se indica como montar cada dispositivo y qué configuración utilizar.
/etc/mtab	Contiene un l istado de los sistemas de archivos actualmente montados.
/etc/resolv.conf	Contiene las direcciones IP de los servidores de nombres (DNS name resolvers) que tratarán de traducir los nombres a direcciones para cualquier nodo disponible de la red.
/etc/newtworks/interfaces	Dar a su tarjeta de red una dirección IP (o usar dhcp), establecer la información de enrutamiento, configurar el enmascaramiento IP, poner las rutas por defecto.
/etc/hostname	Almacena el nombre principal de un equipo.
/etc/apt/sources.list	Listan las "fuentes" o "repositorios" disponibles de los paquetes de software candidatos a ser: actualizados, instalados, removidos, buscados, sujetos a comparación de versiones, etc.
/proc/meminfo	Contiene la información de la memoria RAM.
/proc/cpuinfo	Muestra toda la información de nuestro procesador y en el caso de ser de doble núcleo, aparece como si fueran dos.
/etc/inittab	Cambiar los niveles de ejecución.
/var/run/utmp	Registra los usuarios conectados con el sistema en tiempo real.
/var/log/wtmp	Contiene las estructuras de ciertos ficheros log como lastlog.
/etc/shells	Listado de intérpretes de comandos admitidos.
/etc/tercamp	La base de datos de capacidades del terminal.
/etc/motd	Contiene el mensaje del día, que se emite automáticamente tras iniciar una sesión con éxito en el servidor ftp.

El Proceso de Arranque en Linux

Una de las cosas que siempre me llamó la atención fue el cómo se da **el proceso de arranque del sistema operativo Linux**. Porque si te pones a observar, **Linux** en este sentido es muy transparente, puedes ver un montón de letras que se van sucediendo en la pantalla cuando arrancas el ordenador. A diferencia de **Linux**, el Windows esconde todo ese proceso y solamente vemos una imagen y nada más. Claro que hay distribuciones **Linux** que ocultan al usuario todo ese proceso y nos muestra solamente una barra que se va cargando, como es el caso de Ubuntu.

Veamos qué pasa cuando encendemos nuestro ordenador y arranca nuestro Linux:

Proceso de arranque de Linux.
1. BIOS.
2. MBR.
3. Gestor de arranque (GRUB).
    3.1. Cargador de arranque básico.
    3.2. Cargador de arranque de segunda etapa.
4. El kernel.
5. Programa init.
6. Servicios extras.
    6.1. Listado de dispostitivos.
    6.2. Configurar el ratón.

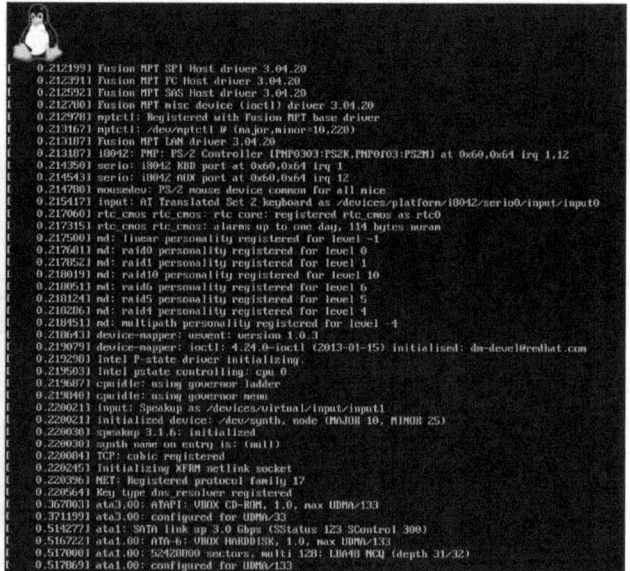

1. La BIOS.

Este proceso es común en todos los equipos, así que ya sea un arranque con Linux o con otro sistema operativo este **PASO** será común para todos ellos. El BIOS (Basic Input Output System) es el sistema básico de entrada/salida que manipula el proceso de arranque inicial de un ordenador. El código de este programa se encuentra almacenado en una memoria Flash (antiguamente se usaban memorias ROM) que se encuentra instalada en la placa base del ordenador, que puede ser reescrita, y esto permite que se puedan actualizar fácilmente. Además el BIOS se apoya de otra memoria, del tipo CMOS (Complementary Metal-Oxide Semiconductor – Semiconductor de óxido-metal complementario) en ella se cargan y guardan los valores que necesita y que son susceptible de ser modificados (Hora del Sistema, Número de discos duros, secuencia de arranque o inicialización de los dispositivos, configuración de puertos, ...).

El proceso de arranque de un ordenador comienza al pulsar el botón de encendido de nuestro equipo otro caso sería utilizar el arranque mediante el sistema Wake On Lan (WOL) integrado en nuestra tarjeta Ethernet. Al activar el mecanismo del pulsador o el envío de una señal WOL se manda una señal eléctrica que indica a la placa base que comienza con el proceso de arranque. El primer **PASO** será enviar la señal (PS_ON#) para que arranque la fuente de alimentación, una vez se estabiliza la tensión de la fuente, se envía la señal de (PWR_OK) y posteriormente se realizara la carga del programa BIOS almacenado en nuestra placa base.

Antes de finalizar la secuencia POST se comprueba si se ha pulsado la tecla Supr o F2 (generalmente) para finalizar la carga del POST o en caso de que se haya pulsado para iniciar el programa de configuración de los parámetros del BIOS. Finalmente, se comprueba ordenadamente (según la secuencia de arranque) entre todos los dispositivos de almacenamiento, un registro de arranque valido conocido como Registro Maestro de Arranque MBR (Master Boot Record).

2. MBR (Master Boot Record).

El MBR es el primer sector de un dispositivo de almacenamiento (Discos duros, DVD,...) concretamente en el (cilindro 0, cabeza 0, sector 1), el tamaño de este sector es de 512 bytes. Se comprueba si existe un código firmado -valido- con 55H, AAH en los bytes 511 y 512. Se carga las instrucciones de código máquina para arrancar el equipo. En este caso se carga el código modificado por gestor de arranque en memoria, el cual toma el control del arranque y empieza la carga del sistema.

3. Gestor de arranque (GRUB).

Dependiendo de la arquitectura el proceso de carga del sistema operativo diferirá ligeramente. Las reseñas explicativas del presente documento están testadas sobre sistemas Debian.

3.1. Cargador de arranque básico.

Un cargador de arranque es un programa sencillo que realiza las funciones básicas para poder cargar el sistema operativo. En los ordenadores modernos, normalmente se subdividen en cargadores de varias etapas. El proceso de arranque comienza con la CPU ejecutando los programas contenidos en la memoria ROM en una dirección predefinida (se configura la CPU para ejecutar este programa, sin ayuda externa, al encender el ordenador). La primera etapa del gestor de arranque, (un código máquina pequeño) normalmente se encuentra alojada en el MBR, **y es ésta la que se encarga de cargar el resto del gestor de arranque en memoria.**

3.2. Cargador de arranque de segunda etapa.

Luego se le da **PASO** a los cargadores de segunda etapa, como ejemplo tenemos LILO (más antiguo), GRUB, SILO, NTLDR, SYSLINUX que son los más usados, entre los usuarios de sistemas operativos GNU/Linux. Son programadas que están limitados en cuanto a operatividad y diseñados exclusivamente para preparar todos los recursos que el sistema operativo necesita para poder funcionar correctamente.

El gestor de arranque por defecto suele ser GRUB, tiene la ventaja de leer particiones ext2 y ext3 y cargar su archivo de configuración (/boot/grub/grub.conf). Con LILO, la segunda etapa es usar la información del MBR para determinar cuáles son las opciones de arranque disponibles. Por lo que cuando se actualice el kernel de forma manual deberá de ejecutarse el comando /sbin/lilo -v -v para que la información del MBR sea actualizada.

Cuando la primera etapa del gestor de arranque ha conseguido cargar el resto del mismo en memoria, y ha leído del MBR cuáles son las particiones arrancables (o que contienen un sistema operativo) el gestor de arranque muestra en pantalla al usuario un menú con todos los sistemas operativos que ha encontrado. Puede tener definida, una partición (sistema operativo o Kernels) para arrancar en ella por defecto después de un cierto tiempo si el usuario no hace una elección. Puede también configurarse el tiempo de espera, así como un esquema de colores para el menú, opciones de protección por contraseña, etc. Todos estos parámetros se definen en el fichero /boot/grub/menu.lst (siempre que hablemos de un gestor de arranque GRUB).

En éste punto el sistema está preparado para la interacción con el usuario, pudiendo éste elegir el sistema operativo que desea arrancar con las flechas direccionales del teclado.

4. El kernel.

Después de que el usuario elija el sistema operativo, (para el caso en concreto de éste documento sería algún sistema Unix) se carga el kernel del sistema. El kernel del sistema se encarga de los principales procesos del sistema operativo, manejo de memoria, disco, hardware, planificación y comunicación entre procesos, etc. En el proceso del kernel hay dos etapas diferenciables: la carga y la ejecución. El kernel se encuentra comprimido en un archivo, que se descomprime y carga en memoria, así como los drivers necesarios para que pueda funcionar el hardware del equipo, los cuales se encuentran en el disco RAM (o initrd).

Una vez que todo se haya cargado en memoria, se procede a la ejecución. La ejecución empieza con la llamada a la función startup() mediante la cual se maneja toda la memoria (paginación, etc), luego detecta la CPU y sus funcionalidades y posteriormente cambia a funcionalidades independientes del hardware con la llamada a la función start_kernel().

Durante el proceso se monta el disco RAM (que se montó anteriormente como un sistema de archivos temporal, que posteriormente se desmonta durante la función pivot_root() y lo reemplaza por el sistema de archivos real quedando completamente disponible.

Cuando el manejo de memoria y la planificación de tareas están listo el sistema es completamente operacional a nivel de procesos, ejecutando a continuación el proceso init para configurar así el entorno de usuario.

5. Programa init.

El INIT procede consulta un fichero de configuración a nivel de ejecución del sistema, para lo que mira su fichero de configuración, el INITTAB que se encuentra en /etc.

Para ello utiliza los RunLevel's, y existen 6 posibles tipos que se identifican por un número:

Código RunLevel	Descripción
0	Apagado del sistema.
1	Monousuario sin entorno gráfico, sin entorno de red.
2	Multiusuario sin entorno gráfico, sin entorno de red.
3	Multiusuario sin entorno gráfico pero con entorno de red.
4	No se usa por razones históricas.
5	Por defecto, Multiusuario, con entorno gráfico, con red.
6	Reinicio del sistema.

Por ejemplo, si nosotros introducimos en consola "init 0" el sistema se apagaría.
INIT ahora hace básicamente dos cosas:
1. Ejecuta scripts de configuración global del sistema rc.sysinit (se encuentra en /etc/rc.d):
    1) Crea las variables de entorno del sistema
    2) Activa la partición swap
    3) Inicializa el reloj
    4) Controla/chequea el sistema de ficheros ext2/3
    5) .....

2. En función del número de RunLevel se va al directorio /etc/rc.d/rcn.d (para el runlevel 5 seria /etc/rc.d/rc5.d) y allí ejecuta:
    1) Todos los scripts que hay dentro:
    2) kn nombre_proceso –> kill = parar o matar
    3) sn nombre_proceso –> start = empezar
    4) A los procesos llamados desde INIT (/etc/rc.d/rcn.d) con los scripts sn nombre_proceso se los llama demonios (estos procesos suelen estar en segundo plano ejecutándose de continuo).

Es también el encargado de la adopción de procesos huérfanos que son aquellos cuyo proceso padre murió; puesto que los procesos deben estar en un árbol individual.

6. Servicios extra.

Según el apartado del INIT estos servicios extras se ejecutan antes de que este finalice la carga del runlevel selececcionado, la lista no es más que una serie de enlaces a los correspondientes scripts de control del servicio. Los enlaces que comienzan por K son los servicios que deben detenerse (Kill), y los que empiezan por S son los que deben arrancar (Start). Los números indican el orden en que deben detenerse o arrancar.

6.1. Listado de dispositivos.

El listado es referencial no exhaustivo. Muchos de estos archivos de dispositivo necesitan soporte compilado dentro del núcleo. Es posible obtener los detalles de cada archivo en particular en la documentación del núcleo.

Dispositivo	DESCRIPCIÓN
/dev/dsp	Procesador de Señal Digital. Básicamente constituye la interfaz entre el software que produce sonido y la tarjeta de sonido. Es un dispositivo de caracteres con nodo mayor 14 y menor 3.
/dev/fd0	La primera unidad de disquete. Si se tiene la suerte de contar con varias unidades, estas estarán numeradas secuencialmente. Este es un dispositivo de caracteres con nodo mayor 2 y menor 0.
/dev/fb0	El primer dispositivo framebuffer. El framebuffer es una capa de abstracción entre el software y el hardware de video. De esta manera las aplicaciones no necesitan conocer el tipo de hardware existente, aunque si es necesario que conozcan cómo comunicarse con la API (Interfaz de Programación de Aplicaciones) del controlador del framebuffer, que se encuentra bien definida y estandarizada. El framebuffer es un dispositivo de caracteres con nodo mayor 29 y nodo menor 0.
/dev/gpmdata	Pseudo-dispositivo, repite los datos generados por el demonio GPM (ratón).
/dev/ha	/dev/ha es el dispositivo IDE maestro que se encuentra conectado a la controladora IDE primaria. /dev/hubo es el dispositivo IDE esclavo sobre la controladora primaria. /dev/hace y /dev/hdd son los dispositivos maestro y esclavo respectivamente sobre la controladora secundaria. Cada disco se encuentra dividido en particiones. Las particiones 1 a 4 son particiones primarias y las particiones 5 en adelante son particiones lógicas que se encuentran dentro de particiones extendidas. De esta manera los nombres de los archivos de dispositivo que referencian a cada una de las particiones están compuestos por varias partes. Por ejemplo, /dev/hdc9 es el archivo de dispositivo que referencia a la partición 9 (una partición lógica dentro de un tipo de partición extendida) sobre el dispositivo IDE

	maestro que se encuentra conectado a la controladora IDE secundaria. Los números de los nodos mayor y menor son algo más complejos. Para la primera controladora IDE todas las particiones son dispositivos de bloques con nodo mayor 3. El dispositivo maestro hda tiene número de nodo menor 0 y el dispositivo esclavo hdb tiene un valor para el nodo menor 64. Por cada partición dentro de la unidad el valor para el nodo menor se obtiene de sumar el valor del nodo menor para la unidad más el número de partición. Por ejemplo, /dev/hdb5 tiene un valor para el nodo mayor 3 y para el nodo menor 69 (64 + 5 = 69). Para las unidades conectadas a la controladora secundaria los valores para los nodos son obtenidos de la misma manera, pero con valor para el nodo mayor 22.
/dev/ht0	La primera unidad de cinta IDE. Las unidades subsiguientes son numeradas ht1, ht2, etc. Son dispositivos de caracteres con valor 27 para el nodo mayor y comienzan con valor 0 para el nodo menor de ht0 , nodo menor 1 para ht1, etc.
/dev/js0	El primer joystick analógico. Los joysticks subsiguientes se nombran js1, js2, etc. Los joysticks digitales se nombran djs0, djs1, etc. Son dispositivos de caracteres con valor 15 para el nodo mayor. Los valores para el nodo menor en los joysticks analógicos comienzan en 0 y llegan a 127 (más que suficiente hasta para el más fanático de los jugadores). Los valores para el nodo menor para joysticks digitales son del 128 en adelante.
/dev/lp0	El primer dispositivo para impresoras con puerto paralelo. Las impresoras subsiguientes tienen los nombres lp1, lp2, etc. Son dispositivos de caracteres con valor 6 para el nodo mayor y 0 para el nodo menor, numerados secuencialmente
/dev/loop0	El primer dispositivo loopback. Los dispositivos Loopback son utilizados para montar sistemas de archivos que no se encuentren localizados en dispositivos de bloques tales como los discos. Por ejemplo, si necesita montar una imagen CD ROM iso9660 sin "quemarla" en un CD, se debe utilizar un dispositivo loopback. Normalmente, este proceso es transparente para el usuario y es manejado por el comando mount. Se puede encontrar información adicional en las páginas de manual para mount y el setup. Los dispositivos loopback son dispositivos de bloques con valor 7 para el nodo mayor y valores para los nodos menores comenzando en 0 y numerados secuencialmente.
/dev/md0	Primer grupo de meta-discos. Los meta-discos están relacionados con los dispositivos RAID (en Inglés, Redundant Array of Independent Disks). Se pueden leer los COMOs (HOWTOs) relacionados con RAID existentes en LDP para conocer más detalles. Los dispositivos de meta-discos son dispositivos de bloques con valor 9 para el nodo mayor y valores para el nodo menor comenzando en 0 y numerados secuencialmente.
/dev/mixer	Este archivo de dispositivo es parte del controlador OSS (en Inglés, Open Sound System). Se pueden conocer más detalles en la documentación de OSS. /dev/mixer es un dispositivo de caracteres con valor 14 para el nodo mayor y 0 para el nodo menor.
/dev/null	El cubo de los bits. Un agujero negro a donde enviar datos que nunca más se volverán a ver. Todo lo que se envíe a /dev/null desaparece. Puede utilizarse, por ejemplo, para ejecutar un comando y no ver en la terminal la salida estándar (debe redirigirse la salida estándar a /dev/null). Es un dispositivo de caracteres con valor 1 para el nodo mayor y 3 para el nodo menor.
/dev/psaux	El puerto para el ratón PS/2. Este es un dispositivo de caracteres con valor 10 para el nodo mayor y 1 para el nodo menor.
/dev/pda	Discos IDE conectados al puerto paralelo. Los nombres para estos discos son similares a los utilizados para los discos internos conectados a las controladoras IDE (/dev/hd*). Son dispositivos de bloque con un valor de 45 para el nodo mayor. Los valores para los nodos menores necesitan un poco de explicación. El primer dispositivo /dev/pda tiene un valor de 0 para el nodo menor. Para cada partición dentro de la unidad, el valor del nodo menor se obtiene de sumar el valor del nodo menor para la unidad más el número de partición. Cada dispositivo tiene un límite de 15 particiones como máximo en vez de las 63 que tienen los discos IDE internos. /dev/pdb tiene un valor de 16 para el nodo menor, /dev/pdc 32 y /dev/pdd48. Por ejemplo, el valor del nodo menor para el dispositivo /dev/pdc6 debe ser 38 (32 + 6 = 38). Este esquema tiene un límite de 4 discos paralelos con 15 particiones cada uno como máximo.
/dev/pcd0	Unidades CD ROM conectadas al puerto paralelo. Los nombres para estos dispositivos están numerados secuencialmente /dev/pcd0, /dev/pcd1, etc. Son dispositivos de bloques con un valor de 16 para el nodo mayor. /dev/pcd0 tiene un valor de 0 para el nodo menor, las demás unidades tienen valores secuenciales para el nodo menor 1, 2, etc.
/dev/pt0	Dispositivos de cinta conectados al puerto paralelo. Las cintas no tienen particiones, por lo tanto los nombres para estos dispositivos están numerados secuencialmente /dev/pt0,/dev/pt1,etc. Son dispositivos de caracteres con un valor de 96 para el nodo mayor. Los valores para el nodo menor comienzan con 0 para /dev/pt0 , 1 para /dev/pt1, etc.
/dev/parport0	Los puertos paralelos. La mayoría de los dispositivos conectados a los puertos paralelos tienen sus propios controladores. Este es un dispositivo que permite acceder al puerto paralelo directamente. Es un dispositivo de caracteres con un valor de 99 para el nodo mayor y con un valor de 0 para el nodo menor. Los dispositivos subsiguientes tienen valores secuenciales obtenidos incrementando el valor del nodo menor.
/dev/random ó /dev/urandom	Estos dispositivos son generadores de números aleatorios para el núcleo. /dev/random es un generador no-determinístico, lo que significa que el valor del próximo número aleatorio no puede ser obtenido utilizando los números generados anteriormente. Para generar los números utiliza la entropía del hardware del sistema. Cuando esta se agota, debe esperar a conseguir más para generar un nuevo número. /dev/urandom trabaja de manera

	similar. Inicialmente utiliza la entropía del hardware del sistema, cuando esta se agota, continúa retornando números que se elaboran a partir de una fórmula generadora de números pseudo aleatorios. Utilizar este dispositivo es menos seguro para propósitos críticos como la generación de una clave criptográfica. Si la seguridad es el factor importante se debe utilizar /dev/random, en cambio si lo que se necesita es velocidad, el dispositivo /dev/urandom funciona mejor. Ambos son dispositivos de caracteres con un valor de 1 para el nodo mayor, los valores para el nodo menor son 8 y 9 para /dev/random y /dev/urandom respectivamente.
/dev/ttyS0	Puerto serie 0, 1 propios de CMD DOS de Microsoft, /dev/ttyS0 hace referencia a los puertos serie 0 COM1 y el /dev/ttyS1 se refiere al puerto serie 1 corresponede a COM2.
/dev/zero	Este es un dispositivo que se puede utilizar de manera simple para obtener ceros. Cada vez que se lee el dispositivo se obtiene como respuesta un cero. Puede ser útil, por ejemplo, para crear un archivo de tamaño fijo sin que importe su contenido. /dev/zero es un dispositivo de caracteres con un valor de 1 para el nodo mayor y 5 para el nodo menor.

6.2. Configurar el ratón.

Puede usar su ratón tanto en consola de Linux (con gpm) como en el entorno de ventanas X. Generalmente para lograr esto sólo tiene que instalar gpm y el servidor de X. Ambos deberían configurarse para utilizar como dispositivo de ratón /dev/input/mice. El protocolo de ratón a utilizar se llama exps2 en gpm, y ExplorerPS/2 en X. Los archivos de configuración son /etc/gpm.conf y /etc/X11/xorg.conf respectivamente.

Para que su ratón funcione debe cargar algunos módulos del núcleo. El ratón se detecta de forma automática en la mayoría de los casos.

MODULO	DESCRIPCIÓN
psmouse	Ratón PS/2 mice (debería detectarse automáticamente).
usbhid	Ratón USB (debería detectarse automáticamente).
sermouse	Para la mayoría de los ratones serie.
logibm	Ratón de bus conectado a una tarjeta adaptadora de Logitech.
inport	Ratón de bus conectado a una tarjeta de ATI or InPort de Microsoft.

Debe usar la orden **modconf** (en el paquete del mismo nombre) para cargar un módulo para la controladora del ratón y mirar en la categoría **kernel/drivers/input/mouse**.

Prueba final de adquisición de conocimientos.

Realizar una instalación de cualquier sistema operativo descripto en las prácticas, creando correctamente la Máquina Virtual y posteriormente comenzar la configuración de administración a nivel de la configuración de la tarjeta de red, abrir el puerto 22 para el servicio SSH y configurar correctamente los usuarios y ejecutar tareas de administración que se solicitan. Teniendo en cuenta que los nombres de usuarios, grupos y carpetas se deben agregar la terminación del puesto que estás trabajando: ej. Puesto01, alumno101,...

1. Instalar uno de los siguientes Linux: Fedora, CentOS, Ubuntu, Slackware, Lubuntu, Debian, Linux Mint,...
2. Cambiar la clave al superusuario → **Practica2015***
3. Utilizando la aplicación PUTTY, conectarse a la dirección 192.168.4.180 puerto 22.
4. Configurar la ayuda en español.
5. Crear 3 usuarios cada uno debe tener una fecha de expiración que sea superior a 30 días y no supere los 45 días, y no deben existir 2 iguales. (**alumno1, alumno2, alumno3**), el directorio de trabajo o home se creará a partir **/examen** y el nombre de usuario, se debe crear con una línea de comentario y con un número de identificación, el shell debe ser **csh, bash y sh**.
6. Cada usuario debe poder manejar el equipo restringido, 8 días después de la expiración de su clave.
7. Se debe crear un usuario con los mismos permisos que el root: **baldo**
8. La clave de todos los usuarios debe ser : **Practica2015***
9. Cada usuario se le debe asignar un directorio de trabajo, a partir de **/examen**
10. Cada usuario creado en el punto a) se debe establecer la siguiente clave: **Practica2015***
11. Crear un fichero de texto que se llame: **aprobado** (y debe contener dos líneas explicando lo que no has entendido del curso).
12. Los usuarios deben pertenecer a los grupos: **personas, gente, alumnos, eso, bachiller,** todos los usuarios creados deben pertenecer a todos los grupos, pero cada usuario debe pertenecer a un grupo principal diferente.
13. Se debe copiar el fichero del usuario alumno1, contenido en su directorio, con el nombre de **suspenso**, y además otra copia con el nombre **corregir** y debe ser oculto.
14. Realizar una búsqueda en la estructura del sistema de ficheros (directorio raíz), buscando todos los ficheros que pertenecen al usuario alumno1.
15. Bloquear la cuenta del usuario "alumno3".
16. Desbloquear la cuenta del usuario "alumno3".
17. Visualizar el calendario del 2014 y el enero del 2015.
18. Establecer un alias para visualizar los ficheros, que contenga una pausa con tubería. El alias se debe de denominar: **dir**
19. Visualizar el fichero que contiene las claves de los usuarios, grupos y claves.
20. Visualizar: el tipo de terminal usado, quien soy, dónde estoy y que versión de Linux se está ejecutando.
21. Visualizar los permisos de todos los ficheros desde el root (/).
22. Visualizar la versión del sistema operativo.
23. Visualizar el nombre del equipo y después visualizar la IP y la máscara.
24. Cambiar los permisos de los ficheros: aprobado y suspendo (método simbólico).
25. Lanzar un proceso en segundo plano de 200 segundos.
26. Visualizar los procesos de este terminal.
27. Visualizar los trabajos de los procesos.
28. Matar el proceso con identificación 6789.
29. Lanzar un proceso en segundo plano, visualizarlo, matar el proceso.
30. Visualizar los procesos activos.
31. Visualizar los terminales.
32. Lanzar un proceso en segundo plano y después forzar a terminal el proceso.
33. Identificación del usuario activo.
34. Ver los grupos a que pertenece.
35. Visualizar los ficheros simbólicos a partir del directorio raíz.
36. Lanzar un proceso de 5000 segundos, el proceso debe prevalezca hasta que termine en background y además debe ser independiente al apagado de la máquina (aunque se apagará la máquina, al volver a encenderla debería seguir funcionado.
37. Comprobar las unidades que se encuentran montadas por defecto.
38. Crear el script: **mio.sh**, de formato libre y ejecutar y posteriormente ocultarlo.
39. Matar el proceso de 200 segundos si se encuentra en ejecución.
40. Comprobar o listar todos los ficheros que se encuentran en ese directorio, en formato amplio y explicar el contenido de cada una de las columnas que se visualizan.
41. Ejecutar: tree / > salida
42. Si existen varias particiones como se crearía un fichero con el contenido de las particiones que tiene el disco. Crear la salida en: **/examen/midisco**
43. Compactar el contenido del directorio /examen en el directorio raíz con el nombre finalexamen.tar
44. Comprimir el fichero **finalexamen.tar**
45. Copiar el fichero **finalexamen.tar** al directorio raíz.
46. Cambiar el nombre al **ficheroexamen.tar termine.tar**
47. Cambiar el nombre del directorio **midisco** por **final**
48. Borrar el alias **dir.**
49. Visualizar las variables del sistema.
50. Redireccionar el contenido del histórico al fichero **termine.txt**
51. Visualizar el contenido **termine.txt,** el acceso debe ser página adelante y página atrás.
52. Crear un fichero (**valeya.txt**) desde la línea de teclado que contenga: **Creo que aprobe.**
53. Crear un fichero final: /examenActo.alumno direccionando el contenido del histórico a fichero anterior, (orden history).

REFENCIAS WEB

Sistema Operativo / Concepto	URLs	
Android para PC	http://www.android-x86.org/download http://developer.android.com/index.html	
Ayudas	http://manpages.ubuntu.com/manpages/dapper/es/ http://es.hscripts.com/tutoriales/linux-commands/head.html http://cmaverick.wordpress.com/comandos-linux/ http://es.kioskea.net/faq/3435-linux-comandos-para-monitorear-el-sistema http://www.alcancelibre.org http://www.elblogderigo.info/2013/12/12/muchos-tips-trucos-y-mas-para-linux/ http://www.bdat.net/shell/book1.html	
CentOS	http://www.centos.org/download/	
Controladores Gráficos	https://wiki.archlinux.org/index.php/Xorg_(Espa%C3%B1ol)	
Debian	https://www.debian.org/distrib/ http://www.debian.org/doc/manuals/apt-howto/index.es.html	
Edubuntu	https://edubuntu.org/download	
Fedora	http://fedoraproject.org/get-fedora	
Lubuntu	https://help.ubuntu.com/community/Lubuntu/GetLubuntu/	
Mint	http://www.linuxmint.com/download.php	
Putty	http://www.putty.org/	
Repositorios para Slackware	http://connie.slackware.com/~alien/slackbuilds/ http://rlworkman.net/pkgs/ http://www.slacky.eu/	por Alien por Robby Por la comunidad Italiana
Slackware	http://mirrors.slackware.com/slackware/	
Suse	https://download.suse.com/index.jsp	
Ubuntu	http://www.ubuntu.com/download/desktop	
Apuntes Script	http://persoal.citius.usc.es/tf.pena/ASR/Tema_2html/	

Recopilación de algunos de los comandos LINUX más usados.

A

addgroup	Shell Scrip que permite agregar un grupo.
adduser	Shell Script para crear un usuario.
alias	En ciertas ocasiones se suelen utilizar comandos que son difíciles de recordar o que son demasiado extensos, pero en UNIX existe la posibilidad de dar un nombre alternativo a un comando con el fin de que cada vez que se quiera ejecutar, sólo se use el nombre alternativo.
apt-cache search (texto)	Muestra una lista de todos los paquetes y una breve descripción relacionado con el texto que hemos buscado.
apt-get dist-upgrade	Función adicional de la opción anterior que modifica las dependencias por la de las nuevas versiones de los paquetes.
apt-get install (paquetes)	Instala paquetes.
apt-get remove (paquete)	Borra paquetes. Con la opción –purge borramos también la configuración de los paquetes instalados.
apt-get update	Actualiza la lista de paquetes disponibles para instalar.
apt-get upgrade	Instala las nuevas versiones de los diferentes paquetes disponibles.
at	Realiza una tarea programada una sola vez.
atop	Monitorizar la ejecución de procesos.

B

bash, sh	Existen varias shells para Unix, Korn-Shell (ksh), Bourne-Shell (sh), C-Shell (csh),bash.
bg	Manda un proceso a segundo plano.
biosdecode	Analiza la memoria del BIOS e imprime la información sobre todas las estructuras (o puntos de entrada).

C

cal, ncal	Muestra el calendario.
calendar	Muestra las efemérides de una fecha del calendario.
cat	Muestra el contenido del archivo en pantalla en forma continua, el prompt retornará una vez mostrado el contenido de todo el archivo. Permite concatenar uno o más archivos de texto.
cd	Cambia de directorio.
chattr	Cambiar atributos de un fichero.
chgrp	Cambia el grupo al que pertenece el archivo.
chmod	Utilizado para cambiar la protección o permisos de accesos a los archivos. r:lectura w:escritura x:ejecución +: añade permisos -:quita permisos u:usuario g:grupo del usuario o:otros.
chown	Cambia el propietario de un archivo.
chroot	Nos permite cambiar el directorio raíz.
clear	Limpia la pantalla, y coloca el prompt al principio de la misma.
cmp, diff ,comm	Permite la comparación de dos archivos, línea por línea. Es utilizado para comparar archivos de datos.
cp	Copia archivos en el directorio indicado.
crontab	Realizar una tarea programada de forma regular.
ctop	Permite monitorizar procesos, ofrece una vista dinámica de la actividad del procesador en tiempo real.
cut	Tiene como uso principal mostrar una columna de una salida determinada. La opción -d va seguida del delimitador de los campos y la opción -f va seguida del número de campo a mostrar. El "delimitador" por defecto es el tabulador, nosotros lo cambiamos con la opción -d. Tiene algunas otras opciones útiles.

D

date	Retorna el día, fecha, hora (con minutos y segundos) y año.
df	Muestra los sistemas de ficheros montados.
dmesg	Muestra los mensajes del kernel durante el inicio del sistema.
dmidecode	Permite conocer a fondo el hardware de nuestro equipo, tal como se describe en la BIOS del sistema según el SMBIOS / DMI estándar SMBIOS; el cual significa "System Management BIOS" y DMI significa "Desktop Management Interface"
dpkg-reconfigure (paquetes)	Volver a reconfigurar un paquete ya instalado.
du	Sirve para ver lo que me ocupa cada directorio dentro del directorio en el que me encuentro y el tamaño total.

E

echo	Muestra un mensaje por pantalla.
eject	Mediante la utilización de este comando se conseguirá la expulsión de la unidad de CD, siempre y cuando esta no esté en uso.
env	Para ver las variables globales.

	exit	Cierra las ventanas o las conexiones remotas establecidas o las conchas abiertas. Antes de salir es recomendable eliminar todos los trabajos o procesos de la estación de trabajo.
	egrep	Buscar y encontrar en uno o más archivos líneas que coincidan con la cadena o palabra dadas.

F

	fdisk, cfdisk	Visualizar y establecer particiones, tipo sistemas de ficheros y todo lo referente al MBR.
	fg	Manda un proceso a primer plano.
	file	Determina el tipo del o los archivo(s) indicado(s).
	find	Busca los archivos que satisfacen la condición en el directorio indicado.
	finger	Permite encontrar información acerca de un usuario.
	free	Muestra información sobre el estado de la memoria del sistema, tanto la swap como la memoria física. También muestra el buffer utilizado por el kernel.
	fgrep	Buscar en uno o más archivos líneas que coincidan con la cadena o palabra dadas. fgrep es más rápido que la búsqueda grep, pero menos flexible: sólo puede encontrar texto, no expresiones regulares.
	fsck	Para chequear si hay errores en nuestro disco duro.

G

	gdisk, cgdisk	Visualizar y establecer particiones, tipo sistemas de ficheros y todo lo referente al MBR, GPT y otros.
	gpasswd	Facilita la tarea de administrar un grupo de usuarios.
	grep	Su funcionalidad es la de escribir en salida estándar aquellas líneas que concuerden con un patrón. Busca patrones en archivos.
	gzip	Comprime solo archivo utilizando la extensión .gz.
	groupadd	Crea un nuevo grupo de usuarios.
	groupdel	Elimina un grupo de usuarios.
	groupmod	Modifica un grupo de usuarios.
	groups	Muestra los grupos a los que pertenece el usuario.

H

	halt	Permite apagar, reiniciar el equipo y a su vez sincronizar.
	head	Muestra las primeras líneas de un fichero.
	history	Lista los más recientes comandos que se han introducido en la ventana. Es utilizado para repetir comandos ya tipeados, con el comando!
	hostid	Muestra el identificador numérico del host actual en hexadecimal.
	hostname	Muestra o establece el nombre del equipo o máquina.

I

	id	Número id de un usuario.
	ifconfig	Obtener información de la configuración de red.
	info, infotext	Muestra la información sobre los comandos en una pantalla navegable equivalente a man.
	init	Cambia el nivel de ejecución RUNLEVEL.

J

	job	Lista los procesos que se están ejecutando en segundo plano.

K

	kill	Permite interactuar con cualquier proceso mandando señales. Kill (pid) termina un proceso y Kill -9 (pid) fuerza a terminar un proceso en caso de que la anterior opción falle.
	killall	Envía una señal a todos los procesos con el mismo nombre.

L

	last	Este comando permite ver las últimas conexiones que han tenido lugar.
	less	Muestra el archivo de la misma forma que more, pero puedes regresar a la página anterior presionando las teclas "u" o "b".
	ln	Sirve para crear enlaces a archivos, es decir, crear un fichero que apunta a otro. Puede ser simbólico si usamos -s o enlace duro.
	lock	Permite bloquear el terminal, para ello pide un password, dos veces.
	locate	Localiza archivos consultando la base de datos updatedb.
	logout	Las sesiones terminan con el comando logout.
	logname	Muestra el login actual.
	last	Lista los últimos usuarios conectados al sistema.
	lastb	Muestra los accesos fallidos de la conexión(es) de un usuario.
	lastlog	Mostrar la última hora de conexión de las cuentas del sistema. La información de acceso se lee del archivo /var/log/lastlog.
	less	Visualizar los ficheros por páginas y permite el avance y el retroceso. Permite el acceso de filtros.
	ls	Lista los archivos y directorios dentro del directorio de trabajo.
	lsattr	Ver atributos de un fichero.
	lshal	Visualización de los elementos en la base de datos del dispositivo HAL.

lsmod	Muestra los módulos cargados en memoria.
lsoff	Lista los ficheros abiertos en el sistema.
lspci	Lista todos los componentes tipo pci (Peripheral Component Interconnec).
lsusb	Muestra todos los dispositivos USB conectados.
lwclock	Utilidad para acceder al reloj de Hardware.

M

man	Ofrece información acerca de los comandos o tópicos del sistema UNIX, así como de los programas y librerías existentes.
mesg	Activa o anula la emisión de mensajes con write.
mkdir	Crea un nuevo directorio.
mknod	Crear ficheros especiales de dispositivos de caracteres/bloques.
mv	Este comando sirve para renombrar un conjunto.
more	Muestra el archivo en pantalla. Presionando enter, se visualiza línea por línea. Presionando la barra espaciadora, pantalla por pantalla. Si desea salir, presiona q.
mount	En Linux no existen las unidades A: ni C: sino que todos los dispositivos "cuelgan" del directorio raíz /. Para acceder a un disco es necesario primero montarlo, esto es asignarle un lugar dentro del árbol de directorios del sistema.
mtop	Permite monitorizar la ejecución de los procesos en tiempo real, aplicación externa.
mv	Mueve archivos o subdirectorios de un directorio a otro, o cambiar el nombre del archivo o directorio.

N

nano	Editor de texto en la línea de orden, editor parecido al WordPerft (igual pico).
newgrp	Permite cambiar del usuario actual a otro grupo (necesitamos saber la contraseña).
nice	Permite cambiar la prioridad de un proceso en nuestro sistema.
nohup	Permite que un proceso continúe su ejecución al reiniciar el equipo, si durante la ejecución ocurrió una caída del sistema, este retornará al punto de ejecución que se quedó antes de la caída.

O

No se trata ninguna orden con esta letra.

P

passwd	Se utiliza para establecer la contraseña a un usuario.
paste	Une lateralmente dos ficheros.
pico	Editor de texto en la línea de orden igual que nano.
ping	El comando ping se utiliza generalmente para testear aspectos de la red, como comprobar que un sistema está encendido y conectado; esto se consigue enviando a dicha máquina paquetes ICMP. El ping es útil para verificar instalaciones TCP/IP. Este programa nos indica el tiempo exacto que tardan los paquetes de datos en ir y volver a través de la red desde nuestro PC a un determinado servidor remoto.
pg	Permite visualizar ficheros de texto plano en scroll, con desplazamiento de edición, idéntico a more.
pmap	Informe de mapa de memoria de un proceso(s).
poweroff	Apagar el ordenador.
ps	Muestra información acerca de los procesos activos. Sin opciones, muestra el número del proceso, terminal, tiempo acumulado de ejecución y el nombre del comando.
pstree	Muestra un árbol de procesos.
pwck	Verificar la integridad de los archivos de contraseñas.
pwd	Muestra el directorio actual de trabajo.

Q

Aun no se ha tratado ningún comando que comience con esta letra.

R

reboot	Reiniciar el sistema se llama cuando el sistema *no* está en niveles 0 o 6, en condiciones normales.
reset	Si observamos que escribimos en pantalla y no aparece el texto pero al pulsar enter realmente se está escribiendo, o que los colores o los textos de la consola se corrompen, puede ser que alguna aplicación en modo texto haya finalizado bruscamente no restaurando los valores estándar de la consola al salir. Con esto forzamos unos valores por defecto, regenerando la pantalla.
rlogin	Conectan un host local con un host remoto.
rm	Remueve o elimina un archivo.
rmdir	Elimina el directorio indicado, el cual debe estar vacío.
rmmod	Descarga de memoria un módulo, pero sólo si no está siendo usado.
renice	Redefine la prioridad del usuario.
route	El comando route se utiliza para visualizar y modificar la tabla de enrutamiento.

S

sar	Muestra estadística de paginación.
set	Para ver las variables de entorno.

	slapt-get	Es un sistema basado en APT para el manejo de paquetes en la distribución Slackware GNU/**Linux**.
	sleep	Lanzar un proceso durante un tiempo en milésimas de segundos.
	shutdown	Apagado automático en Linux.
	sort	Muestra el contenido de un fichero, pero mostrando sus líneas en orden alfabético.
	ssh (Secure Shell Client)	Es un programa para conectarse en una máquina remota y ejecutar programas en ella. Utilizado para reemplazar el rlogin y rsh, además provee mayor seguridad en la comunicación entre dos hosts. El ssh se conecta al host indicado, donde el usuario de ingresar su identificación (login y password) en la máquina remota, la cual realiza una autentificación del usuario.
	startx	Inicia el entorno gráfico (servidor X).
	stop	Para un proceso.
	stty	Visualiza los terminales tty conectados en serie.
	su	Con este comando accedemos al sistema como root.
	sum	Visualizar la suma de verificación de un archivo.
	symlink	Manipulación enlace simbólico.
	sync	Sincronizar los datos en el disco con la memoria.

T

	tac	Permite visualizar el contenido de un fichero de texto plano en formato inverso, desde la última línea a la primera. Es el inverso a cat.
	tail	Este comando es utilizado para examinar las últimas líneas de un fichero.
	tar	Comprime archivos y directorios utilizando la extensión .tar.
	telnet	Conecta el host local con un host remoto, usando la interfaz TELNET.
	top	Muestra los procesos que se ejecutan en ese momento, sabiendo los recursos que se están consumiendo (Memoria,CPU,…).Es una mezcla del comando uptime,free y ps.
	touch	Crea un archivo vacío.
	tee	Permite redireccionar a múltiples ficheros, uso con filtros.
	Telinit, init	Inicialización de control de procesos.
	tty	Permite visualizar las consolas abiertas en tty o PTS0.

U

	umask	Establece la máscara de permisos. Los permisos con los que se crean los directorios y los archivos por defecto.
	umount	Desmonar unidades montadas. No necesita especificar el dispositivo solo el punto de montaje.
	unalias	Borra un alias.
	uname	Muestra la información del sistema.
	uniq	Este comando lee un archivo de entrada y compara las líneas adyacentes escribiendo solo una copia de las líneas a la salida. La segunda y subsecuentes copias de las líneas de entrada adyacentes repetidas no serán escritas. Las líneas repetidas no se detectarán a menos que sean adyacentes. Si no se especifica algún archivo de entrada se asume la entrada estándar.
	unset	Pone a cero el valor de las variables, si se consulta por ellas luego de setearlas a cero se mostrara una cadena nula (una línea en blanco).
	uptime	Nos indica el tiempo que ha estado corriendo la máquina.
	useradd	Crea un nuevo usuario.
	userdel	Borra usuario existente.
	usermod	Modifica un usuario existente.
	users	Muestra los usuarios conectados.

V

	vi	Permite editar un archivo en el directorio actual de trabajo. Es uno de los editores de texto más usado en LINUX y antiguamente en UNIX.
	view	Es similar al vi, solo que no permite guardar modificaciones en el archivo, es para leer el contenido del archivo.

W

	wathis	Breve descripción de un comando.
	wc	Cuenta los caracteres, palabras y líneas del archivo de texto.
	whereis	Devuelve la ubicación del archivo especificado, si existe.
	which	Busca la ubicación del comando en los directorios del Path (whereis).
	who, w	Lista de quienes están conectado al servidor, con nombre de usuario, tiempo de conexión y el computador remoto desde donde se conecta.
	whoami	Escribe su nombre de usuario en pantalla.
	write	Enviar un mensaje al terminal de otro usuario.

X

	xinit, startx	Arrancar o lanzar el servidor X Windows.

Y

	yes	Escribe el carácter 'y' o el mensaje indefinidamente.
	yum	El Yellowdog Updater, Modified (mmm) es un código abierto de línea de comandos de administración de paquete utilidad para Linux los sistemas operativos utilizando el gestor de paquetres RPM.
Z		
	zcat	Visualización el contenido de un fichero de texto, comprimido con formato zg.
	zdiff, zcmp	Comparar ficheros comprimidos.
	zmore, zless	Visualizar el contenido de ficheros de texto, se encuentra en formato zg.

Acrónimos.

AMD	Advanced Micro Devices, Inc. Empresa dedicada al desarrollo de microprocesadores y otros circuitos integrados.
AMD-V	AMD Virtualization.
API	Application Programming Interface. Interfaz programable de aplicaciones.
APIC	Advanced Programmable Interrupt Controller, Control de interrupciones avanzado programable.
APM	Advanced Power Management, Administración Avanzada de Energía.
APT	Advanced Packaging Tool (Herramienta Avanzada de Empaquetado).
ARM	*Advanced RISC Machine.*
BIOS	Basic Input/Output System.
BSD	Berkeley Software Distribution o distribución de software Berkeley.
CIFS	Common Internet File System o sistema de archivos de Internet común.
CPU	Central Processing Unit.
EFS	Encrypting File System, sistema de ficheros encriptados.
ext3	Third extended filesystem o tercer sistema de archivos extendido.
ext4	Fourth extended filesystem o «cuarto sistema de archivos extendido.
FAT	File Allocation Table.
FTP	File Transfer Protocol. Protocolo de transferencia de archivos.
GID	Group Identifier.
GNOME	GNU Network Object Model Environment.
GPG	GNU Privacy Guard (GTnuPG o GPG) es una herramienta de cifrado y firmas.
GRUB	GNU GRand Unified Bootloader, es un gestor de arranque múltiple.
GUI	Globally Unique Identifier. Identificador Único global.
HTTP	The Hypertext Transfer Protocol.
IDE	Integrated Device Electronics.
IMEI	International Mobile Equipment Identity, Identidad Internacional de Equipo Móvil.
ISO	International Organization for Standardization.
KDE	K Desktop Environment o Entorno de Escritorio K.
LBA	Logical Block Addressing.
LILO	Linux Loader. Cargador de Linux.
LISP	LISt Processing.
LVM	Logical Volume Manager.
MFT	Master File Table. Tabla maestra de ficheros.
MS-DOS	MicroSoft Disk Operating System, Sistema operativo de disco de Microsoft.
NTFS	New Technology File System. Sistema de ficheros de nueva tecnología.
NX	*No eXecute*, Bit de Procesador, puede ser DX. Ayuda al procesador a proteger al equipo contra ataques de software malintencionado.
PAE	*Physical Address Extension.* Extensión de dirección física .Permite que los procesadores de 32 bits obtengan acceso a más de 4 GB de memoria física en versiones compatibles de Windows y es un requisito previo para NX.
RAID	Redundant Array of Independent Disks. Conjunto redundante de discos independientes.
RAM	Random Access Memory. Memoria de acceso aleatorio.
SAMBA	Server Message Block Protocol.
SATA	Serial Advanced Technology Attachment.
SGL	Es la base de la tecnología de Google para gráficos en móviles.
SSH	Secure Shell. Interprete de órdenes seguras.
SMB	*Server message block.* Bloque de mensajes de servidor.
SO	Sistema Operativo (OS Operating System).
SPARC	Scholarly Publishing and Academic Resources Coalition.
SQL	Structured Query Language.
SSL	Secure Sockets Layer.
UDI	Uniform Driver Interface.
UID	User ID.
VT-X	Enable Intel Virtualization Technology.
WOL	Wake On Lan. Es un estándar de redes de ordenadores Ethernet que permite encenderlos remotamente (están apagados).